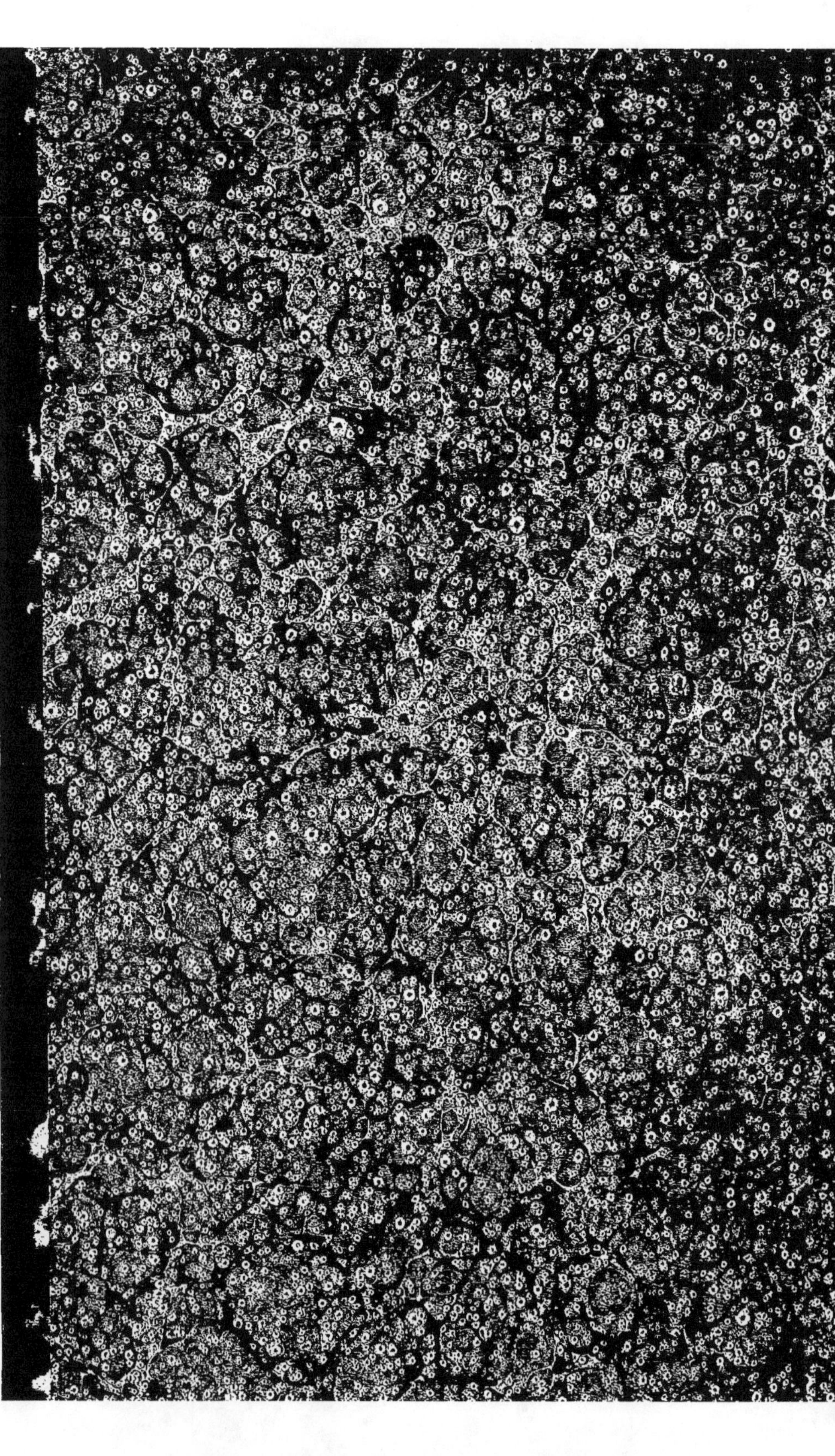

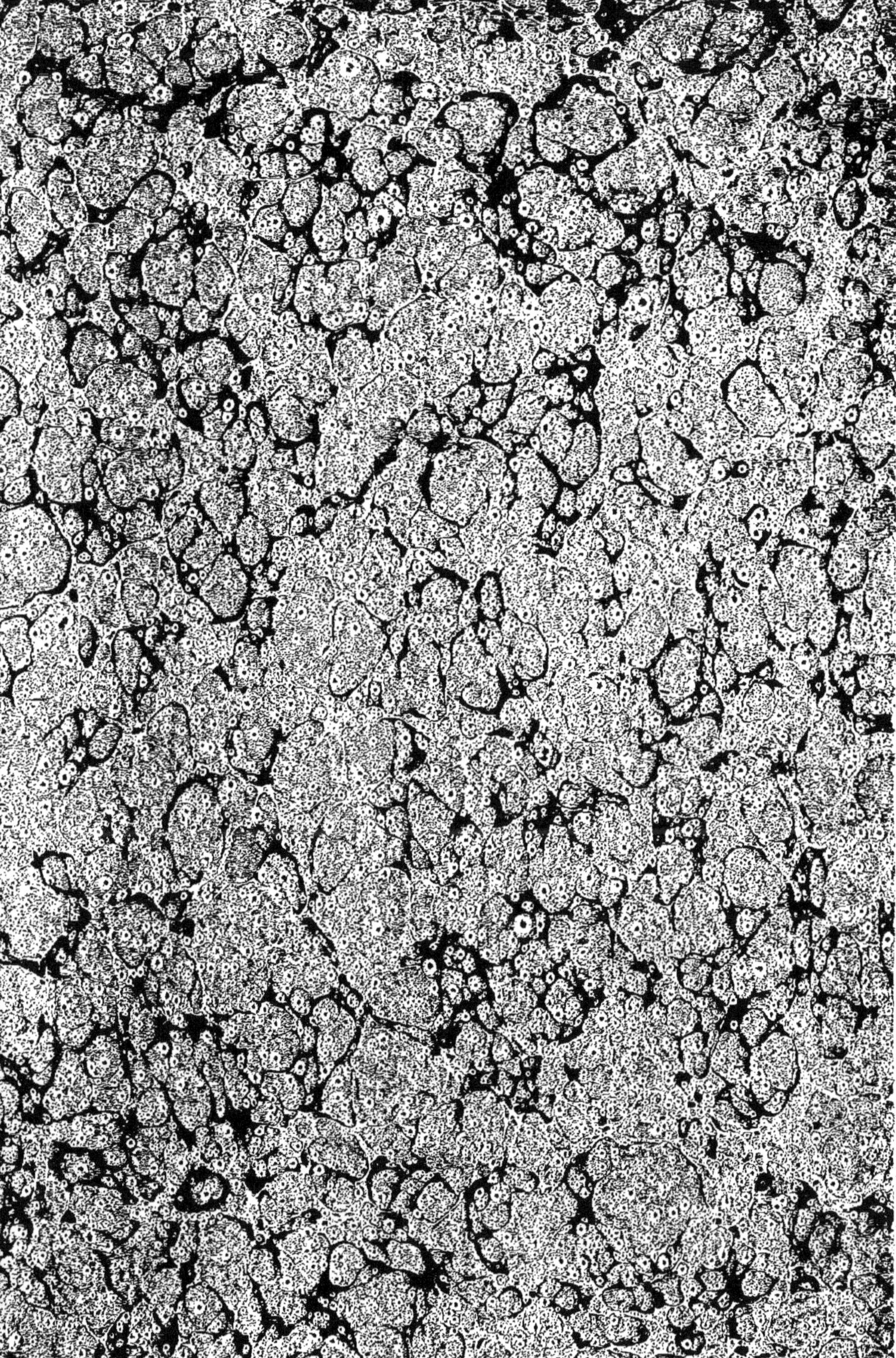

DES

MORTIERS ET CIMENTS

ROMAINS.

On trouve chez le même Libraire les Ouvrages suivants,

DU MÊME AUTEUR :

1° **NOTICE** sur la Manière la plus économique de construire, de réparer et d'entretenir les Grandes Routes et les Chemins vicinaux.

2° **SUITE A LA NOTICE** sur les Grandes Routes et les Chemins vicinaux.

CHALON S. S.

IMPRIMERIE DE PERRIN,

rue Porte-au-Change, n. 7.

THÉORIE ET PRATIQUE

DES

MORTIERS ET CIMENTS

ROMAINS,

PAR

BERTHAULT-DUCREUX,

Ingénieur des Ponts-et-Chaussées.

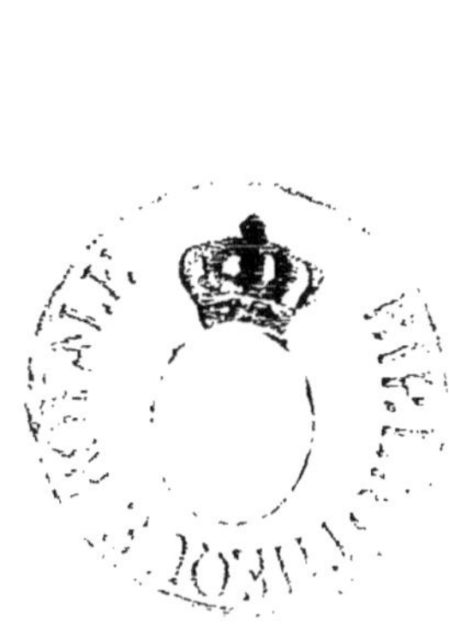

PARIS,

CHEZ CARILLIAN-GOEURY,

Libraire des Corps royaux des Ponts-et-Chaussées et des Mines,

QUAI DES AUGUSTINS, N. 41.

1833.

THÉORIE ET PRATIQUE

DES MORTIERS

ET

DES CIMENTS ROMAINS.

INTRODUCTION.

§ 1. — La fabrication et l'emploi des chaux et des mortiers sont restés long-temps abandonnés aux ouvriers, et leur amélioration s'en est ressentie. Avant les recherches de M. Vicat, ils avaient parfois occupé l'attention des savants, des constructeurs; mais ce n'était que de loin en loin, et jamais à l'aide de ces investigations soutenues, qui seules peuvent donner à un genre de connaissances une impulsion rapide, une marche sûre. Un obstacle puissant s'opposait à leurs progrès, et il était d'autant plus difficile à vaincre, qu'il était inhérent au sujet. Un art, quel qu'il soit, ne peut acquérir un développement complet qu'à l'aide des sciences. Si, par sa nature, il leur est intimement lié, si d'elles seules il peut recevoir son essor, et que cependant un vaste intervalle sépare le praticien du savant, cet art est destiné à une croissance pénible, à une longue enfance. D'une part, les constructeurs étaient trop occupés des détails nombreux de leur état, pour consacrer des années à l'étude des mortiers; la plupart étaient d'ailleurs étrangers à la chimie et à la physique, dont cette étude dépend. D'autre part, les chimistes et les physiciens, qui avaient à peine quelque contact avec le constructeur, n'en avaient aucun avec le maçon; et, pour tout dire, les sciences qu'ils cultivent étaient elles-mêmes en retard.

§ 2. — Au milieu des essais publiés était déposée une idée mère *, une de ces pensées qui sont à elles seules le germe d'un art. Elle y restait enfouie, inaperçue; M. Vicat lui a donné la vie. Quels qu'aient été les travaux de ses prédécesseurs, quelles que soient les découvertes de ses successeurs, quelques modifications que subissent les procédés actuels, il nous paraît devoir être regardé comme le créateur de l'industrie des chaux et des mortiers. A peu près en même temps que lui, M. John, chimiste distingué de Berlin, jetait de son côté les premiers fondements de la science des mortiers; mais il n'était pas constructeur, et son travail, bien qu'à tous égards remarquable, est loin d'être aussi complet, aussi étendu; il en diffère d'ailleurs par des erreurs fondamentales. Peu de temps après, un de nos chimistes les plus célèbres, M. Berthier, de l'Institut, est venu, avec sa supériorité ordinaire, enrichir le sujet, et créer de nouveaux liens entre la pratique

* Cette idée était celle de de Sassure, Sméaton, Descoties, que toutes les pierres à chaux hydraulique contiennent de l'argile.

et la théorie, entre l'art et la science. Honneur lui soit rendu ! C'est surtout en descendant de leurs hautes régions vers l'industrie, que les savants se rendent utiles et servent l'humanité.

§ 3. — Pendant que deux élèves de l'école Polytechnique, MM. Vicat, ingénieur des ponts-et-chaussées, et Berthier, ingénieur des mines, augmentaient si utilement nos connaissances sur la partie la plus importante de l'art de construire, un troisième, M. le général du génie Treussard, se livrait, dans le même but, à une série d'essais non moins judicieux, et par une méthode qui explique un des points de théorie les plus embarrassants. Ces essais, qui embrassent à eux seuls un champ étendu, sont dignes de toute notre attention, et ils ne peuvent être trop étudiés par quiconque veut se livrer à l'étude des mortiers.

§ 4. — En fait de recherches étendues et suivies, il n'existe, à notre connaissance du moins, que celles que nous venons de citer. Toutefois, notre avoir ne se borne pas à elles. La découverte éminemment utile du ciment de Pouilly par M. Lacordaire, celle des grès pouzzolaniques par M. Minard, des arènes du Périgord par M. Girard, des psammites hydrauliques par MM. Avril et Payen, sont, pour les constructeurs, des mines fécondes, et qui ne seront point perdues. Enfin, il existe sur le sujet entier un traité étendu de M. Rancourt. Cet ingénieur y fait preuve d'une imagination vive et d'une grande habitude des manipulations; mais, soit qu'il ait négligé d'y mettre assez de méthode, soit qu'il ait cédé trop facilement à d'ingénieux aperçus, nous craignons qu'il ne soit pas aussi utile qu'il aurait pu l'être.

§ 5. — Avant de se livrer à un genre quelconque de recherches, il est sage d'étudier avec soin, dans les écrits antérieurs, soit anciens, soit récents, tout ce qui peut y avoir rapport; c'est ainsi du moins que nous avons cru devoir procéder. Lorsque nous commençâmes nos expériences, nous avions lu avec toute l'attention dont nous sommes capables, non seulement les mémoires de MM. Vicat, Berthier et John, mais encore tout ce que nous avions pu nous procurer sur le sujet. Nous avons continué et nous continuons à en agir de même; si donc, en cherchant à réunir les principaux faits, nous en oublions quelques-uns, ce sera malgré nous et à notre insçu. Au surplus, s'il en est qui nous échappent, nous ne pensons pas qu'ils puissent infirmer notre théorie; elle est trop bien d'accord avec ce qui a déja été publié et avec notre propre travail. Nous l'offrirons donc au lecteur avec confiance et conviction; nous la lui offrirons comme le résultat de sept années d'expériences et de près de huit mille essais, que des dépenses considérables nous ont permis de tenter sur une grande échelle *.

Que n'est-il au pouvoir de tous nos confrères de disposer des facilités que nous avons eues! Aussi zélés que nous, aussi décidés à tous les sacrifices,

* Nous leur avons consacré un bâtiment de près de cinq cents mètres carrés, une vaste enceinte dans son pourtour, et jamais moins de deux ouvriers à l'année.

à celui même de leur santé, ils auraient bien vîte aplani toutes les difficultés de notre art, et porté ses progrès au plus haut degré.

Avant d'aller plus loin, nous avons un devoir à remplir, une dette à payer. Nous l'acquitterons avec d'autant plus d'empressement, qu'il s'agit de reconnaissance, et que notre hommage ne peut être taxé d'ambition; celui qui en est l'objet est rendu à la vie privée. Si nous n'eussions été placés dans notre propre pays, au sein de notre famille et de nos propriétés, nous n'aurions pu entreprendre les essais multipliés et coûteux auxquels nous nous sommes livrés. Si donc il ressort quelque utilité de notre travail, c'est à M. Becquey qu'elle sera due, et nous le supplions d'en agréer l'hommage, c'est le seul moyen que nous ayons de lui témoigner notre gratitude.

§ 6. — Un art qui se traîne sur les pas de la nature est encore au berceau ; celui-là seul qui peut modifier ses produits, utiliser mieux qu'elle, pour notre usage, les matières premières, diversifier les emplois d'un même corps, suppléer au temps qu'habituellement elle emploie, etc., etc.; celui-là seul est digne d'elle et peut marcher à ses côtés. Prenons notre sujet pour exemple. La nature a créé des pierres qui, après leur calcination, peuvent fournir à elles seules des corps susceptibles d'acquérir une grande dureté, tout en prenant les formes qui nous conviennent. Mais si l'art ne sait qu'obtenir de ces pierres le produit qu'elles recèlent, il est peu avancé, car elles manquent à beaucoup de pays. M. Vicat lui fait faire un pas de géant ; il lui apprend à les imiter. Doit-il s'arrêter là ? Certainement non. Les chaux hydrauliques naturelles, comme celles artificielles, ont le grave inconvénient de diminuer de volume, et de ne pouvoir le perdre que par un séjour prolongé dans l'eau ou à l'abri de l'air ; elles n'acquièrent d'ailleurs qu'une dureté inférieure à celle des pierres tendres, et sont par ces défauts exclues d'une foule d'ouvrages, de ceux surtout qui sont les plus habituels, les plus journaliers. Les ciments romains peuvent remplir cette lacune ; mais ils sont rares, et par conséquent fort chers. La méthode employée par M. Vicat, pour la fabrication des chaux hydrauliques artificielles, peut, il est vrai, servir encore ; mais elle ne le peut qu'imparfaitement. Non seulement les mortiers qu'elle donne acquièrent moins de dureté que les ciments naturels, mais ils ont encore le défaut si grave du retrait, des fendillements ; en vain on les compose des mêmes éléments et dans les mêmes proportions, ces défauts persistent. Il y a plus, la nature elle-même offre des ciments qui fendent, et d'autres qui ne fendent pas, bien que leur composition, leur homogénéité soit la même. Tout annonce que cette différence est due à la durée du contact, et que le temps en est l'auteur.

Après avoir trouvé des moyens indirects de fabriquer de bons ciments, nous avons cherché à obtenir le même résultat avec des matériaux qui n'en paraissaient pas susceptibles, et nous y sommes parvenus. On peut donc, et par plusieurs méthodes, faire des ciments qui ne fendent point, et qui acquièrent en peu de temps une durée supérieure aux meilleurs mortiers hydrauliques. Nous en avons fabriqué qui, au bout de moins d'un mois, ne pouvaient être rayés et même dégradés que difficilement, avec la pointe d'un couteau. Voici donc encore un pas de fait, et dans plusieurs directions. Ne peut-on aller au delà, et obtenir, par exemple, avec une chaux quelconque, grasse, maigre ou hydraulique, un mortier qui ne fende point, et qui par conséquent puisse remplacer le plâtre dans une foule d'usages? On le peut encore. Enfin, il est possible de modifier à tel point les proprietés des substances qui nous occupent, qu'on peut, sans aucune addition, rendre la chaux grasse elle-même inerte, sans causticité, sans affinité pour l'eau. Ce cas d'isomérie est d'autant plus digne de remarque, qu'il peut être amené à toutes les phases, depuis l'inertie absolue, jusqu'à l'état de causticité ordinaire. L'acide silicique est susceptible, ou à peu près, des mêmes modifications, et nous ne doutons pas qu'un grand nombre de corps ne soient dans le même cas. La connaissance de ces résultats et de leur cause probable nous paraît devoir jeter quelque jour sur le phénomène général de l'isomérie.

§ 7. — Il était naturel de croire que l'analyse d'un grand nombre de calcaires et d'argiles pourrait éclairer l'étude des chaux et des mortiers. Nous nous y sommes donc livré avec ardeur, mais nous n'en avons recueilli d'autre fruit que la conviction de leur inutilité. Les calcaires d'une même carrière offrent souvent une diversité frappante; les échantillons d'argiles, pris à quelques pas de distance, sont rarement pareils. Assez ordinairement ces différences ne sont tranchées qu'en passant d'un banc, d'une couche à une autre; cependant, il arrive qu'elles le sont dans la même couche, comme aussi que des couches différentes se ressemblent. La pierre de Sénonches, par exemple, a été analysée par plusieurs chimistes, et a offert à chacun des résultats différents : nous l'avons soumise à quelques essais, et elle nous a donné de nouvelles divergences.

Une propriété remarquable, qui lui a été découverte par M. Berthier, celle de renfermer de la silice soluble dans la dissolution de potasse, avant sa calcination, nous avait fait regarder comme évident, qu'elle devait être pouzzolane à l'état cru; nous avons donc voulu nous en assurer, et par occasion, nous l'avons analysée. Les échantillons que nous avons reçus, et que nous devons à la complaisance de M. Bétourné jeune, ingénieur des ponts-et-chaussées, ne possédant pas comme ceux de M. Berthier, la propriété caractéristique des marnes, de fuser dans l'eau, nous les avons réduits en poudre, puis gâchés en diverses proportions avec de la pâte de chaux grasse, et soumis en même temps à l'immersion, à la simple humidité et au grand air. Notre conjecture s'est pleinement vérifiée, et la poudre s'est trouvée une pouzzolane prompte, non seulement à l'humidité, et sous l'eau, mais encore à l'air. Sous ce dernier rapport, elle nous a présenté un contraste frappant avec les autres pouzzolanes crues : le grès pouzzolanique de M. Minard, l'arène du Pétreau de M. Girard, ne nous ont offert, dans les mêmes circonstances, que des mortiers détestables et sensiblement inférieurs à ceux de chaux grasse et de sable pur. (Nous en dirons les motifs.)

Sénonches et ses environs seront donc redevables à M. Berthier de se connaître une nouvelle richesse. Ils en pourront tirer d'autant meilleur parti que les bancs de marne proprement dite seront plus abondants ; car les frais de broyage se trouveront économisés par le simple séjour dans l'eau. Ajoutons encore que la même poudre, gâchée avec sa propre chaux, nous a donné des résultats sensiblement supérieurs à ceux de cette chaux unie au sable ; ce qui d'ailleurs était facile à prévoir.

§ 8. — Le même savant avait signalé à l'industrie, comme pouvant donner du ciment romain, le calcaire marneux d'Argenteuil, et nous avons eu occasion de reconnaître la justesse de sa prévision. L'analyse qu'il a donnée de ce calcaire, nous fesait désirer de savoir s'il ne jouirait pas de la même propriété que celui de Sénonches, et si le silicate de magnésie serait décomposé par l'hydrate de chaux. Si, d'une part, la magnésie est précipitée de ses dissolutions par la chaux, de l'autre, elle est isomorphe avec elle ; et bien que cette circonstance nous fît penser que la décomposition n'aurait pas lieu, nous étions curieux de le vérifier. L'obligeance de notre confrère Vallot nous a mis à même de le faire, et nous a fourni l'occasion d'examiner la conjecture de M. Berthier. Depuis deux mois que nos essais sont commencés, nous n'avons pu apercevoir la plus légère action de l'hydrate de chaux sur la poudre crue. Ceux immergés, comme ceux qui ont été mis seulement à l'abri du contact de l'air, sont aujourd'hui aussi tendres que le premier jour. Quant au ciment, il peut être immergé comme la plupart des ciments naturels, immédiatement après le gâchage, et il fait sa prise en quelques minutes. Il est d'ailleurs de qualité médiocre, ainsi que l'annonçait sa composition.

§ 9. — Nous avons dit que le calcaire de Sénonches nous avait offert, sous le rapport analytique, quelques dissidences avec ce qui a été publié à son sujet. Les principales nous paraissent dues à ce que nous avons opéré sur la pierre marneuse, et non sur la marne même, et à ce que la pierre calcinée que nous avons reçue aura été cuite dans des circonstances désavantageuses. Il est de fait que la dissolubilité dans l'hydrate de potasse, du résidu laissé par les acides, ne s'est pas présentée à nous, non seulement à froid, mais même à chaud; le calcaire calciné ne s'est pas non plus dissous en entier dans les acides, tandis que celui que nous avons cuit nous-même, n'a laissé aucun résidu. Le fer, qui n'existait pas dans l'échantillon de M. Berthier, s'est trouvé dans le nôtre, en faible proportion, il est vrai: il y était à l'état de peroxide et combiné avec l'acide silicique.

§ 10. — Les nombreuses anomalies que nous a présentées la comparaison analytique des substances hydraulifères, sous le rapport de la plasticité, nous ont conduit à une conjecture que nos essais postérieurs ont confirmée, et dont nous allons dire un mot.

Les argiles contiennent non seulement des sables de diverses grosseurs, mais encore des poudres tellement ténues que souvent elles peuvent rester plusieurs heures en suspension dans l'eau. Les uns et les autres sont loin de constituer la partie la plus importante des argiles, ils ne sont que mélangés avec elles; et bien qu'ils modifient quelques-unes de leurs propriétés, ils ne doivent être considérés, sous le point de vue analytique, que comme des corps inertes. La substance onctueuse, liante, éminemment sujette à retrait, possédant une odeur particulière, et qui fait la base de toutes les argiles, sans exception, est un composé défini, dont l'acide silicique et l'eau sont les éléments électro-négatifs, et l'alumine ou le peroxide de fer indifféremment, l'élément électro-positif. L'isomorphisme ne se borne donc pas toujours aux formes cristallines; et dans les argiles l'alumine peut être remplacée par le peroxide de fer, ou celui-ci par elle. Ce peroxide ou son hydrate peut d'ailleurs s'y rencontrer également, et à l'état isolé. (Le deutoxide de manganèse et l'oxide de chrôme seraient, sans doute, susceptibles aussi de suppléer l'alumine.)

§ 11. — Pour donner à notre travail toute l'étendue dont il est susceptible, il faudrait lui consacrer beaucoup de temps, et ce n'est pas notre projet : nous préférons suivre la voie des essais où nous nous sommes engagés, et nous désirons ne lui ôter que le moins possible de nos loisirs. Cependant, nous tâcherons de n'être court sur aucune des questions en litige, et surtout sur les points épineux. Nous serons même prolixes sur ceux-ci, et d'avance nous en demandons pardon au lecteur.

Quelques dissentiments existent entre MM. Vicat, Berthier, John et Treussard ; mais ainsi qu'il arrive souvent, ils sont plus apparents que réels ; et nous verrons qu'à peu d'exceptions près, les faits qui leur servent de base se prêtent un mutuel appui, et viennent contribuer, chacun pour leur part, à l'établissement d'une théorie rationnelle, et d'une pratique qui en découle.

Nous ne pouvons entrer dans plus de détails ; ceux de nos lecteurs qui désireraient avoir une idée sommaire des résultats auxquels nous sommes parvenus, peuvent consulter notre résumé général, § 360 et suivants.

ORDRE DES MATIÈRES ET DÉFINITIONS.

§ 12. — Ce mémoire sera divisé en cinq chapitres, qui traiteront spécialement des objets ci-après, savoir :

Le 1er, de l'état actuel des connaissances et des opinions tant théoriques que patriques, sur les substances calcaires et les matières qu'on leur adjoint dans la formation des mortiers.

Le 2e, des faits nouveaux qui se sont présentés à nous dans le cours de nos expériences.

Le 3e, de la théorie, ou des principes qui lient les faits, conservent ou modifient les opinions, unissent l'art à la science; en deux mots, font de la pratique des mortiers une branche des connaissances physiques, soumise à des règles précises, à une marche fixe.

Le 4e, des applications les plus générales qui en résultent, soit pour les travaux qui puisent leur importance dans leur grandeur et leur utilité publique ou locale, soit pour ceux non moins intéressants qui s'adressent aux individus isolés, mais à tous, et à chaque instant.

Le 5e enfin, de quelques questions qui se rattachent moins spécialement à l'un des précédents, et appartiennent peut-être davantage à l'ensemble.

§ 13. — Afin d'éviter, autant que possible, l'obscurité qui naît souvent des acceptions, nous allons faire connaître le sens que nous attachons à quelques termes, qui sont dans le cas de revenir fréquemment.

Nous désignerons sous le nom général de chaux le produit de la calcination des carbonates calcaires, toutes les fois que ce produit sera susceptible de se mettre en bouillie complètement, ou à peu près, par son contact avec une suffisante quantité d'eau. Qu'il contienne ou non des substances solides, étrangères, qu'il renferme ou non une dose, plus ou moins forte, d'acide carbonique, nous le nommerons toujours chaux, quand il aura reçu de la calcination la faculté de s'éteindre.

Nous appellerons chaux grasse celle qui, étant placée sous l'eau après son extinction, sera incapable de s'y solidifier, et y restera constamment à l'état de pâte; chaux hydraulique, celle qui, placée dans la même circonstance, pourra acquérir, au bout d'un temps plus ou moins long, et sans aucune addition, une consistance sensiblement supérieure à celle qu'elle avait au moment de l'immersion; chaux maigre enfin, celle qui ne diffère de la chaux grasse que parce qu'elle contient une assez grande proportion de corps étrangers.

Nous nommerons pouzzolane, toute substance inerte par elle-même, qui, gâchée crue ou cuite, avec les chaux grasses ou maigres, leur donnera la propriété hydraulique, telle que nous venons de la définir; et sables, les corps non susceptibles de cette propriété, qu'on est dans l'usage de mêler aux chaux.

Le mot de ciment sera réservé par nous, pour les calcaires autres que le plâtre, qui, gâchés seuls avec de l'eau, après leur calcination et leur réduction en poudre, possèdent la faculté de faire prise, et d'acquérir un son sec et sonore, en quelques instants, une heure au plus. De même que pour les chaux, il existe des ciments gras, maigres ou hydrauliques, nous leur donnerons, par imitation, les mêmes noms.

Nous nous servirons souvent de l'expression déjà assez répandue de *ciment romain*; elle aura pour nous la même signification que celle de ciment hydraulique.

A mesure qu'un art fait des progrès, il est utile de fixer sa nomenclature, tout en se conformant aux termes reçus, et en évitant, s'il se peut, de le charger de nouveaux. Le mot ciment signifie le plus souvent pouzzolane; mais il est susceptible aussi de l'acception que nous lui donnons, acception que n'a pas l'expression pouzzolane; nous avons donc cru plus convenable de restreindre l'un et d'étendre l'autre, que d'introduire un nouveau terme. Au surplus, il importe peu; le lecteur en tiendra le compte qu'il voudra; mais il est bon que nous lui fassions connaître notre idiome : la première chose est d'être clair.

Les distinctions que nous venons d'établir ne doivent être considérées que comme des jalons, comme des moyens de se reconnaître; de l'une à l'autre, il existe des nuances à l'infini, et la nature comme l'art, a d'avance rempli toutes les places.

Par opposition au mot ciment hydraulique, ciment romain, nous pourrons appeler parfois ciments atmosphériques, les ciments qui ne peuvent acquérir de solidité qu'à l'air.

On nomme en général, plasticité la faculté que possèdent certaines matières molles, de se prêter à toutes les formes; nous dirons qu'il y a plasticité parfaite, toutes les fois que la forme donnée n'éprouve ni retrait, ni fendillements.

CHAPITRE PREMIER.

DE L'ÉTAT ACTUEL DES CONNAISSANCES ET DES OPINIONS, TANT THÉORIQUES QUE PRATIQUES, SUR LES SUBSTANCES CALCAIRES ET LES MATIÈRES QU'ON LEUR ADJOINT DANS LA FORMATION DES MORTIERS.

§ 14. — Ce chapitre comprendra quatre sections, qui toutes sont liées assez étroitement, mais qui, pour l'ordre et l'intelligence, ne peuvent que gagner à être séparées.

Dans la première nous nous occuperons des calcaires ; dans la deuxième, des argiles et des substances qu'on allie aux chaux ; dans la troisième, des agrégats formés par l'union des substances comprises dans les deux premières, agrégats qu'on désigne sous les noms de mortiers, de ciments hydrauliques, de ciments romains, de stucs ; dans la quatrième enfin, des questions principales que suggère l'ensemble des trois premières.

Nous indiquerons, en général, à chaque article les noms des auteurs à qui appartiennent les préceptes ou les opinions qui en seront l'objet.

Comme ce n'est pas un traité que nous prétendons faire, nous ne nous ferons point une loi d'indiquer tous les faits et principes admis ; nous nous

2

bornerons aux principaux. Faire plus, aurait sans doute quelque intérêt pour le moment; mais quand nous aurions classé, rétabli chaque chose à sa place, cet intérêt aurait cessé, et le lecteur pourrait regretter, comme nous, le temps qu'il y aurait consacré.

SECTION PREMIÈRE.

DES SUBSTANCES CALCAIRES.

Observations extraites des ouvrages de M. Vicat.

§ 15. — 1° Les chaux pures ou presque pures, quel que soit le calcaire dont elles proviennent, et le degré ou le mode de cuisson qu'on leur fasse subir, n'acquièrent sous l'eau qu'une faible consistance, et le plus souvent y restent molles.

2° La craie imparfaitement cuite arrive en peu de temps à cette faible consistance, mais ne la dépasse qu'à peine.

3° La chaux pure éteinte spontanément donne des résultats meilleurs, mais qui n'en restent pas moins au dessous du médiocre.

4° Dans les calcaires argileux, la calcination n'a pas pour seul effet de chasser l'eau et l'acide carbonique; elle modifie encore les uns par les autres, les oxides constituants. Si l'on traite un de ces calcaires crus par les acides, il reste un dépôt abondant ; si l'on exécute cette opération après la cuisson, la dissolution est complète, il ne reste rien.

5° La chaux que donnent ces calcaires gagne à provenir d'une calcination à longue flamme, au bois ou à la bruyère ; cuite à la houille elle est de moins bonne qualité ; au charbon de bois elle vaut moins encore.

6° Le contact de l'air paraît exercer une utile influence sur cette calcination.

7° Les carbonates imparfaitement cuits sont beaucoup plus difficilement réduits en chaux par une seconde calcination, que les carbonates neutres.

8° On peut éteindre par immersion ou par le procédé ordinaire, les chaux hydrauliques, ou éminemment hydrauliques, sans qu'il en résulte de grandes différences dans les résultats ; mais l'extinction spontanée est d'autant plus nuisible que la chaux est plus hydraulique.

9° L'extinction ordinaire est celle des trois qui divise le mieux les chaux de toute espèce.

10° Toute espèce de chaux exposée vive au contact de l'air et dans un lieu abrité, reprend insensiblement, au bout d'un temps plus ou moins long, l'acide carbonique nécessaire à sa saturation.

§ 16. — *Observations extraites du mémoire de M. Berthier.*

11° Des mélanges de craie et de sable siliceux ordinaire calcinés ne donnent que des chaux maigres non hydrauliques.

12° Des mélanges de craie et de sable siliceux en farine réussissent mieux ; mais toute la matière siliceuse n'est pas attaquée.

13° Dix grammes de craie et un gramme et demi de silice gélatineuse, calcinés pendant une heure dans un creuset de platine, ont donné une chaux hydraulique, qui, au bout de deux mois d'immersion, avaït acquis assez de fermeté pour résister à l'impression du doigt.

14° Les mélanges de craie et d'alumine éteints après leur calcination et mis en pâte, ne prennent sous l'eau aucune consistance.

15° Les oxides de fer et de manganèse ne sont pas plus efficaces ; ils ont même le défaut de rendre médiocres des mélanges, qui, sans eux, eussent été bons.

16° L'alumine et la magnésie, qui isolément avec la chaux ne réussissent pas, donnent cependant, à l'aide de la silice, des mortiers supérieurs aux silicates de chaux purs.

17° La durée de la cuisson influe considérablement sur le résultat ; pour chaque mélange, il y a un certain degré de chaleur, qu'il faut atteindre et ne pas dépasser : telle combinaison, qui aurait pu donner une chaux éminemment hydraulique, si elle eût été exposée à une température convenable et pendant un temps suffisant, ne pourra produire qu'une chaux maigre, si elle n'a pas été assez chauffée, ou une chaux morte, si elle l'a été trop.

§ 17. — *Observations extraites de l'ouvrage de M. Treussard.*

18° La chaux que l'on emploie dans les constructions contient presque toujours une assez grande quantité d'acide carbonique. On ne peut donc, dans l'analyse des mortiers anciens, regarder comme absorbé par eux tout celui qu'ils contiennent.

19° Les chaux maigres, de même que celles hydrauliques, cuites à point, sont plus lentes à s'éteindre que les chaux grasses, et donnent moins de chaleur.

20° Le peroxide de fer rend les chaux grasses lentes à s'éteindre.

21° Les chaux spontanées ne donnent (sans addition de pouzzolanes) que des résultats médiocres, et le plus souvent mauvais; elles ont le grave inconvénient de contenir beaucoup de petits fragments de chaux.

22° Les chaux hydrauliques, soit qu'on les arrose d'une petite quantité d'eau pour les réduire en poudre sèche, soit qu'on les laisse s'éteindre d'elles-mêmes à l'air, perdent bien vîte une partie de leurs propriétés, et finissent par passer à l'état de chaux commune.

23° L'hydrate de chaux absorbe une assez grande quantité d'oxigène.

SECTION DEUXIÈME.

DES ARGILES ET DES SUBSTANCES QU'ON EST DANS L'USAGE D'ALLIER AUX CHAUX.

---

§ 18. — *Observations extraites des ouvrages de M. Vicat.*

1° Pour transformer en pouzzolanes par la calcination, les argiles, psammites, arènes, etc., les conditions à remplir sont : 1° que chaque matière puisse acquérir assez de cohésion, pour ne plus faire pâte avec l'eau ; 2° qu'elle atteigne le minimum de pesanteur spécifique et de faculté absorbante ; 3° qu'elle devienne plus accessible aux agents chimiques qu'elle ne l'était auparavant. On remplit ces conditions à l'aide d'une cuisson très modérée, et tellement dirigée d'ailleurs, qu'il soit possible à l'air d'atteindre toutes les parties de la matière en incandescence.

2° Les substances pouzzolaniques se comportent avec les acides et les alcalis d'une manière assez variable ; mais une de leurs propriétés digne de remarque, est celle de neutraliser l'eau de chaux, à peu près en raison de leur bonté. Cette règle présente quelques exceptions, mais elle paraît se vérifier le plus souvent.

3° Dans les pouzzolanes rouges, le fer ne joue pas un rôle absolument passif, mais sa présence n'est pas indispensable,

4° Les pouzzolanes trop fortement chauffées perdent toute leur énergie.

§ 19. — *Observations extraites de l'ouvrage de M. Treussard.*

5° Le degré de calcination qu'on doit faire subir aux argiles, pour les transformer en pouzzolanes, dépend de leur composition. Celles qui ne contiennent que peu ou point de carbonate de chaux, doivent être chauffées fortement ; celles qui en contiennent un à deux dixièmes, doivent l'être faiblement. Cependant, on ne doit point faire la dépense de mélanger de la chaux avec les argiles qu'on veut convertir en pouzzolanes.

6° Les terres ocreuses ne sont point les plus convenables pour la confection des pouzzolanes.

7° L'alumine seule ne peut former de pouzzolane ; il faut qu'elle soit mélangée d'une certaine quantité de silice.

8° Les pouzzolanes n'ont rien à craindre de l'humidité, mais elles veulent être abritées du vent, qui emporterait leurs parties les plus tenues et les plus énergiques ; elles doivent être broyées assez fin, pour n'être point rugueuses entre les doigts.

9° Les arènes sont des argiles qui ont subi l'action du feu.

10° Toutes les argiles sont susceptibles d'acquérir, par une calcination convenable, la faculté pouzzolanique à un degré plus ou moins éminent.

11° Lorsqu'elles sont calcinées à un courant d'air, elles sont beaucoup plus promptes.

§ 20. — *Observations de divers auteurs.*

12° Il existe des mélanges de sable et d'argile nommés arènes, qui, sans être cuits, ont la propriété pouzzolanique. Il en est d'autres qui, même après leur cuisson, ne l'ont pas; les premières offrent d'excellents résultats sous l'eau, les secondes sont préférables à l'air.

13° La calcination augmente la promptitude de prise des arènes hydrauliques, mais ne leur donne pas d'autre avantage; du moins au bout d'un an, ses résultats ne sont pas supérieurs à ceux des arènes crues. Or, ces dernières exigeant moins de chaux et étant par conséquent plus économiques, il s'ensuit que, dans le plus grand nombre de cas, elles méritent la préférence.

Tout ce que nous savons sur les arènes nous vient de M. Girard, ingénieur des ponts-et-chaussées, qui a publié sur celles du Périgord un travail fort intéressant. *

* Notre confrère a bien voulu nous envoyer des fragments de ses arènes, mais en faible quantité. Celle hydraulique, comme celle qui ne l'est pas, ne nous a donné à l'air que des mortiers inférieurs à ceux de sable pur. La première ne nous a offert, sous l'eau, que des résultats au dessous du médiocre; l'échantillon était évidemment de qualité inférieure. Quant à la seconde, nous en avons obtenu ce qu'on peut obtenir à volonté de toute argile : une pouzzolane, une chaux hydraulique, un ciment romain. C'est néanmoins une argile médiocre. Nous ne parlerons pas des mortiers crus qu'elle fournit à l'air; nous pensons que M. Girard a été indulgent pour eux.

14° On connaît encore d'autres substances qui, sans être cuites, possèdent la faculté d'hydrauliser les chaux grasses. Ce sont certains grès argileux de Picardie et psammites de la Basse-Bretagne; les premiers découverts par M. Minard *, les seconds par MM. Avril et Payen. Les grès jouissent de la propriété remarquable de neutraliser l'eau de chaux en plus grande quantité, et bien plus promptement qu'une pouzzolane d'Italie plus énergique.

15° La composition des argiles est extrêmement variable; les chimistes et les minéralogistes n'ont même pas d'opinion arrêtée sur leur nature. D'après les uns, elles ne sont qu'un mélange de silice et d'alumine en proportions variables, et souillé de matières étrangères; d'après les autres, elles sont essentiellement formées de silicates. M. Beaudant pense même (Traité de Minéralogie, tome 2, page 40) qu'elles contiennent la silice et l'alumine en proportions définies. Il lui a toujours paru qu'en les traitant par un acide, *il ne reste au fond du vase qu'un amas de particules quartzeuses et micacées, incohérentes, qui sont évidemment les matières mélangées* **.

* Je dois à la complaisance de cet habile constructeur d'avoir pu expérimenter sur ce grès. Les échantillons qu'il nous a envoyés nous ont fourni des mortiers excellents sous l'eau, mais très mauvais à l'air, inférieurs même à ceux de sable ordinaire.

** D'après ce que nous avons dit dans l'introduction, § 10, on pense bien que nous ne combattrons pas l'opinion des proportions définies; néanmoins nous ferons observer que

SECTION TROISIÈME.

DES AGRÉGATS QU'ON FORME AVEC LES CHAUX ET LES SABLES, OU LES SUBSTANCES POUZZOLANIQUES.

---

§ 21. — *Observations extraites des ouvrages de M. Vicat.*

1° La dureté définitive des agrégats dépend, à un haut degré, du mode d'extinction de la chaux. L'expérience conduit à établir, 1° que pour tous ceux à chaux grasse ou moyennement hydraulique, l'ordre de prééminence des trois procédés est ainsi qu'il suit : extinction spontanée, puis par immersion, puis enfin par la méthode ordinaire ; 2° que pour tous ceux à chaux hydraulique ou éminemment hydraulique, l'ordre est absolument inverse.

2° Les chaux très grasses demandent des pouzzolanes très énergiques ; les chaux très hydrauliques veulent, au contraire, des substances inertes, telles que les sables.

3° Les pouzzolanes artificielles qui résultent de la cuisson modérée des argiles mêlées de chaux, donnent des mortiers très actifs, dont la prise se

les acides sont loin de ne laisser que des substances incohérentes, et que si on traite leur dépôt par une solution de potasse, puis par un acide, puis de nouveau par la potasse, et ainsi de suite, on reconnaît sans peine que les matières inertes ne sont pas si faciles à isoler.

décide en quelques heures ; mais il est juste de convenir que ces mortiers ne parviennent dans la suite qu'à un médiocre degré de dureté ; ils sont d'ailleurs fort chers.

4° Les arènes, les psammites et les argiles paraissent être les ingrédients les moins avides de chaux.

5° L'eau dissout ou entraîne une partie de la chaux des ciments immergés ; elle leur en enlève d'autant plus, que le dosage a été moins bien fait. La nature s'efforce donc d'arriver aux proportions exactes, et corrige, pour y parvenir, l'erreur de la main qui a dosé.

6° Il n'est aucun sable qui puisse, s'il est inerte, former un bon mortier avec la chaux grasse ; tous, au contraire, pourvu qu'ils soient purs, pas trop gros et durs, donnent d'excellents mortiers, avec les chaux hydrauliques.

7° Le second et le troisième procédé d'extinction, paraissent généralement plus propres à accélérer la prise que le premier.

8° M. l'ingénieur Petot a remarqué que la présence des matières siliceuses à l'état de quartz, exerce sur la chaux, pendant les premiers temps de l'immersion, une grande influence qui semble annoncer une action moléculaire très importante à constater *.

* Des expériences variées et nombreuses, dont nous rendrons compte, infirment complètement ce fait. Serait-ce parce que M. Petot et nous n'aurions pas opéré dans les

9° Il n'existe point de bons mortiers sans silice ; mais il n'est pas indispensable que cette substance soit soluble dans les acides, pour donner d'excellents résultats : il suffit que sa cohésion soit beaucoup moindre que celle dont elle est douée dans le quartz. Toutefois, ils sont d'autant meilleurs qu'elle est plus voisine de l'état gélatineux, dans lequel on l'obtient à l'aide des agents chimiques.

10° Les chaux grasses, comme les chaux hydrauliques, sont sans action sur le quartz.

11° Tous les mortiers à chaux grasses et gros sables bien purs, résistent aux hivers de nos climats, quand ils ont atteint un certain degré de solidification ; ceux à chaux grasse spontanée, faibles en sables, paraissent être ceux qui redoutent le moins la gelée. En général, les intempéries favorisent les mortiers à chaux grasses, quand ils sont abondants en sable, et nuisent à ceux où la chaux domine.

12° Les mortiers à pouzzolane, quand ils sont exposés au nord, finissent par se dégrader même en Italie ; mais l'addition du sable modère puissamment cet effet, et les améliore sensiblement.

13° Considéré comme matière plastique propre au moulage, le mortier hydraulique peut recevoir toutes les formes possibles, et remplacer la pierre dans une foule de circonstances. Il ne reste qu'un

mêmes circonstances ? Nous l'ignorons. On verra, au surplus, que nous n'avons point pu découvrir de cas où cette influence fût appréciable.

problème à résoudre : c'est de trouver le moyen d'accélérer sa prise, sans nuire à ses qualités futures.

14° On peut composer des ciments naturels de toute pièce, mais il faut convenir qu'aucun de ceux obtenus jusqu'à ce jour, n'a pu égaler le ciment anglais en dureté.

15° Il est impossible de méconnaître une action chimique dans la solidification des mortiers à pouzzolanes, psammites et arènes ; mais la question qui a pour objet de déterminer comment et entre quels principes s'opère la combinaison, est encore à résoudre.

16° On n'expliquera jamais la solidification des bons mortiers, tant qu'on se refusera à accorder aux sables une influence bien prononcée sur la cohésion acquise par l'hydrate de chaux hydraulique qui l'enveloppe ; cette influence a été mise hors de doute par les expériences de M. Petot. Les mortiers de chaux hydraulique sont d'ailleurs bien moins résistants quand ils ne contiennent que de la chaux, que lorsqu'ils renferment en même temps du sable.

§ 22. — *Observations extraites de l'ouvrage de M. Treussard.*

17° Les pouzzolanes énergiques conviennent très bien aux chaux hydrauliques, et toutes les fois qu'on exécute des travaux importants, tels qu'écluses et bâtardeaux, qui ont constamment de fortes pressions d'eau à supporter, il est prudent de les allier les unes aux autres.

18° Il paraît que l'exposition des chaux hydrauliques à l'air, n'a d'autre effet que de les faire passer à l'état de chaux communes. On peut donc corriger ce défaut avec des pouzzolanes ; le plus sage toutefois, est de ne pas le laisser se développer, et d'employer ces chaux dix ou quinze jours au plus tard, après les avoir éteintes en poudre et recouvertes de sable. Il est prudent aussi d'attendre au moins douze heures après l'extinction, avant de faire le mortier.

19° La chaux éteinte en poudre a la propriété d'absorber de l'oxigène, et c'est à cela qu'on peut attribuer le résultat plus avantageux que l'on obtient quand on la laisse exposée à l'air, après lui avoir fait subir l'extinction.

20° Les mortiers hydrauliques prennent une plus forte consistance sous l'eau, ou dans une terre humide, que lorsqu'ils restent exposés à l'air, et surtout pendant l'été.

21° La chaux commune devient hydraulique lorsqu'elle est chauffée à un degré convenable, avec une petite quantité d'argile crue ; on n'obtient plus aucun résultat, si l'argile a été calcinée avant le mélange.

22° Dans les mortiers faits avec la chaux hydraulique, le sable paraît être à l'état passif ; mais dans ceux faits avec la chaux commune et la pouzzolane, ou les substances analogues, ces substances entrent en combinaison avec la chaux, et il paraît que c'est là ce qui donne au mortier la propriété de durcir dans l'eau.

23° La chaux hydraulique est une combinaison de chaux et d'une certaine quantité d'argile. C'est une substance nouvelle, tout-à-fait différente de la chaux ordinaire, et qui a acquis par la calcination, des propriétés que celle-ci n'avait pas. Ainsi, l'une se dissout indéfiniment dans l'eau, et l'autre ne s'y dissout point ou peu.

24° La meilleure argile pour faire la chaux hydraulique artificielle, paraît être celle qui contient autant de silice que d'alumine. On augmente la bonté des résultats en ajoutant à l'argile un peu d'eau chargée de soude, ou surtout de potasse.

25° Le seul moyen d'obtenir à l'air de bons mortiers est de n'en employer que d'hydrauliques. A l'air, comme dans l'eau, on a en général de meilleurs mortiers avec la chaux commune, le sable et les substances analogues aux pouzzolanes, qu'avec les chaux hydrauliques et le sable seul; les mortiers de chaux hydraulique seule sont généralement plus résistants que ceux où il entre du sable.

26° Il paraît hors de doute qu'on peut, avec de bon mortier hydraulique, composer des pierres factices qui puissent offrir au bout d'un an une résistance approchant celle de la brique ordinaire, et qui augmente encore avec le temps. Monge parle d'un temple dont la pierre était rongée, et dont le mortier bien conservé fesait saillie. Une voûte en béton de 4 mètres de diamètre, a été construite à Strasbourg, et a très bien réussi.

SECTION QUATRIEME.

DES QUESTIONS PRINCIPALES QUE SUGGÈRE L'ÉTAT ACTUEL DE NOS CONNAISSANCES SUR LES CHAUX ET LES MORTIERS.

---

§ 23. — Ce que nous avons dit dans les précédentes sections, ne suffit peut-être pas pour donner une idée complète de l'état de nos connaissances ; cependant nous ne pensons pas avoir rien oublié de bien important. Au surplus, le sujet sera développé, par la suite, avec assez de détails, pour que le lecteur ait peu à nous blâmer des omissions que nous aurions pu commettre.

Nous avons tâché de ne point affaiblir le mérite des auteurs que nous avons cités, mais nous craignons de n'avoir pu y réussir ; quand on est forcé de ne faire connaître d'un travail que la charpente, on ne peut lui conserver des détails et des accessoires qui souvent font tout son prix. Nous les prions d'en recevoir nos excuses ; c'est involontairement que nous aurions affaibli leur ouvrage ; nous serions désolés d'être injustes envers personne.

Nous n'avons pas cru devoir parler encore d'une brochure intéressante, et qui nous sera fort utile ; c'est celle publiée par la société d'encouragement sur le ciment de Pouilly. Nous en rendrons compte dans une partie de notre travail, où elle sera mieux placée.

§ 24. — Les questions auxquelles le sujet peut

donner lieu, sont nombreuses et souvent ardues ; elles naissent sous les pas, et se multiplient, ainsi qu'il est d'usage, à mesure qu'on avance. Mais nous n'avons point à les considérer, pour le moment, sous le point de vue le plus général ; nous ne devons nous occuper que de celles qui découlent directement de l'ensemble de nos connaissances ; elles nous paraissent se borner à peu près aux suivantes :

1° Quelle est la composition des chaux hydrauliques ? en quoi diffèrent-elles les unes des autres ? la connaissance préliminaire de leurs éléments permet-elle de les classer avec certitude, dans leur ordre de supériorité ? le mode et le degré de cuisson peuvent-ils modifier cet ordre ? quelles en sont les causes, les circonstances, et les moyens de le maîtriser ? la distinction de leurs éléments, telle qu'on la fait aujourd'hui peut-elle suffire ? quelles sont les fonctions de ces éléments ? en quoi les chaux hydrauliques artificielles diffèrent-elles de celles naturelles ? quel est le rôle que jouent les sables ?

2° Quelle différence y a-t-il entre les mortiers de chaux grasse et de pouzzolanes, et ceux de chaux hydraulique ? est-il des cas où la préférence doive être accordée aux uns sur les autres ? quels sont les plus économiques ?

3° Les ciments forment-ils ou non des substances à part ? quelle est leur liaison, leur rapport avec les mortiers ? peut-on en fabriquer artificiellement d'hydrauliques et de non hydrauliques ? quels en sont les moyens, quels sont les avantages et les inconvénients inhérents à chaque procédé ? quel est, d'après les circonstances, leur ordre de prééminence? leur emploi peut-il soutenir la concurrence avec les meilleurs mortiers hydrauliques? s'ils sont supérieurs, quelles en sont les causes? leur usage peut-il être aussi économique ? dans quels cas doivent-ils être préférés ? dans quels cas convient-il de les rejeter ? à quelle substance est due leur promptitude de prise? est-ce à la chaux, à la silice, à l'alumine, à d'autres corps ? par quelle cause les uns sont-ils sujets à se fendre à l'air, tandis que les autres ne le sont pas?

§ 25. — Ces questions, qu'il serait inutile de multiplier, en comprennent beaucoup d'autres ; mais nous devons les laisser se présenter à mesure que nous avancerons ; nous n'avons même détaillé autant celles qui précèdent, que pour donner au lecteur une idée de l'intérêt qu'inspire le sujet ; nous chercherons même à l'accroître en lui annonçant que, sous le rapport de l'art, nous pensons pouvoir les résoudre toutes, ou presque toutes ; et que sous celui de la science, nous espérons les pousser assez loin pour qu'il doive rester peu de doute dans son esprit.

Nous avions l'intention de donner plus de développements à ce chapitre, et nous l'avions même implicitement annoncé ; mais il nous tarde d'arriver à ce que nous croyons la partie la plus importante de notre travail, et nous préférons ne pas revenir sur nos pas. Assez d'occasions se présenteront de parler de ce que nous avons pu omettre, pour que nous ne devions pas craindre de marcher en avant. Dès le début du chapitre III, nous aurons à entrer dans des détails arides et cependant indispensables ; nous sommes donc excusables d'abréger.

CHAPITRE II.

DES FAITS PRINCIPAUX QUI SE SONT PRÉSENTÉS A NOUS DANS LE COURS DE NOS EXPÉRIENCES.

§ 26. — Ce chapitre sera naturellement divisé comme le précédent en quatre sections, qui traiteront des mêmes matières, savoir : la première, des calcaires ; la deuxième, des argiles ; la troisième, des mortiers ; la quatrième, des questions auxquelles donnent lieu les trois premières.

Une partie des observations qui vont suivre peut avoir été faite et même publiée ; nous serions désolé de nous l'approprier, mais le triage pourrait demander du temps, et afin d'aller plus vîte nous y renonçons ; nous dirons donc ce que nous avons vu, observé, sans prétendre à aucune priorité.

SECTION PREMIÈRE.

DES CALCAIRES.

§ 27. 1° Bien que le mode d'agrégation des calcaires soit variable, on pourrait croire que ceux dont la composition chimique diffère peu, devraient se comporter de même avec les acides. Cependant il n'en est pas ainsi : les uns donnent lieu à une effervescence des plus vives, et l'acide carbonique s'en dégage sans efforts ; les autres laissent à peine apercevoir de dégagement, et exigent souvent le secours de l'ouïe pour se faire reconnaître. La pierre de ceux-ci non broyée peut recevoir des gouttes acides sans offrir, non seulement de bouillonnement, mais même d'apparence de dégagement ; on les prendrait pour des schistes argileux (les premiers échantillons de pierre à ciment romain * que nous ayons trouvés étaient de cette espèce). Entre ces deux extrêmes, se trouvent tous les intermédiaires. La lenteur du départ de l'acide carbonique, sa difficulté à se débarrasser de la liqueur acide, ne sont point des indices certains du ciment, car elles se rencontrent aussi dans des calcaires presque purs; cependant, quand elles se joignent à un dépôt abondant et impalpable, elles sont d'un favorable augure. Elles se présentent plus habituellement chez les marnes proprement dites ou chez les pierres marneuses, que chez les calcaires francs et vifs. (Nous dirons en passant que certains carbonates de chaux, après leur cuisson, donnent avec les acides une effervescence plus vive qu'auparavant. Cette effervescence est promptement apaisée, et

* De petits fragments de ces pierres ne sont pas rares; de petits gîtes même se rencontrent encore, mais les grands amas sont peu communs, ce qui, au surplus, est un faible inconvénient.

n'existe pas, comme on le pense bien, quand la cuisson a été complète.)

2° Les chaux qui proviennent des calcaires peu mélangés, et qui peuvent servir, soit à la fabrication des ciments non hydrauliques, soit à celle de certains ciments hydrauliques, se prêtent plus ou moins facilement à cette fabrication, suivant leur structure; leur foisonnement est très variable, et l'on doit se guider pour leur choix sur le rôle qu'on leur destine.

3° Nous avons rencontré des calcaires très durs, qui, bien cuits à point, et tout-à-fait crayeux, ne se sont comportés ni comme chaux, ni comme ciments : immergés, ils ne se sont point éteints; broyés et gâchés, ils n'ont pas fait prise; mais traités comme pouzzolanes, après leur cuisson, ils nous ont offert des mortiers excellents et très énergiques, dont la prise se décidait souvent en quelques heures. Ces calcaires avaient l'avantage de n'exiger que du huitième au dixième de leur volume de pâte de chaux; ils étaient, en outre, plus faciles à broyer que la plupart des pouzzolanes, la calcination les rendant fort tendres, de durs qu'ils étaient.

4° On a vu § 7, que l'analyse de la pierre à chaux de Sénonches, par M. Berthier, nous avait fait présumer que ce calcaire devait fournir à l'état cru, une pouzzolane prompte, et que cette conjecture s'était vérifiée. Nous rappelons ici le fait pour mémoire, mais par opposition aux arènes, psammites et grès hydrauliques, qui sont éminemment siliceux. Il n'est pas inutile de signaler une substance calcaire hydraulique à l'état cru.

5° Nous avons rencontré des carbonates qui, légèrement cuits, et à peine privés d'une faible partie de leur acide carbonique, sont devenus pouzzolaniques (ils ne l'étaient pas auparavant). Ces mêmes calcaires complètement calcinés, nous ont donné de la chaux hydraulique; nous en avons trouvé d'autres que nous n'avons pu rendre pouzzolanes, et qui cependant, calcinés convenablement, nous ont fourni une bonne chaux hydraulique.

6° Parmi les ciments romains que nous offre la nature, il en est qui peuvent, sans danger, être immergés aussitôt après leur gâchage, et d'autres qui ont besoin d'un délai de quinze à vingt heures. Entre ces deux extrêmes existent, comme on le pense bien, tous les intermédiaires. Les ciments romains que l'art peut produire sont tous dans le dernier cas. Cette distinction exerce peu d'influence sur la dureté définitive; mais il est bon de la connaître, car il est des cas où elle ne saurait être négligée.

Les ciments fabriqués par la méthode de M. Vicat sont donc de la seconde espèce; aussi son usage d'immerger tout de suite lui a-t-il donné d'eux une opinion d'infériorité qu'ils ne méritent pas. Ils pèchent plus par l'inconvénient des fentes et du retrait, que par le peu de dureté.

7° En calcinant de l'oxalate de chaux au four à réverbère, dans un creuset de platine surmonté de son couvercle, il nous était arrivé quelquefois, d'obtenir de la chaux qui ne s'éteignait plus ; d'autrefois, elle le fesait, mais lentement; dans certaines circonstances, il suffisait de la broyer pour obtenir l'extinction. Nous présumâmes d'abord que ces résultats pouvaient être dus à l'acide oxalique ; mais comme la calcination fait d'abord de l'oxalate un carbonate, il était présumable que les calcaires ordinaires devaient se conduire de même ; c'est en effet ce qui a eu lieu : l'hydrate de chaux nous a présenté le même phénomène. La chaux inerte peut être mise sur la langue, écrasée entre les dents, sans donner, pour ainsi dire, de causticité ; traitée par l'acide hydrochlorique, même à froid, elle se dissout, mais lentement (la chaux vive ordinaire, bien purgée d'acide carbonique, ne se combine aussi que lentement avec les acides hydrochlorique ou nitrique concentrés). Ce phénomène isomérique n'est point facile à produire ; et il est en effet naturel de penser que pour enlever à un corps aussi énergique, aussi fixe que la chaux, sa propriété la plus remarquable, il doit être fait usage de moyens puissants. La manière dont nous l'expliquons, nous donne la persuasion que nous parviendrons à nous rendre maître de sa production ; mais nous n'avons pu encore nous en occuper d'une manière suivie. Si nous en avons le loisir, avant l'impression de ce mémoire, nous rendrons compte de nos efforts, qu'ils soient suivis ou non de succès.

8° Quand on couvre d'eau ordinaire, avec précaution et très légérement, une pâte de chaux hydraulique ou non, avec ou sans mélange de sable ou d'autre substance , on observe la formation presque instantanée d'un nuage blanchâtre, qui se développe à la surface de la chaux , se promène , s'élève, puis reste plus ou moins long-temps suspendu dans l'eau liquide , tapisse les parois du verre , comme un canevas, et se dépose en partie. L'explication première de ce qui se passe est simple: l'eau en contact avec la chaux en dissout à l'instant une partie qui devient visible , parce que l'acide carbonique contenu dans l'eau s'en empare , et forme avec elle un sous-carbonate insoluble. A mesure que la chaux pénètre dans les couches supérieures, le nuage s'étend et finit par atteindre , même assez promptement, le sommet. C'est la chaux qui va chercher l'acide, et non celui-ci qui va au devant d'elle. Lorsqu'au lieu d'eau ordinaire, on se sert d'eau distillée , ou même d'eau de pluie , aucun nuage ne se forme , ainsi qu'il était aisé de le prévoir, et l'eau reste parfaitement limpide, même des heures entières. Si l'on intercepte alors le contact de l'air, ou plutôt de l'acide carbonique, la même limpidité subsiste indéfiniment , et la chaux ou l'agrégat se solidifient comme de coutume s'ils sont hydrauliques, ou restent mous s'ils ne le sont pas , sans qu'il se forme ni couche ni pellicule ni dépôt. Si on laisse à l'acide carbonique un libre accès, il commence à se former , au bout de quelques heures , une crême de sous-carbonate , qui s'épaissit de plus en plus à la longue, mais qui ne se sature complètement qu'avec lenteur , lors même qu'on l'isole, pour lui donner en tout sens le contact de l'air. Nous avons vainement essayé cette saturation; au bout de plusieurs mois, elle n'existait pas encore.

Dans le but de chercher l'explication des résultats obtenus par M. Petot, nous avons examiné pendant plusieurs mois, et à diverses époques, la quantité de chaux dissoute par un même poids d'eau distillée, recouvrant des poids égaux de chaux diverses, dans des vases d'inégales surfaces; nous avons observé ce qui suit*: 1° relativement à l'étendue du contact immédiat, c'est-à-dire à la superficie, que son influence n'est pas douteuse, mais que l'effet n'est pas proportionnel à sa quantité; 2° au sujet de la durée, que pendant des temps doubles ou triples, il s'en faut de beaucoup que la proportion dissoute soit double ou triple; qu'elle peut même se montrer en sens inverse; que pour de la chaux grasse, par exemple, le poids au bout de vingt jours a été moindre qu'il n'avait été les dix jours précédents; 3° eu égard à la quantité d'eau, que sur une chaux hydraulique, son accroissement a plutôt diminué qu'augmenté la dose de chaux dissoute; 4° en ce qui concerne l'addition du sable siliceux, que contrairement aux résultats de M. Petot, elle a généralement augmenté plutôt que diminué cette dose; que cepen-

* Pour rendre les expériences comparables, nous avons constamment enlevé, à l'aide d'un siphon, le même poids d'eau de dessus chaque essai, en évitant, autant que possible, de le remuer (voir les § 29 et suivants). A l'instant même, nous remplacions l'eau enlevée par un poids égal d'eau nouvelle.

dant la différence est faible; 5° relativement au temps employé pour la dissolution, que la chaux grasse elle-même n'est prise que lentement par l'eau en repos, et qu'au bout de trois semaines, la saturation peut ne pas être complète *.

SECTION DEUXIÈME.

DES ARGILES.

1° Sous le point de vue chimique, nous ne sommes pas en mesure de donner sur ce sujet des détails aussi précis qu'on pourrait le désirer; ce ne

* Ce genre d'expériences est plus délicat qu'il ne paraît; et il a l'inconvénient d'exiger plus de temps que ne le mérite, aujourd'hui du moins, son importance. Dans nos premiers essais, nous n'avions pas intercepté le contact de l'air, et il en était résulté que l'acide carbonique ajoutait aux chances d'erreur. La couche carbonatée bouchait parfois hermétiquement un vase, et présentait dans un autre des vides ou des fissures, en raison de pellicules tombées au fond, pellicules qu'il eût été difficile de rassembler en entier, et sans addition de chaux; d'autrefois, c'était un autre vase. Nous avons dû recommencer cette première série, et il n'en sera pas question. Nous devons ajouter d'ailleurs que, même dans nos derniers essais, nous avons cru trouver une cause d'anomalie, et nous apercevoir que la bouche du siphon doit toujours être placée à la même distance du fond, pour les vases d'égale surface, et à une distance proportionnée pour les autres, c'est-à-dire que chaque couche d'eau contient des quantités de chaux différentes, et que, par conséquent, il est fort difficile d'avoir des résultats comparables.

serait pas ici d'ailleurs que nous devrions le faire. Nous y reviendrons dans un travail spécial. Ici cependant nous nous y arrêterons, mais seulement le temps nécessaire pour rendre parfaitement intelligible ce qui concerne les mortiers.

Les argiles proprement dites, c'est-à-dire qui se délayent sans difficulté dans l'eau, qui font pâte avec elle, qu'on appelle communément glaise ou terre grasse, doivent être distinguées de la partie plus ou moins onctueuse contenue dans les pierres argileuses, et dans les minéraux non susceptibles de se résoudre en bouillie dans l'eau. Cette partie, sans doute, est souvent une véritable argile, mais souvent aussi elle en diffère essentiellement, bien que renfermant quelques-uns de leurs éléments. Les solides, les liquides mêmes qui sont susceptibles de laisser pénétrer des gaz dans leur intérieur, de les y condenser plus ou moins, ne se prêtent souvent à leur absorption qu'en fesant une espèce de choix. L'eau, par exemple, en s'imbibant d'air atmosphérique, rejette une partie de l'azote ; et beaucoup d'autres corps sont dans le même cas. Si donc il est des pierres qui soient devenues argileuses par infiltration, il ne serait pas étonnant qu'elles eussent agi, par rapport aux hydrosilicates et aux hydrates terreux, comme les solides et les liquides, par rapport à l'air. Le fait est que la substance argileuse qu'elles contiennent, diffère souvent beaucoup des argiles proprement dites.

2° Que l'on expérimente comme on voudra la silice en gelée, c'est-à-dire non calcinée ; qu'on traite de même l'alumine et le peroxide de fer, on ne pourra, à l'aide de l'eau et des sables, quelque fins qu'ils soient, rien former qui ressemble aux argiles, qui en ait les propriétés. Qu'on les cuise et qu'on les mette en farine, qu'on fasse entre eux des mélanges en proportions diverses, crus ou cuits, on ne réussira pas mieux. La raison en est simple ; c'est que dans les argiles, ces corps sont combinés et non mélangés. Sans doute, le peroxide de fer leur est fréquemment allié, mécaniquement, et sans être à l'état de combinaison, ainsi que la silice ; mais l'un et l'autre sont alors des corps étrangers, et, chimiquement parlant, n'ajoutent rien à leurs propriétés caractéristiques, qui sont d'être grasses, onctueuses, liantes ; de former une pâte flexible, plastique, maniable ; d'avoir une odeur propre, aisément reconnaissable ; de se fendiller, de se retirer considérablement, en perdant tout ou partie de leur eau. Il y a plus, leur présence contribue à affaiblir, à masquer, plus ou moins, ces propriétés ; l'un et l'autre, mais surtout la silice, en diminuant le gras, l'onctueux, le liant ; le peroxide de fer, en modifiant l'odeur, et en la rapprochant de celle de la sanguine.

3° Si l'on calcine une argile avec trois ou quatre fois son poids de potasse ou de soude, et qu'on traite la combinaison par l'eau et l'acide hydrochlorique, même bouillant, il arrivera souvent, surtout si la quantité a été un peu forte, et la chaleur pas assez vive ou prolongée, que tout n'aura pas été dissous. Le dépôt ne sera parfois que de la silice plus ou moins attaquée ; mais d'autrefois, quoique rarement, il contiendra encore du silicate d'alumine, et essayé au chalumeau sur la feuille de platine avec le nitrate de cobalt, il la signalera aussitôt. C'est l'observation de ce fait qui nous a conduit la première à penser qu'il y avait combinaison, et combinaison définie ; car, comment supposer qu'un corps à un état aussi tenu eût résisté à une double action d'agents énergiques, et qui, dans les circonstances ordinaires, ont chacun isolément tant de pouvoir sur l'alumine, si celle-ci n'eût été retenue par une force puissante ? Sans doute, il est rare que la partie non dissoute soit autre chose que de la silice ou de l'acide silicique (il y a, comme nous allons le voir, une distinction à établir entre ces deux états de la même substance) ; mais il suffit que le cas se présente pour qu'il puisse inspirer le doute.

4° Avant d'aller plus loin, disons un mot des divers états de la silice. Précipitée de sa dissolution dans un acide ou dans un alcali, cette substance se combine aisément avec la chaux, et on n'en est pas surpris ; sa combinaison antérieure avec d'autres corps montre qu'elle est dans un état à contracter facilement des liaisons. Mais quand elle a été combinée, seulement même chauffée fortement, les dissolutions acides ou alcalines sont sans action sur elle ; alors cependant elle est encore apte à se combiner avec l'hydrate de chaux, et à former avec lui un bon mortier ; il n'est même pas nécessaire qu'elle soit en poudre bien fine.

Si un acide est mis à bouillir avec de la poudre de ciment romain, quelque bien cuite qu'elle soit, il ne dissoudra qu'une partie, souvent même assez faible, des substances qui, dans la combinaison avec la chaux, eussent fait fonction d'éléments électro-négatifs. La silice forme la base du dépôt, et quoique inerte par rapport aux acides, elle est capable d'hydrauliser la chaux, et de s'unir à elle pour former un corps très dur, très résistant.

Si, indépendamment de ces divers états de la silice, nous tenons compte de celui où elle se trouve à l'état de dissolution dans l'eau, nous dirons qu'on peut distinguer, 1° la silice soluble dans l'eau; 2° celle soluble dans les acides et dans l'hydrate de potasse ou de soude; 3° celle calcinée, même à l'état de grains palpables; 4° celle insoluble dans les corps précédents, soit crue, soit cuite; 5° enfin celle complètement inerte, quelle que soit la ténuité, la finesse qu'on lui donne. Dans les quatre premiers états, cette substance possède la propriété d'agir chimiquement sur la chaux, de la rendre insoluble, de former avec elle un corps dur et même très dur. Dans le cinquième, elle en est complètement privée. Les quatre premiers constituent une substance active, jouant le rôle d'élément électro-négatif, et méritant ainsi le nom d'acide silicique; mais le cinquième se présente avec un caractère d'inertie trop absolu, pour ne pas faire classe à part; nous le désignerons toujours sous le nom de silice. En quoi consiste la différence entre ces états? c'est ce qu'il n'est pas facile de deviner.

5° Dans les argiles extrêmement grasses, la plus grande partie de la silice est à l'état d'acide silicique; et, pour le démontrer, il suffit de les traiter alternativement par les acides et les dissolutions potassique ou sodique, qui sont sans action sur la silice inerte. Il est un autre moyen, puisé dans le sujet même ; c'est de les étendre de sable siliceux très fin, deux ou trois fois leur poids, par exemple, et après avoir gâché, puis bien séché le tout, de les tenir en rouge pendant environ une demi-heure; le corps obtenu, réduit en poudre, hydraulisera encore très bien la chaux, et l'hydraulisera d'autant mieux, que l'argile se sera trouvée plus grasse. Or de la silice inerte, quelque fine qu'elle fût, serait sans effet sur l'hydrate de chaux ; il y a plus, une argile peu grasse, quelle que fût la ténuité de ses parties, serait également impuissante ; le peu d'acide silicique qu'elle contiendrait aurait été trop étendu pour produire un effet appréciable.

Les poussières extrêmement fines, quand elles sont unies par un peu d'eau, ont elles-mêmes une espèce d'onctueux, qui, sans ressembler à celui des argiles, n'est cependant pas dénué de liant ; il suffit donc à ces poussières d'une faible quantité d'argile pour acquérir quelque plasticité ; aussi est-il des terres glaises qui ne contiennent pas un vingtième d'argile, ou plutôt d'hydrosilicate.

Ce qu'on ne peut obtenir, ainsi que nous l'avons dit, par des mélanges de silice, d'alumine, et de peroxide de fer, on le peut par leur combinaison, et ce sont ces combinaisons qui forment la gangue de toutes les argiles ; elles se bornent à deux, qui peuvent se suppléer ou se remplacer en tout ou en partie, et qui sont l'hydrosilicate d'alumine et l'hydrosilicate de peroxide de fer. L'hydrosilicate de deutoxide de manganèse et celui d'oxide de chrôme auraient, sans doute, la même propriété ; mais ni l'un ni l'autre de ces oxides, et surtout le second, ne sont assez répandus pour faire souvent partie intégrante des argiles.

Nous avons dit que dans ces corps, il se trouve habituellement de la silice mélangée, et souvent du peroxide de fer ; en est-il de même de l'alumine ? Sans doute, rien n'empêche de le supposer; cependant, nous doutons qu'il en soit ainsi, du moins fréquemment ; nous en dirons plus loin les motifs.

La plupart de ces observations nous seront utiles dans la fabrication des pouzzolanes, leur cuisson, leur emploi, et la théorie de leur action ; elles faciliteront également l'intelligence de ce qui concerne les ciments ; mais ce n'est pas le moment de nous en occuper, peut-être avons-nous déja dépassé les bornes de ce chapitre.

6° L'odeur des hydrosilicates terreux est tellement prononcée, qu'il suffit de parties tout-à-fait minimes pour faire reconnaître leur présence. Qu'on ramasse, par exemple, des pierres ordinaires ou du sable, et qu'on les humecte légérement au moyen de l'haleine ; pour peu qu'ils en contiennent, nous ne dirons pas dans leur intérieur, mais seulement à leur surface, l'odeur les décèle. Des minéraux non terreux quelconques, broyés ou non, n'offrent rien de semblable.

7° Les arènes sont généralement très communes, mais celles hydrauliques sont rares. Sur plus de cent espèces que nous avons ramassées, ou nous sommes procurées dans différents pays, il ne s'en est pas rencontré une dont l'hydraulisme méritât attention.

Les arènes hydrauliques, les grès ou schistes pouzzolaniques, employés crus, ne nous ont jamais donné à l'air que de très mauvais mortiers. Quelques soins que nous ayons pris, ils ne nous ont offert, sans exception, même dans des endroits humides, que des agrégats de la plus grande médiocrité; ils exigent ou l'immersion, ou une humidité si abondante qu'elle en approche. (Le calcaire de Sénonches fait exception, et la cause en est simple : l'acide silicique s'y trouve presque en entier mis à nu, et la chaux n'a besoin de défaire aucune combinaison pour s'unir à lui.) Quand on les calcine, ils deviennent de véritables pouzzolanes, et se conduisent comme elles, en raison de la quantité d'hydrosilicates qu'ils contiennent. Nous conseillons fortement de ne jamais employer à l'air ces substances à l'état cru; les mauvais mortiers de chaux grasse et de sable leur sont préférables.

SECTION TROISIÈME.

DES MORTIERS.

---

§ 29. — 1° Nous avons fait des tentatives multipliées pour infirmer le principe auquel ont été conduits MM. Vicat, Berthier et Treussard, qu'à l'air comme dans l'eau, il n'existe pas de bon mortier sans acide silicique. Nous n'y avons réussi qu'en partie : les résultats auxquels nous sommes parvenus, nous paraissent cependant susceptibles d'applications nombreuses. Leur caractère général est celui-ci : que partout on peut faire avec de la chaux grasse, soit seule, soit mélangée de sables, ou de poussières inertes, des ciments non hydrauliques, qui ne fendent point, et qui soient susceptibles de remplacer le plâtre avec avantage et économie dans une foule d'usages et de localités. Si, au lieu de matières inertes, on se sert de pouzzolanes dont les hydrosilicates aient été complètement privés d'eau, ou qu'on se borne à les leur associer en partie, on réunira l'hydraulicité à l'absence de fentes. C'est une des méthodes dont on peut se servir pour fabriquer des ciments romains ; elle a des inconvénients, mais elle a aussi des avantages.

2° Les ciments non hydrauliques acquièrent en peu de jours à la surface plus de dureté que le plâtre, mais il n'en est pas de même à l'intérieur. Comme ce ne sont, en définitive, que des hydrates de chaux, ils ne durcissent qu'en absorbant de l'acide carbonique, et l'on sait avec quelle lenteur cette absorption a lieu ; moins on leur donne d'épaisseur, et plus le résultat est prompt. Nous avons exécuté au grand air des enduits verticaux, soit en ciments purs, soit en ciments mélangés de sables et de poussières, et ils ont bien résisté où le plâtre a souffert. Avec deux ou trois parties de boues de routes, * employées même sans tamisage, et une partie de ciment, nous avons fait des enduits qui n'ont éprouvé aucun fendillement, et qui, au bout de huit jours, ne pouvaient se rayer au plus fort frottement de l'ongle ; ils étaient très polis et forts satisfesants sous tous les rapports. Les ouvrages exécutés de cette manière ne sont, à vrai dire, que des stucs ; mais ils sont beaucoup plus économiques que ceux en usage, et se trouvent à l'abri des fendillements, sans aucun des moyens dispendieux que ceux-ci exigent. Le mode de pré-

* Sur les routes fréquentées, et qui exigent par mètre courant, pour leur entretien annuel, du cinquième au dixième d'un mètre cube de pierres, les boues sont des détritus à peu près purs, et qui renferment à peine des atomes d'hydrosilicates ; sur les routes peu fatiguées, et qui, par conséquent, reçoivent moins de pierres, les accotements en terre sont souvent peu couverts de détritus, et les boues qu'on y ramasse renferment trop d'hydrosilicates pour pouvoir être employées. Nous dirons en passant que presque tous nous commettons la faute de laisser perdre ces boues, qui sont cependant supérieures aux sables dans la fabrication des mortiers. Nous reviendrons sur ce sujet.

paration et d'emploi de la chaux vive une fois connu, rien de plus simple et de plus rapide que l'exécution.

3° Nous avons trouvé d'autres méthodes généralement préférables de faire de bons ciments hydrauliques; mais chaque localité devant mettre à profit ses ressources, c'est à l'art de se modeler sur elles. Tel procédé peut donc mieux convenir dans un endroit, et tel dans un autre. Si, dans celui dont nous venons de parler, on se sert de chaux hydraulique au lieu de chaux grasse, on a un ciment hydraulique; on peut améliorer encore sa qualité en lui adjoignant des pouzzolanes bien préparées. Quelle que soit la méthode employée, nos ciments ont un défaut que partagent beaucoup de ciments naturels, c'est celui de ne pouvoir être immergés que de dix à vingt heures après leur emploi, tantôt plus, tantôt moins. Sans doute, il est peu de travaux hydrauliques qui exigent une immersion plus prompte; mais enfin, il en est, et nous avons cru devoir chercher à les leur rendre applicables. Nous donnerons à cette question, qui concerne spécialement les bétons, toute l'attention dont nous sommes capable.

4° Il est des mortiers hydrauliques prompts *,

* Nous entendons par promptitude, la vîtesse de prise, abstraction faite de la résistance finale; par puissance, la dureté définitive, quelle que soit du reste la promptitude; enfin, par énergie, la réunion de la promptitude et de la puissance.

mais faibles ; il en est d'autres lents, mais puissants. Lorsqu'on les couvre d'eau immédiatement ou peu après leur confection, on peut être d'autant plus induit en erreur sur la qualité de ces derniers, que l'eau est renouvelée plus souvent. Cependant, quand on a spécialement en vue les bétonnements, rien de plus naturel que d'expérimenter ainsi; les essais en petit doivent se rapprocher, le plus possible, des travaux en grand. MM. Vicat et Treussard ont donc agi rationnellement l'un et l'autre : le premier, en couvrant d'eau ses mortiers immédiatement après leur fabrication; le second, en attendant quelques heures ; ils ont fait en raccourci ce qu'ils fesaient en grand.

Toutefois, comme ces méthodes ont de graves inconvénients ; comme d'ailleurs les bétonnements ne forment que l'une des branches des nombreux travaux où les mortiers hydrauliques sont utiles, nous avons cru préférable d'en adopter une autre. Après les avoir employées pendant plusieurs années, concurremment avec quelques autres, nous avons fini par nous en tenir presque exclusivement à la suivante : elle consiste à placer chaque mortier dans un vase, à l'y bien fixer, en frappant le fond sur un corps flexible et mou, puis à le renverser dans un baquet contenant constamment quelques centimètres de hauteur d'eau. Le fond se trouve ainsi placé en dessus, et il reste toujours une couche d'air, entre l'essai et la surface de l'eau ; les mortiers ne touchent donc jamais le liquide, et ils ont l'avantage de ne point éprouver de détérioration à leur surface. Nous ne fesons, au surplus, cette observation qu'en passant, attendu qu'aujourd'hui des séries d'essais dans ce genre nous paraîtraient peu utiles ; on en verra plus loin les motifs.

5° Il existe des mortiers, soit à pouzzolanes crues, soit à pouzzolanes cuites, qui peuvent recevoir peu de chaux, et être encore suffisamment gras pour s'employer facilement. Nous les avons presque toujours trouvés médiocres, quand nous mettions moins de la moitié ou du tiers de pâte de chaux en volume ; aussi regardons-nous comme douteux que la proportion adoptée par M. Girard, pour ses grasses arènes, soit la meilleure. Ceci demande explication.

Il est rare que l'on fasse des expériences préliminaires pour se rendre compte du volume qu'occupe définitivement, après le gâchage, une pouzzolane donnée ; et c'est cependant chose d'autant plus utile qu'il en est dont le volume apparent est beaucoup plus considérable que d'autres. Nous en avons employé une très énergique qui, malgré une forte cuisson, donnait un mortier suffisamment gras, avec un sixième de son volume de pâte de chaux. Cette proportion qui est sensiblement trop faible, l'est cependant moins qu'elle ne paraît, parce que les six volumes de poudre, n'en représentaient pas deux de pleins. Nous en avons expérimenté d'autres, dont six volumes annonçaient plus de trois de pleins. Une différence aussi marquée fait voir combien il peut être utile de ne pas s'en tenir au volume apparent. Il est, en effet, des poudres qui prennent plus d'air et foisonnent plus que d'autres. Les meilleurs mortiers que nous ait donnés la première de ces pouzzolanes, contenaient de trois à quatre volumes de poudre pour un de pâte, et fesaient ainsi exception à notre règle; mais il ne faut pas perdre de vue que peu de pouzzolannes foisonnent à ce point, et que les arènes en sont loin. Dans les matières cuites d'ailleurs, il y a moins d'inconvénients à errer, parce que tout chez elles, même les grains les plus fins, peut faire fonction de sable; ce qui n'a pas lieu dans la plupart des substances crues et surtout dans les arènes. Les hydrosilicates terreux n'y peuvent faire fonction de sable; leur finesse incommensurable en fait nécessairement des gangues, et si elles ne reçoivent pas assez de chaux pour être décomposées en entier, elles deviennent nécessairement nuisibles. Sans doute, les arènes maigres, ou pour mieux dire faibles en acide silicique, n'auraient besoin, à la rigueur, que de peu de chaux pour la saturation de cet acide, et même des autres éléments électro-négatifs; mais le mortier qui en résulterait serait lui-même très maigre, trop faible en gangue; et il y a nécessité d'accroître la dose de chaux, pour éviter qu'une partie des grains inertes se touchent. On n'obtient, sans doute, de cette manière qu'un mauvais mortier, mais on l'a encore meilleur que s'il manquait de gangue. Sa défectuosité ne tient pas à un excès de chaux, mais à un défaut d'acide silicique. On comprend aisément, toutefois, qu'il doit être fait plutôt maigre que gras. Dans le premier cas, celui de l'arène grasse, il ne faut pas se laisser abuser par la propriété onctueuse et liante du mortier; le caractère qui convient à sa nature est d'être très gras, et d'exiger beaucoup de chaux; dans le second, c'est d'une illusion contraire qu'il faut se défendre : celui-là est destiné à être maigre. Le moment n'est pas venu de nous occuper de l'influence des sables; nous laisserons donc là ce qui concerne les arènes.

6° Il est d'autres pouzzolanes qui exigent moins de chaux encore, et qui n'en admettent, par exemple, qu'un huitième ou un dixième; ce sont celles qui en contiennent elles-mêmes une forte proportion, et dont la calcination a été assez avancée pour dégager au moins les dix-neuf vingtièmes de l'acide carbonique qu'elles contiennent. Elles doivent recevoir d'autant moins de chaux, qu'elles en renferment plus, et que la cuisson a été plus complète. Avec des pouzzolanes de cette espèce, on peut faire comme avec les autres de très bons mortiers; mais, nous le répétons, il faut avoir l'attention de leur donner bien moins de pâte de chaux; il faut éviter, en outre, qu'elles séjournent à l'air, qu'elles reçoivent aucune humidité, avant leur emploi; il faut, en deux mots, ou les employer tout de suite, ou les conserver comme des ciments. Lorsqu'une localité contient des argiles assez effervescentes pour donner lieu à des produits de cette nature, on peut, sans doute, en faire usage; mais les composer tout exprès, et surout avec de la pâte de chaux, est une faute palpable : mieux vaut alors faire des ciments. Ce qu'il y a de plus dispendieux, en général, dans la fabrication des matières à mortier, c'est le combustible et le broyage, et surtout la partie du combustible destinée à chasser l'acide carbonique. A l'aide des grands vents, et surtout du soleil d'été, on se débarrasse encore, sans forte dépense, d'une grande partie de l'eau; mais de cet acide, ce n'est qu'avec une dose de combustible proportionnée à sa quantité; et il lui en faut toujours beaucoup.

Ces réflexions nous conduisent à dire déja que nous regardons comme une erreur de faire des chaux de double cuisson; nous ne pensons pas qu'il puisse éxister une circonstance où ce procédé soit convenable. Mais ce qui nous paraît bien plus fautif encore, c'est la fabrication des chaux grasses spontanées. Laisser absorber à la chaux un corps aussi cher à déplacer que l'acide carbonique, ne saurait être établi en principe. Dans le premier cas, celui de double cuisson, ce n'est au moins que de l'eau qu'on se met dans le cas d'expulser (nous supposons qu'on s'est servi de chaux éteinte par le procédé ordinaire ou par celui d'immersion; autrement l'erreur serait encore plus grave); mais dans le second, c'est de l'acide carbonique. Sans doute, on ne cherche pas à l'enlever, mais c'est tout un : la dose d'hydrosilicate, d'hydroaluminate, d'hydroferrate formés avec la chaux, dépend de la dose de chaux pure; et plus il se trouve d'acide carbonique dans l'agrégat, moins il en reste pour les autres corps électro-négatifs.

Les pouzzolanes dont nous venons de parler possèdent toutes la propriété de hâter la prise des mortiers ; et lorsqu'elles sont convenablement employées, d'ajouter à leur bonté. Cependant, leur usage nous semble susceptible de peu d'applications ; elles ont le défaut des fendillements, et ne sauraient entrer en concurrence avec les ciments ; certains cas de bétonnements et de travaux à la mer, nous paraissent seuls en appeler l'emploi.

7° Nous avons rencontré des pierres, comme des terres, qui, calcinées sans préparation, et ensuite éteintes, nous ont donné des mortiers tout faits, et ayant à peine besoin de gâchage. Ces substances, les dernières surtout, ne sont pas fort rares dans les pays calcaires ; elles sont presque toujours plus ou moins hydrauliques. Le calcaire s'y trouve parfois mélangé à un grand état de finesse, comme dans certaines marnes à sables siliceux ; et d'autrefois, en fragments de diverses grosseurs. Nous citerions comme exemple de ce dernier cas, une terre labourable contenant beaucoup de petites pierres calcaires grosses comme des noisettes ; la terre gâchée avec elles, puis suffisamment cuite, nous a donné un mortier hydraulique assez bon, qui n'était, à vrai dire, qu'un mélange de pouzzolane et de chaux grasse.

D'après les explications théoriques que nous donnerons, on comprendra, et déja sans doute, on conçoit sans peine ce résultat. Nous avons cru, toutefois, devoir le citer pour donner une idée des immenses ressources que la nature met à notre disposition. Les pierres et les terres de chaque localité n'ont besoin souvent, dans les sols calcaires, que de légers condiments pour se prêter aux besoins du constructeur, et lui donner les moyens de faire, à volonté, des chaux hydrauliques ou non, des pouzzolanes ou des ciments.

8° Des idées philosophiques doivent nous faire regarder comme axiome que les matières très répandues ont été destinées par le Créateur à se prêter d'une foule de manières à nos besoins. Toute substance commune et peu employée est donc par ce fait seul méconnue ; sa destination, ses usages sont à trouver. Une matière qui, comme l'argile, fait la base de toutes les poteries, sert à former les briques, les tuiles, les carreaux, fournit aux végétaux une partie de leur charpente, est nécessaire à une foule d'industries ; une telle matière ne peut être regardée comme de peu d'emploi. A notre avis cependant, ses usages sont loin d'être en rapport avec son abondance. Le champ que lui ont ouvert les trois ingénieurs que nous avons cités, nous paraît lui offrir un immense débouché, par la facilité avec laquelle les arts plastiques peuvent en tirer parti. Ce n'est pas le seul, à coup sûr, qui lui soit dévolu, mais c'en est un déja assez étendu, et qui nous paraît riche d'avenir.

La lenteur de prise et de durcissement des mortiers hydrauliques, la moindre résistance qu'ils présentent, et par dessus tout, leur défaut de fendre partout ailleurs que dans l'eau, ou à l'abri de l'évaporation, restreignent leur usage rationnel à l'intérieur des maçonneries. L'emploi des ciments nous paraît devoir d'autant mieux combler le vide, qu'exempt de ces défauts, il peut rivaliser, à peu de chose près, avec eux, pour l'économie. C'est, comme nous l'avons déjà dit, le renvoi de l'acide carbonique qui coûte cher ; or, si à poids égal, ils donnent moins d'ouvrage, ils contiennent aussi bien moins de chaux, et n'ont pas exigé autant de combustible. Mais n'anticipons pas sur le sujet.

9° Un point de litige important à décider existe au sujet de l'influence des sables. Sont-ils utiles, nuisibles ou indifférents ? exercent-ils ou non une action chimique sur les gangues ? M. Vicat s'est prononcé pour l'utilité et l'action chimique ; M. Treussard, pour l'indifférence ; MM. Berthier et John, pour l'inertie corpusculaire. Nous avons cru devoir nous livrer, avec un soin particulier, à l'examen de ces questions, et nous ne les avons quittées, que lorsqu'elles nous ont paru dégagées d'obscurité, nettes d'incertitude. Bien que dans un travail abrégé, nous devions éviter des détails d'expériences, nous ne pouvons nous dispenser d'en donner ici quelques-uns. L'étude circonstanciée des dissidences ci-dessus n'aura lieu qu'au chapitre III ; mais nous devons déja faire connaître les expériences qui infirment les conclusions de M. Petot ; ce sera la meilleure manière de dégager notre examen des développements accessoires qui nuisent toujours à la marche des discussions de longue haleine.

10° Nous allons donc examiner ici cette question : *L'addition du sable aux pâtes de chaux hy-*

draulique ou non, augmente-t-elle ou diminue-t-elle la quantité de chaux dissoute dans un temps donné par une même quantité d'eau distillée ?

Tous les sables, quelque bien lavés qu'ils soient, contiennent encore des hydrosilicates terreux qui, dans certains cas, peuvent ne pas être sans influence. Les laver à l'acide hydrochlorique même bouillant, c'est ajouter à cette influence, et souvent même la faire naître ; car cet acide isole un peu d'acide silicique, qui devient alors partie active. Les sables de rivière bien propres présentent ordinairement ce défaut à un si faible degré, qu'on pourrait, sans de graves inconvénients, les employer. Cependant, nous avons cru devoir, par précaution, broyer du quartz hyalin parfaitement exempt de ces hydrosilicates ; et, c'est le sable produit par ce broyage, que nous avons mêlé aux chaux. Quant à celles-ci, nous les avons choisies bien cuites, se fusant parfaitement, et entièrement solubles dans les acides ; nous les avons employées au bout de trente-six heures d'extinction par le procédé ordinaire.

La quantité d'eau sur laquelle M. l'ingénieur Petot a opéré, est de 130 grammes, moitié environ de celle qui couvrait ses essais. S'ils eussent dissous autant de chaux qu'ils en étaient susceptibles, ils en auraient contenu à peu près 26 centigrammes ; mais lorsqu'on n'agite pas l'hydrate dans l'eau, celle-ci n'en dissout que peu, et encore lui faut-il au moins une dizaine de jours. Nous devons donc regarder comme douteux qu'il ait eu jamais à recueillir seulement 10 centigrammes à chaque essai. Si donc, comme il est probable, ses balances n'étaient sensibles qu'à 1 centigramme, il est facile de concevoir que les causes d'erreur ordinaire auront pu agir activement sur ses résultats. Si, de plus, il n'a pas soustrait ses vases au contact de l'air, chacun d'eux a pu prendre des doses d'acide carbonique différentes. Si les surfaces d'immersion ont été inégales, si surtout l'eau a été décantée et non puisée à l'aide d'un siphon, les résultats auront pu être encore moins comparables. Nous l'avons déja dit, ce genre d'expériences présente beaucoup de difficultés ; nous ne les signalons même pas toutes. Bien que nous ayons évité le plus grand nombre, nous avons songé trop tard à celle qui nous paraît la principale (la différence de saturation des couches), pour chercher dans notre série d'essais aucune lumière sur la loi de solubilité. Si même nous croyons nos résultats suffisants pour démontrer l'inertie corpusculaire des sables, ce n'est qu'en raison de leur nombre, de leur convergence vers cette conclusion, et des soins que nous leur avons donnés; car, pour des comparaisons de détail, nous nous garderions de nous appuyer sur elles.

L'étendue de la surface est sans doute importante ; mais la hauteur d'eau, c'est-à-dire sa pression ; mais la profondeur à laquelle elle agit au dessous de cette surface ; mais la différence de perméabilité des mortiers à sable et de ceux à gangue seule ; mais la moindre quantité de chaux contenue dans chaque couche des premiers; mais d'autres circonstances que sans doute nous ne prévoyons pas, nous paraissent faire de cette question (la loi de solubilité) un sujet fort délicat. Sous le point de vue qui nous occupe, nous sommes disposés à croire que les sables favorisent généralement la solubilité plutôt qu'ils ne la diminuent; mais nous pensons que la différence est faible : ils nous paraissent agir, d'une part, en facilitant la pénétration de l'eau, et de l'autre, en diminuant la quantité de chaux dans chaque couche. Ces effets qui ont lieu en sens inverse, tendent donc à se combattre et à rétablir l'équilibre que chacun d'eux isolément rompt toujours; mais c'est une action purement mécanique, et qui ne dénote aucune influence moléculaire. Les sables retardent toujours la prise, surtout dans les mortiers peu énergiques; mais c'est encore mécaniquement et en divisant la matière, en diminuant la force des masses, en répartissant leur travail sur un plus grand volume. On n'appréciera bien ces considérations, que lorsque nous aurons développé avec quelque détail la partie purement mécanique des agrégats; mais on peut déja en sentir l'importance.

Comme nous avons agi en général sur des quantités d'eau plus faibles que M. Petot, il importe que nous donnions quelques renseignements sur la manière dont nous avons opéré : 1° la balance dont nous nous servons est sensible à plus d'un dixième de milligrame, et ne nous donne jamais le poids que par la méthode des doubles pesées; 2° notre mode de filtration s'opère, non pas dans des entonnoirs, mais sur de petits fils de platine et dans des filtres moulés, du papier le plus clair, en sorte que chacun d'eux ne pèse brûlé qu'un milligramme, bien qu'il ait huit centimètres de diamètre; 3° avant de brûler les filtres, nous avons toujours la précaution d'en détacher légèrement tout ce que nous pouvons; aussi arrive-t-il souvent qu'ils ne nous laissent, déduction faite des cendres, qu'un ou deux milligrammes de matière; 4° nous opérons leur combustion sur une lampe à esprit de vin, à l'aide du chalumeau, et sur des feuilles de platine d'un trentième de millimètre d'épaisseur; depuis que nous employons ce moyen, nous regardons comme impossible une combustion parfaite dans un creuset, en raison de la rareté de l'air *. Lorsqu'on opère sur un poids aussi considérable que cinq grammes, le peu de charbon qui peut rester n'est rien, sans doute, par rapport au poids total, mais il n'en est pas de même quand on n'agit que sur un gramme ou même sur quelques centigrammes.

* La balance, les supports à filtre de platine et les filtres dont nous venons de parler, sont des appareils si commodes, si faciles à faire soi-même, que nous ne manquerons pas de les décrire à la première occasion. Depuis trois ans que nous les avons imaginés et construits, nous nous louons si fort de leur emploi, que nous croirons rendre un vrai service aux amateurs en les leur fesant connaître. A l'aide d'un petit moule, il nous suffit d'un instant pour faire dix à vingt filtres; leur lavage à l'eau aiguisée d'acide hydrochlorique est utilisé pour maintenir les plis.

Il y a plus, malgré l'avantage du moyen que nous employons, et le peu d'épaisseur du papier, il faut encore quelque habitude pour ne pas laisser de trace de charbon.

Nous allons maintenant exposer, aussi brièvement que possible comment nous avons expérimenté :

Une chaux hydraulique éteinte en pâte ferme, à l'eau distillée, a été mise en consistance aussi égale que possible. Nous avons fait deux pesées pareilles de sa pâte, du poids de 22 grammes chacune ; l'une a été placée seule au fond d'un verre, et recouverte de 150 grammes d'eau distillée ; l'autre a été gâchée avec un volume de sable égal à une fois et demie le sien, puis placée au fond d'un verre pareil, avec toutes les petites précautions de détail convenables, et enfin recouverte de 150 grammes d'eau. Les deux vases ont été mis à l'abri du contact de l'air ; et à diverses époques, on a pris dans chacun d'eux, avec un siphon, 50 grammes de liquide, qu'on a traité d'abord par quelques gouttes d'acide hydrochlorique, puis par l'oxalate d'ammoniaque avec excès de base. (Dans des essais antérieurs, nous n'avions pas employé l'acide hydrochlorique ; ce qui nous a engagé à nous en servir, c'est qu'avec notre papier fin, nous ne pouvions empêcher des parcelles d'oxalates de traverser parfois les filtres). Les résultats de cette première série d'essais sont consignés dans le tableau n° 1 de la planche qui termine ce mémoire. Nous y avons indiqué en tête, comme dans les trois suivants, l'étendue de la surface de contact, la hauteur d'eau d'immersion, et l'épaisseur du mortier.

Procédant à une seconde série, nous avons pris une autre chaux hydraulique, encore plus énergique que la précédente (sa prise n'est cependant complète qu'au bout du quatrième jour), et nous l'avons soumise à des essais pareils, mais plus nombreux. Nous avons fait sept pesées, chacune de 20 grammes, de la pâte bien homogène de cette chaux. Quatre ont été mises dans leurs vases respectifs sans addition de sable; les trois autres ont été gâchées avec une fois et demie leur volume de sable, puis immergées aussitôt et soustraites au contact de l'air. Un groupe a été placé dans des éprouvettes étroites, ayant chacune 100 grammes d'eau d'immersion; un deuxième l'a été dans des verres beaucoup plus larges, aussi avec 100 grammes d'eau; un troisième, dans des verres pareils, mais avec 150 grammes; la septième pesée enfin, composée de pâte seule, a été placée dans un tube de verre encore plus étroit que les premiers, et couverte de 100 grammes. Cette série fait l'objet du tableau n° 2.

Une troisième espèce de chaux a été examinée d'une manière analogue, mais dans trois vases seulement, et avec 150 grammes d'eau. L'immersion n'a été faite que douze heures après le gâchage des mortiers. Nous avons pesé la chaux vive, et chaque essai du poids de 70 grammes a été éteint avec 70 grammes d'eau. La diminution de chaux dissoute qu'on observe, est-elle due à l'immersion retardée, ou à la plus grande masse du mortier par rapport à l'eau ? l'est-elle à la nature de la chaux ? Nous n'avons rien fait pour le reconnaître ; cependant, nous ne croyons pas pouvoir l'attribuer à la dernière cause. Cette troisième série avait plus spécialement pour objet l'étude de l'étendue du contact.

La quatrième série est relative à une chaux très grasse ; notre but, en l'essayant, était d'expérimenter la solubilité, dans une circonstance dégagée d'influences chimiques, afin de voir si elle offrirait quelque relation avec les cas où cette influence peut être supposée active. (Dans chaque essai il a été employé 65 grammes de chaux vive). Ce qu'elle nous apprend de plus saillant, c'est 1° qu'au bout même d'un temps assez long, de vingt jours par exemple, l'eau en repos sur la chaux peut ne pas être complètement saturée ; 2° que la durée du contact, loin d'établir une solubilité proportionnelle à son étendue, peut offrir, dans un temps plus long, une quantité moindre. Nous avons déja rendu compte, § 27, des conclusions qui nous paraissent découler de ces tableaux ; nous ne les répéterons pas. Nous ajouterons seulement que lors même que le sable nous eût offert la propriété de diminuer la quantité de chaux dissoute, ce n'eût pas été un motif, pour lui supposer une influence chimique, influence qui serait en opposition avec ce que nous savons des actions mutuelles des corps. Les phénomènes les plus simples, lors même qu'ils sont en harmonie avec les lois et les faits établis, ne se jugent pas par l'aspect d'une de leur face ;

on ne reconnaît pas un individu pour avoir aperçu son pied ou sa main, même son front : qu'est-ce donc quand ils les contrarient. Mais c'est presque toujours le caractère des connaissances peu avancées, de se croire liées à des causes extraordinaires, de se chercher une origine relevée ; nos prédécesseurs ont fait ainsi, nous agissons comme eux, et nos descendants feront de même.

Dans la minute de ce mémoire nous avions, pour abréger, supprimé les détails qui précèdent et les quatre premiers tableaux de la planche qui le termine ; nous nous étions borné à leur conclusion. Mais en songeant que la dissidence existe entre des hommes d'un grand mérite, que le sujet se lie aux premiers principes de la science des mortiers, que l'avancement même de l'art peut s'en ressentir, nous nous sommes décidé à en donner le détail ; le lecteur en sera mieux à même d'apprécier le débat, et de se former une opinion.

11° On attribue généralement la grande quantité de calorique dégagée dans l'extinction de la chaux vive, à la solidification de l'eau ; mais nous ferons observer : 1° qu'il y a encore production de chaleur très appréciable, lors même qu'on donne à la chaux vingt fois son poids d'eau, ce qui produit une bouillie liquide ; que, dans ce cas, c'est plutôt la chaux solide qui est liquéfiée, que l'eau qui est solidifiée ; 2° que quand on prend une argile desséchée en poudre au soleil, et qu'on lui donne de l'eau, elle en solidifie rapidement une assez forte dose, sans qu'il y ait d'autre phénomène de chaleur produit, que celui observé par M. Pouillet, quand on mouille un corps quelconque ; 3° que le volume de l'hydrate étendu est, à peu de chose près, le même que la somme des volumes de la chaux solide et de l'eau liquide employées ; que la petite diminution qui a lieu doit être attribuée aux vides qui existaient dans la chaux bien plus qu'à une condensation quelconque * ; 4° qu'on ne peut nier dans l'acte qui se passe, une action chimique et même une action très rapide, très intense ; que dans les circonstances de même nature, le chimiste attribue toujours la production de chaleur à l'énergie de la combinaison, et qu'il n'y a pas de motif pour n'en pas agir de même ; 5° enfin, que si par le fait, il y eût eu production de froid, on eût été aussi fondé à l'expliquer par la liquéfaction de la chaux, qu'à attribuer le dégagement de calorique à la solidification de l'eau.

12° Dans la fabrication ordinaire des mortiers, la chaux est employée après la cessation du phénomène, et l'on peut se demander s'il y a action chimique dans le travail ultérieur. L'agrégat qu'on forme en gâchant une chaux grasse et une pouzzolane se solidifiant sous l'eau, ayant des propriétés

* Nous avons fait diverses expériences pour reconnaître le changement de volume qui s'opère, mais le sujet est trop peu important pour que nous croyons devoir les rapporter. Il nous semble si évident que le phénomène calorifique est du même ordre que ceux observés dans tant d'autres combinaisons, que nous ne pensons pas devoir nous y arrêter.

essentiellement différentes de ses composants, il est clair qu'il y a combinaison, et même quelquefois assez prompte. Dans le but d'en étudier les phases, nous avions construit, il y a trois ans, un multiplicateur de 60 mètres, assez sensible ; mais soit qu'il fût insuffisant, soit que l'action mutuelle des substances en travail s'opère trop lentement, nous ne pûmes obtenir le plus léger indice de courant. Une circonstance, dont il est inutile de parler, nous ayant privé de l'instrument, nous ne songeâmes point à le remplacer ; il nous était d'ailleurs resté la persuasion que nous échouerions ; nous eûmes donc recours à d'autres moyens, et l'un d'eux nous réussit : voici du moins ce que nous obtînmes.

Dans le but de mettre à profit une partie de l'action chimique que la chaux vive est susceptible de développer dans son contact ave l'eau, nous en réduisîmes des fragments en poudre, et nous les employâmes de plusieurs manières avec des pouzzolanes. Après divers essais infructueux, nous nous arrêtâmes au procédé suivant : on laisse la chaux en pierre s'éventer à l'air pendant quelques jours, trois, quatre, cinq et même plus ; lorsqu'elle s'est réduite en fragments gros comme des noix et des noisettes, on la broie et on la tamise ; puis on en gâche une partie en volume, pour une ou deux de pouzzolane ; on fait la pâte très douce, même un peu liquide ; au bout de quelques minutes, elle s'épaissit ; on en fait alors une boulette en la roulant dans la main, puis on la laisse à l'air dix à vingt heures. A cette époque, on la met dans un verre, et on la couvre d'eau distillée, ou d'eau de pluie. Au bout d'une dizaine de jours, souvent moins, il commence à se former à la surface une foule de petits filaments de la grosseur d'un cheveu, qui vont croissant journellement et acquièrent quelquefois jusqu'à deux centimètres et plus de longueur. Ces filaments se forment en tout sens, au dessus, comme au dessous, et latéralement; quelquefois ils restent courts, et exigent même l'emploi de la loupe pour être reconnus. Les chaux hydrauliques employées de la même manière avec ou sans sable, nous ont présenté le même phénomène: parfois il n'a pas eu lieu, soit avec elles, soit avec les pouzzolanes, sans que nous ayons cherché à en déterminer les causes. Ce dernier cas nous a toujours paru se rencontrer avec celui où l'eau dissout progressivement une partie de la chaux. Dans les circonstances ordinaires, dix à vingt heures de séjour à l'air ont suffi pour rendre celle-ci insoluble.

13° Un autre fait important se découvre dans ce genre d'essais; voici en quoi il consiste. Si l'on tamise la chaux un peu gros, de façon qu'elle contienne des grains d'un millimètre et même deux de diamètre, il suffit encore de dix à vingt heures, ou guère plus de retard d'immersion, pour qu'elle soit rendue insoluble. Pour se mettre en mesure de bien apprécier ce fait, il faut se servir d'une chaux blanche et d'une pouzzolane colorée; l'œil distingue alors aisément, à la surface, les petits fragments de chaux; si ces fragments étaient isolés, ils ne cesseraient pas d'être solubles. C'est donc évidemment à l'action de la pouzzolane qu'ils doivent de résister à l'eau.

Bien que nous nous bornions, autant que possible, à l'exposition des faits conformément à l'objet de ce chapitre, nous sommes peut-être un peu long ; mais c'est malgré nous, et nous ne pouvons faire mieux.

14° Dans le but de reconnaître à quelles causes les ciments romains doivent leur promptitude de prise et leur plasticité complète, nous avons essayé des mélanges, en proportions diverses, d'acide silicique, d'alumine et de pâte de chaux ; mais aucun d'eux ne nous a donné de prise plus prompte que cinq ou six heures, et tous ont donné lieu à l'air à un fort retrait. Si nous eussions eu des idées plus saines sur le phénomène que nous voulions imiter, nous n'aurions pas tenté ces essais. Il était évident que dans les ciments romains, la chaux est employée vive, et non à l'état d'hydrate ; c'était donc sur les moyens de pouvoir l'employer dans cet état, que nous aurions dû diriger notre attention. Nous n'y avons songé que tard ; aussi, n'est-ce que tard que nous avons pu nous rendre maître du sujet, et modifier notre méthode, suivant les matières dont nous pouvions disposer.

Les mortiers qui proviennent des pouzzolanes abondantes en chaux, se rapprochent des ciments précisément par la chaux vive qu'ils contiennent, et c'est à elle qu'ils doivent leur promptitude. Avec de l'acide silicique énergique et de la pâte de chaux, on peut arriver à obtenir la prise au bout de quelques heures ; mais pour la faire naître en quelques secondes seulement, même en quelques minutes, c'est chose impossible sans chaux vive. Les mortiers que donnent les pouzzolanes à chaux vive, fendent d'ailleurs sensiblement moins que ceux de pâte de chaux et d'acide silicique, ou de pâte de chaux et d'alumine purgée d'acide sulfurique.

15° Nous avons formé des ciments avec de la chaux éteinte recalcinée ; nous n'avons obtenu, au bout même de plusieurs années d'immersion ou de séjour à l'humidité, que des résultats passables (ils étaient pourtant supérieurs aux meilleurs mortiers hydrauliques). Nous avons recalciné, soit des poudres de bons ciments avariées par l'humidité, soit des boules d'excellents ciments solidifiées et très dures ; nous les avons employées à leur sortie du feu, et bien dépouillées d'eau et d'acide carbonique ; elles ne nous ont donné, les unes comme les autres, que de mauvais mortiers. Leur prise a eu lieu en quelques minutes, mais leur dureté n'a jamais atteint celle même des mortiers hydrauliques médiocres.

16° Nous avons tenté des essais analogues sur le plâtre, mais celui-ci a perdu encore plus. Non seulement il n'a pas recouvré sa promptitude de prise, mais il a acquis le défaut du retrait, et nous n'avons pu le faire cesser ou le diminuer, qu'en le mélangeant avec une ou deux fois son volume de sable ; de quelque manière que nous l'ayons employé, il est toujours resté sans dureté.

17° M. Berthier a fait voir qu'en calcinant de la silice en farine, avec de la craie ou de la chaux, cette silice est non seulement hydraulisée, mais encore rendue, en grande partie, soluble dans les acides. Il est clair que, dans cette circonstance, la chaux agit à l'instar de la potasse et de la soude, et seulement avec moins d'intensité; aussi peut-on penser que la chaux pourrait être utilisée dans l'analyse des minéraux qui contiennent ces alcalis. La faculté hydraulisante que cette substance reçoit de la chaleur, donne à croire que dans son mélange avec les argiles, elle ne contribue pas seulement à désunir les éléments des hydrosilicates, mais qu'elle rend actives les parties les plus ténues de silice inerte. Nous ne croyons pas qu'il en soit ainsi : bien qu'il faille une assez forte chaleur pour rompre l'union des substances actives, il en faut une bien plus forte pour hydrauliser la silice; et nos expériences nous portent à croire que quand elle est assez intense pour produire cet effet, les hydrosilicates deviennent inertes, et approchent de la combinaison qui produit la vitrification. N'ayant dirigé aucune expérience spéciale dans le but de reconnaître ce qu'il en est, nous n'énonçons ici qu'une conjecture, mais elle est basée sur l'ensemble de nos nombreux essais.

Si elle est fondée, il en résulte qu'avec les argiles très faibles en hydrosilicates, et abondantes en silice ténue, il peut y avoir avantage à faire de la chaux hydraulique artificielle plutôt que des pouzzolanes, attendu que calcinées seules, ces argiles seraient presque inertes. En raison de la grande chaleur qui est nécessaire, nous pensons que le mieux serait de laisser ces argiles, et d'en chercher d'autres; mais il se pourrait que des localités s'y refusassent, sans trop de dépenses.

Nous oublions, sans doute, quelques faits utiles; mais quand ils se présenteront, nous tâcherons d'y remédier. En adoptant un ordre systématique, nous avons cherché à rendre notre travail plus clair, plus intelligible; mais nous n'avons pas eu le projet de nous en faire esclave; c'est, nous le répétons, un mémoire et non un traité que nous écrivons.

SECTION QUATRIÈME.

DES QUESTIONS QUI SE RATTACHENT AUX TROIS PRÉCÉDENTES SECTIONS.

---

§ 30. — Dans la section quatrième du chapitre précédent, nous avons réuni la plupart des questions qui peuvent naître de l'état actuel de nos connaissances. Les détails dans lesquels nous sommes entré depuis ont pu nous en suggérer quelques autres; elles seraient même assez nombreuses, si nous tentions de pénétrer bien avant dans le sujet; mais nous ne devons nous arrêter qu'à celles que nous nous croyons en mesure de résoudre, ou dont nous voulons essayer de soulever le voile; elles se réduiront donc aux suivantes, dont une partie se trouve déja éclaircie par ce qui précède.

1° Les diverses méthodes employées pour mesurer la résistance des mortiers ont-elles entre elles quelque relation ? quels sont leurs avantages, leurs inconvénients ? en est-il qui méritent la préférence ? est-ce d'elles, du sujet, ou des auteurs qui les ont employées, que naissent les dissidences existantes?

2° La combinaison qui s'opère entre la chaux et les éléments électro-négatifs, lorsqu'on fait des mortiers, a-t-elle pour effet, à la longue, de rendre soluble dans les dissolutions acides ou alcalines, une plus grande partie de ces derniers ? ou se borne-t-elle à opérer la solidification, et à en accroître l'intimité ?

3° Quand on fait des chaux hydrauliques ou des ciments artificiels, ou même des pouzzolanes à chaux, y a-t-il avantage ou inconvénient, sous le rapport de la résistance future, à se servir avant la cuisson, de pâte de chaux éteinte, ou de craies, marnes et boues de routes ?

4° Les pierres à ciments peuvent-elles fournir des mortiers plus durs, plus résistants qu'elles ?

5° Quelle est la cause du foisonnement différent des pierres ? ce foisonnement exerce-t-il quelque influence sur la bonté des mortiers ?

6° A l'instant où les chaux hydrauliques et les ciments viennent d'être calcinés, existe-t-il une combinaison faite, achevée, entre leurs divers éléments ?

7° Pourquoi les pouzzolanes crues ne donnent-elles généralement à l'air que de mauvais mortiers ? pourquoi exigent-elles plus de chaux après leur cuisson qu'avant ?

8° Les ciments cuits, mais non broyés, se détériorent-ils à l'air ?

9° Les pouzzolanes gagnent-elles ou perdent-elles à être cuites avec les calcaires ?

10° Pourquoi les ciments avariés ou mis en œuvre ne reçoivent-ils pas d'une calcination nouvelle leurs qualités premières ? pourquoi le plâtre offre-t-il le même défaut ? pourquoi certains ciments, soit naturels, soit artificiels, se fusent-ils plus ou moins à l'air ? pourquoi d'autres restent-ils intacts ? pourquoi en est-il qui peuvent être immergés de suite sans souffrir, et d'autres qui exigent plusieurs heures, quelquefois un jour, d'autrefois encore plus ?

11° Quelle différence y a-t-il entre un mortier de ciment bien solidifié et la pierre qui l'a produit ?

12° La combinaison chimique qui s'opère dans tous les cas d'hydraulicité, s'exerce-t-elle à distance infiniment petite, ou à distance commensurable ?

13° La matière qui, jusqu'à ce jour, paraît la plus répandue sur le globe ; que d'habiles chimistes regardent aujourd'hui comme l'agent indispensable des actions chimiques ; que les plus circonspects considèrent comme étant tantôt cause, tantôt effet, tantôt l'un et l'autre ; l'électricité, en un mot, se montre-t-elle d'une manière ostensible dans quelques-uns des phénomènes ?

14° Par quelle cause les substances pouzzolaniques crues possèdent-elles la propriété hydraulifère ?

15° Pourquoi certains ciments dégagent-ils beaucoup de chaleur au moment du gâchage, tandis que d'autres, dont la composition est la même, en dégagent peu ?

16° Quelle différence y a-t-il entre les différents modes d'extinction ? lequel doit être préféré ?

17° Par quelle cause les argiles acquièrent-elles de la promptitude, quand on les calcine après leur avoir donné un peu d'eau de soude ou de potasse ?

CHAPITRE III.

DE LA THÉORIE DES MORTIERS.

Ce chapitre sera divisé en deux sections : la première sera consacrée aux considérations mécaniques ; la seconde, aux actions physiques ou chimiques.

SECTION PREMIÈRE.

DES CONSIDÉRATIONS MÉCANIQUES.

§ 31. — Les agrégats qu'on appelle mortiers, de même que ceux qu'on nomme argiles, sont une agglomération de grains plus ou moins fins, et d'une gangue impalpable, dont la ténuité échappe à nos sens. Si les sables étaient seuls, ils laisseraient entre eux une foule de vides, et pourraient se déplacer sans le moindre effort. La présence de la gangue, suivant sa nature et son abondance, modifie cet état, et le change souvent en entier. Nous ne pouvons donc nous éclairer sur les phénomènes dont ils sont l'objet, si nous ne commençons par étudier leur formation intérieure, si nous ne connaissons approximativement quelle est la quantité des vides et celle des pleins, quel est l'espacement des grains eu égard aux proportions de la gangue, enfin quelles modifications résultent des changements mécaniques que peut subir isolément chacun de ces corps. Ce sujet, convenablement traité, exigerait de longs développements ; mais, pour notre objet, il suffira de nous arrêter à ses caractères principaux. Cherchons d'abord ce que peut nous apprendre la théorie, nous dirons ensuite ce que nous enseigne la pratique.

§ 32. — Une réunion de boules sphériques, toutes égales entre elles, et arrangées de la manière la plus stable, c'est-à-dire comme dans une pyramide de boulets triangulaire, étant donnée, supposons qu'on la termine par quatre plans tangents aux boules; on obtiendra un corps solide, dont les quatre faces seront égales entre elles, et formeront chacune un triangle équilatéral. Le volume de ce corps sera donné par l'équation :

$$V = 0{,}117\, d^3 (n + 1{,}184)^3 \quad [1],$$

dans laquelle d représente le diamètre commun des boules, et n le nombre qu'en contient chaque arête. La réunion de toutes les boules, c-est-à-dire sa partie pleine, sera fournie par l'équation :

$$R = n(n+1)(n+2) \times 0{,}087\, d^3 \quad [2].$$

La somme des vides sera déterminée par la différence entre V et R.

La distance qui, dans chaque couche horizontale de boules, sépare une rangée de celle qui la suit ou la précède, sera égale à 0,866 d; et l'espace compris entre deux couches qui s'emboîtent, ou ce qui revient au même, la distance verticale des centres, sera exprimée par 0,816 d.

§ 33. — Nous avons supposé la réunion terminée par des plans; mais dans la réalité, il n'en est pas ainsi, et quand un corps de ce genre se trouve au milieu d'un amas de boules pareilles, une partie de celles qui l'enveloppent, pénètre par portions dans l'intérieur de ces plans, et occupe une partie des vides que les boules placées à la surface laissent entre elles. Il résulte de là qu'en fait, la valeur de R dans l'équation [2] est un peu inférieure à ce qu'elle serait dans la réalité; mais il faut remarquer que la différence est faible, et que plus on choisit n considérable, plus elle diminue; en sorte qu'on peut la rendre aussi petite qu'on désire. Les considérations dans lesquelles nous allons entrer n'ont pas besoin d'ailleurs d'une rigueur mathématique, et il serait superflu de nous appesantir sur ce point.

Si nous appliquons les formules qui précèdent aux mortiers et aux argiles, nous devrons admettre que la valeur de d est généralement comprise entre trois millimètres au plus et un dixième de millimètre. Cet intervalle comprend les gros sables et ceux qui approchent des poussières. Quant à la valeur de n, elle dépend uniquement de nous, et il serait peu utile de la préciser. Nous remarquerons cependant, que comme nous sommes libre de la faire infiniment plus grande que l'unité, il n'y a aucun inconvénient à la supposer telle, ce qui simplifie nos deux équations et les réduit à

$$V = 0{,}117\ d^3\ n^3\ [3]\quad R = 0{,}087\ d^3\ n^3\ [4].$$

§ 34. — Dans cet état, elles nous apprennent : 1° que dans un agrégat de sphères égales et qui se touchent, la réunion des pleins et le volume total sont dans un rapport constant, quel que soit le diamètre et le nombre des sphères, rapport qui est égal à 0,744 ; 2° que, par conséquent, la réunion des pleins peut toujours être représentée par 0,744, et celle des vides, par 0,256, ou d'une manière plus simple par 0,75 et 0,25. (Nous verrons bientôt que les résultats fournis par la pratique, diffèrent si peu de ceux-ci, que dans des considérations de cette nature, ce serait peine perdue que de chercher plus d'exactitude). Si donc les grains étaient tous égaux, et devaient toujours se toucher, un même volume en contiendrait constamment la même masse, quel que fût leur diamètre; leur nombre seul changerait. Fesons remarquer d'ailleurs que la distance verticale des couches étant de 0,816 *d*, et celle des lignes d'une même couche horizontale de 0,866 *d*, il en résulte, comme l'a judicieusement observé M. Vicat, que les grains quel que soit leur diamètre, ont constamment, dans le sens de la rupture d'un agrégat, une même inclinaison. Cette inclinaison, par rapport à la verticale, est de 46° 41'.

§ 35. — Nos formules supposent que tous les grains se touchent, mais il est rare qu'il en soit ainsi. Le contact de deux grains qui, en théorie, n'est qu'un point, est par le fait beaucoup plus considérable, et si la gangue destinée à faire du tout un corps solide, n'occupait que les vides, il en résulterait une liaison sans intimité. On doit donc éviter, autant que faire se peut, qu'aucun grain soit touché par un autre, sans qu'il y ait entre eux une couche de gangue. Toutefois, comme celles-ci sont presque toujours plus chères que les grains, il est essentiel de reconnaître les limites que la théorie et la pratique admettent dans leur proportion mutuelle. La pratique doit toujours être notre point de mire, mais la meilleure manière de l'acquérir est de la faire marcher de front avec la théorie.

Pour passer du cas où les grains se touchent à celui où ils laissent entre eux un vide occupé par la gangue, la méthode la plus simple consiste à supposer au centre des premiers, de nouveaux grains pareils, mais d'un plus petit volume, et à faire dans l'équation [3]

$$d = d' + i,$$

i représentant la distance qui sépare les nouveaux grains dans leur partie la plus rapprochée. Quant à l'équation [4], pour qu'elle représente la somme des nouveaux grains, il faut y substituer d' à d. Nous aurons ainsi

$$V = 0,117\, n^3 (d' + i)^3 \; [5], \quad R = 0,087\, n^3\, d'^3 \; [6].$$

Les observations principales qui découlent de ces équations sont :

1° Que la réunion des grains n'est plus, comme dans le cas où ils se touchent, dans un rapport constant avec celle des vides.

2° Que la somme des pleins ne varie pas, tant que leur nombre multiplié par leur diamètre reste le même.

3° Que le volume total restant le même, la masse des pleins est d'autant plus forte que l'espacement des grains est plus faible, et réciproquement.

§ 36. — Dans la pratique, on peut admettre que lorsqu'on mêle une gangue grasse avec du sable, il faut pour obtenir un volume donné d'agrégat assez liant, environ quatre dixièmes de gangue. Afin donc de mieux fixer les idées, prenons cette donnée pour guide. La somme des pleins sera de six dixièmes, c'est-à-dire que R sera égal à 0,60 V; les deux équations ci-dessus réunies donneront donc

$$i = 0{,}074\, d'.$$

Pour juger de l'espacement des grains dans les divers agrégats, il reste à donner à d' les différentes valeurs que le sujet comporte. Lorsque le sable aura un millimètre de diamètre, cet espacement sera d'environ un quatorzième de millimètre; quand il aura un demi-millimètre, cet espacement sera d'un vingt-septième de millimètre, etc. On peut juger par là combien en général les grains sont rapprochés. Qu'eût-ce été si, au lieu d'un agrégat riche de gangue, nous en eussions considéré un maigre. Au surplus, sans entrer dans de nouveaux détails, nous nous bornerons à conclure : 1° que l'espacement des grains est proportionnel à leur diamètre, et que dans un agrégat assez gras, où ils ont la grosseur ordinaire de près de deux millimètres, cet espacement est d'environ un septième de millimètre; 2° que dans un volume déterminé, et où la masse reste la même, cet espacement diminue avec le diamètre, en sorte que, si avec une quantité donnée de gangue, et une quantité aussi donnée de sable, qu'on supposera successivement broyée à divers degrés de finesse, on forme pour chaque degré un agrégat, l'espacement y sera d'autant moindre, que la finesse sera plus grande; 3° que si on se sert de poudres, il pourra ne pas être même d'un millième de millimètre, puisqu'il n'est pas rare de voir à celles-ci moins d'un centième de millimètre; 4° que, par conséquent, le gâchage doit être d'autant plus soigné et plus parfait que le diamètre est moindre; que souvent même il est sage d'accroître la proportion de gangue, pour éviter les contacts inertes; 5° que les ciments romains doivent être broyés d'autant plus fins, que les sables qu'on leur mélange le sont eux-mêmes davantage, et qu'il n'est pas prudent de leur mêler jamais des poussières; que ces dernières ne conviennent qu'aux gangues excessivement ténues, telles que les chaux éteintes par le procédé ordinaire ou les hydrosilicates.

§ 37. — Dans les formules qui nous ont servi de guide, nous avons supposé que les grains sont sphériques, de même diamètre, et arrangés comme dans la pyramide de boulets triangulaire, de la manière la plus stable, par groupes de quatre. La dernière hypothèse est sans doute assez conforme à la réalité, mais il n'en est pas de même des deux autres; et il est facile de s'assurer que les grains ne sont ni sphériques, ni égaux entre eux. Il était donc indispensable de recourir à l'expérience comme à un moyen de contrôle; quels qu'eussent été ses résultats, les vues théoriques qui les ont précédés nous eussent été utiles par les considérations qui en sont indépendantes; mais il fallait les faire marcher de pair, pour tout ce qui leur est commun.

Après avoir employé différents modes d'essais, ayant chacun leurs avantages et leurs inconvénients, voici celui auquel nous nous sommes arrêté : nous avons pris un tube de fer blanc de 0,^{m} 50^{c} de longueur, et de 0,^{m} 06^{c} de diamètre, fermé par un des bouts; puis avec une petite mesure dont la capacité en formait le douzième, nous l'avons rempli de la substance d'essai en la tassant de notre mieux. Pour certaines d'entre elles, le tassement a été à peu près nul; pour d'autres, il a été considérable. Mais opéré par simple secousse, il ne pouvait nous fournir qu'une première indication, et à la rigueur, nous eussions pu ne pas l'étudier. Le tube bien rempli a été vidé dans un vase à gâcher, et nous avons versé peu à peu sur le sable ou la poussière, la quantité d'eau nécessaire pour en boucher tous les vides, en cherchant toujours à faire qu'elle fût la moindre possible, quoique suffisante. Après avoir exécuté le gâchage de notre mieux, nous avons remis peu à peu la matière dans le tube en la tassant, et nous avons comblé le déficit avec d'autres portions de la même substance humectée. L'eau et la poudre ont toujours été mesurées avec soin. En opérant ainsi, nous nous sommes procuré : 1° le volume apparent par simple tassement, et contenant par conséquent encore de l'air ; 2° le volume apparent par remplissage des vides à l'aide de l'eau ; 3° le volume absolu des pleins, ainsi que celui des vides. Les deux premiers n'étant pour nous que d'un médiocre intérêt, nous n'en parlerons pas.

§ 38. — Les matières que nous avons ainsi expérimentées sont : 1° des sables cristallins, soit de rivière, soit fossiles, dans leur état naturel ; 2° ces mêmes sables séparés par des tamis de leurs parties fines ; 3° un mélange des grains les plus gros avec diverses proportions de sable d'un diamètre quatre à cinq fois plus petit *. Ces trois séries, qui n'ont eu

* Voici dans quel but nous avions fait ce mélange. Il semble, au premier abord, qu'on pourrait économiser beaucoup les gangues en mêlant au sable ordinaire des grains plus fins qui pussent se nicher dans leurs vides ; mais la théorie nous apprend : 1° que si, au milieu de quatre sphères égales qui se touchent, on en intercalle une qui leur soit tangente, son diamètre dépassera à peine le cinquième du leur ; 2° que son volume ne sera que le quatre-vingt-dixième de celui de chacune d'elles ; 3° enfin, que le cube réuni des petites sphères ainsi placées dans un agrégat, n'est que le vingtième du cube total. Nous désirions donc

pour objet que des substances siliceuses, seront désignées sous le nom de *premier groupe;* 4° des pouzzolanes de plusieurs espèces; 5° des pierres calcaires broyées. Ces deux dernières matières ont été soumises à un moindre nombre d'essais; nous nommerons *deuxième groupe* les trois séries relatives aux pouzzolanes, et *troisième groupe* celles qui concernent les pierres calcaires.

§ 59. — Le premier groupe nous a présenté des analogies frappantes avec les indications de la théorie; le second et le troisième ont donné lieu à des différences sensibles, mais la cause en est facile à trouver. Passons-les en revue dans l'ordre où nous les avons placés.

Premier groupe. — La série n° 1 nous a donné des vides qui n'ont jamais été au dessous de 0,25 et jamais au dessus de 0,29; celle n° 2 a eu toutes ses variétés comprises entre 0,29 et 0,31; et celle n° 3, entre 0,23 et 0,26.

Deuxième groupe. — Les limites ont été pour la série n° 1, 0,32 et 0,37; pour celle n° 2, 0,34, 0,38; pour celle n° 3, 0,27 et 0,31.

Troisième groupe. — Série n° 1, 0,27 et 0,30;

juger, par expérience, si l'avantage était aussi faible que le calcul paraissait l'indiquer; mais ce genre de vérification semble délicat: du moins, nos essais ne nous ont donné aucune différence tranchée avec les sables ordinaires. Dans cet état de choses, nous regardons comme douteuse l'économie du procédé. Nous devons dire, toutefois, que lorsqu'il s'est agi de pierres cassées et de gravier, nous l'avons trouvée considérable.

série n° 2, 0,30 et 0,34; série n° 3, 0,25 et 0,28.

Dans les expériences de cette nature, et surtout dans celles où l'on emploie les tamis, il existe des causes d'anomalies et d'erreurs, telles que le degré de siccité des poudres, la finesse ou la grosseur des tamis, la durée du tamisage, etc., etc. Mais il n'en reste pas moins démontré à nos yeux, qu'entre des limites peu éloignées, on peut établir comme règle générale et qui souffre peu d'exceptions, que des sables dont les grains se touchent, laissent entre eux des vides qui sont rarement au dessous du quart, et jamais au dessus du tiers du volume total. Les substances que nous avons employées étaient passablement sèches; mais celles du premier groupe n'étaient point absorbantes, et celles des deux autres l'étaient. Aussi n'hésitons-nous point à penser que c'est à cette seule cause que nous devons attribuer les différences observées entre le premier et les deux autres.

Si au lieu d'eau, on se sert d'un corps gras et pâteux pour remplir les vides, on conçoit que sa proportion doit être sensiblement plus forte, soit parce qu'on ne peut le distribuer aussi également, et qu'il se trouve en excès dans quelques parties et en défaut dans d'autres, soit surtout parce que le but du mélange étant d'obtenir un corps liant, il importe d'éviter que les grains se touchent.

§ 40. — Toutes les argiles possèdent à un degré plus ou moindre la faculté de prendre du retrait en séchant; mais il existe, sous ce rapport, de grandes différences entre elles. Il en est chez lesquelles ce retrait est considérable, d'autres chez lesquelles il est à peine sensible ; entre ces deux limites, existent tous les intermédiaires. A quoi est due cette diversité ? C'est ce dont nous allons chercher à nous rendre compte. Les argiles peuvent être considérées comme formées de trois parties distinctes : 1° les sables ; 2° les poudres ; 3° les hydrosilicates et les hydrates. Il n'existe pas, du moins en apparence, de différences tranchées entre les premières et les secondes, ni entre celles-ci et les troisièmes ; c'est, à vrai dire, une suite de degrés variant par nuances imperceptibles. Toutefois, comme on ne saurait s'expliquer même le phénomène le plus simple, quand on ne fixe pas quelques jalons, quelques temps d'arrêt, nous avons dû établir ces distinctions ; et c'est, comme on va le voir, le sujet qui les indique. Les sables de toute grosseur ont la propriété de se sécher, de perdre toute leur eau, sans éprouver aucune espèce de retrait, sans diminuer de volume. Quand ils se rapprochent des poudres, et sont assez fins pour n'avoir qu'un ou deux dixièmes de millimètre de diamètre, ils possèdent encore la même propriété ; mais pour peu qu'ils soient en couche épaisse, et que l'évaporation ait lieu rapidement, ils éprouvent des fendillements. Le même effet a lieu, mais à un plus haut degré, pour les poudres d'une plus grande ténuité ; et à tel point, qu'elles doivent être en couche fort mince pour ne pas éprouver de retrait. Il n'y a de produit dans ces circonstances qu'un effet purement mécanique. Les carbonates de chaux, de fer, de magnésie, etc., les peroxides de fer et de manganèse, etc., qui peuvent se rencontrer dans les argiles, paraissent être dans le même cas, et l'eau qu'ils contiennent ne serait pas combinée avec eux. Les hydrosilicates et les hydrates ne sont pas dans le même cas : quelque mince que soit la couche qu'on forme avec eux, ils se fendillent toujours beaucoup, en perdant leur eau. Lorsqu'on ne leur en enlève qu'une partie, ils ont généralement la propriété de pouvoir reprendre leur volume primitif en la recouvrant ; mais quand on les en prive en entier, ils sont amenés à l'état de sable ou de poudre, et n'ont plus avec l'eau que des relations mécaniques ; ce ne sont plus les mêmes corps.

§ 41. — Les argiles ont toutes pour base l'hydrosilicate d'alumine et celui de peroxide de fer ; elles renferment aussi habituellement ce peroxide ou son hydrate ; les autres corps qu'elles contiennent y jouent ordinairement le rôle de sable et de poussière. Si nous ne considérions les argiles qu'en elles-mêmes, nous ne parlerions que des hydrosilicates, attendu qu'eux seuls sont nécessaires à leur existence, et que les hydrates n'ajoutent rien, ou du moins peu de chose, à leurs propriétés caractéristiques ; mais quand il s'agit du retrait, qui naît de la perte d'une partie de l'eau combinée, il est d'autant moins convenable de les négliger, qu'ils le subissent pour leur part d'une manière prononcée.

Représentons-nous une argile contenant beaucoup de sable un peu gros, et supposons que sa partie grasse n'occupe absolument que les vides, de telle façon que les grains se touchent tous. On conçoit que la nature de cette partie grasse pourra varier à l'infini, sans que l'enlèvement de l'eau puisse y créer des fendillements perceptibles. Certainement il y aura retrait, souvent même assez fort dans chaque vide, dans chaque alvéole; mais si l'évaporation est lente et bien ménagée, de façon à éviter tout effet mécanique de la vapeur, il n'y aura extérieurement aucune apparence de fendillement. Ce que nous venons de dire du sable un peu gros, s'applique également au sable fin; seulement il est plus difficile avec celui-ci d'empêcher l'effet mécanique de l'évaporation. La seule condition à remplir, pour qu'il n'y ait pas de retrait apparent, consiste donc dans le contact immédiat des grains. La pâte de liaison peut cependant aider au résultat, ou le contrarier; ainsi, il y a avantage à ce qu'elle contienne peu ou point d'hydrates, attendu qu'ils ajoutent faiblement à l'onctuosité, au gras, qui opère la liaison, et qu'ils augmentent considérablement le retrait. (Sous ce point de vue, les argiles rouges doivent paraître généralement moins susceptibles de fendillement que les jaunes). Il y a également avantage à ce que les poudres soient abondantes, et les hydrosilicates fort peu. Ces derniers n'étant utiles que pour lier, unir, il est à désirer que leur proportion ne soit que celle indispensable. Enfin, il est bon que les poudres elles-mêmes ne soient pas en trop grande quantité. Pour que la liaison soit la plus exacte possible, il faut que chaque grain inerte, quel qu'il soit, sable ou poudre, soit complètement entouré d'une couche mince d'hydrosilicate. Si deux grains inertes se touchent sans cet intermédiaire, il y aura entre eux contact et non liaison; et sur ce point, l'agrégat sera défectueux.

§ 42. — Si l'on réduit en poudre impalpable un fragment de pierre, on conçoit qu'à l'aide de moyens convenables, et avec le temps, on pourra lui donner une ténuité extraordinaire; mais on conçoit aussi que passé un certain terme, on chercherait vainement à l'accroître. Les grains de poudre ainsi obtenus sont loin d'être des molécules; aussi n'approchent-ils pas de la finesse des hydrosilicates. Cependant, si on les gâche avec des grains plus gros, ils leur serviront de gangue; si c'est avec des hydrosilicates, ou avec de la chaux éteinte par le procédé ordinaire, ils ne seront plus que la partie enveloppée. Dans ces deux derniers cas, les poudres ne pourraient avoir d'inconvénient pour l'agrégat, qu'autant que leur proportion y serait trop forte; mais s'il s'agissait de ciments en poudre, et qui ne peuvent donner de bons résultats comme mortiers, qu'autant qu'ils forment gangue, ces poussières pourraient leur être très préjudiciables. Plus fines que les ciments, elles auraient de la tendance à être elles-mêmes la gangue, et si elles étaient abondantes sur quelques points, elles la seraient en réalité. Quelque précaution d'ailleurs que l'on pût prendre, on ne pourrait empêcher qu'un certain nombre de grains ne se touchassent immédiatement et sans intermédiaire; on ne le pourrait, même quand ils seraient égaux à ceux des ciments, ou faiblement plus gros. Pour se faire une idée nette de ce qui se passe, il faut se rappeler qu'une sphère d'un rayon donné peut avoir pour tangentes douze sphères de ce même rayon; lors donc qu'une poudre inerte et une poudre active à peu près de la même grosseur seront gâchées ensemble, celle active devra être beaucoup plus abondante, si on veut qu'il n'existe pas de contact inerte. Sans doute il ne sera pas nécessaire qu'elle le soit douze fois plus, mais la différence devra être grande. Ce rapprochement laisse encore du vague, de l'indéterminé, et nous voudrions ne présenter à l'esprit que des idées précises, mais nous ne pouvons y remédier; l'étendue que nous avons déja donnée au sujet, nous fait une loi de le quitter.

§ 43. — En disant que l'emploi des poudres fines exige de la prudence, nous avons fait abstraction de leur nature; le lecteur en tiendra compte. Ainsi, il préférera les poudres inertes, les boues de routes, aux sables terreux, parce que ceux-ci contiennent des hydrosilicates, qui sont toujours désagrégés par l'eau, et ne peuvent que nuire.

§ 44. — Les enduits formés avec des mortiers de chaux grasse et de gros sable, résistent assez bien aux intempéries, quand on les fait très maigres, c'est-à-dire poreux; au bout de peu de temps, leur chaux est sous-carbonatée et rendue insoluble; son adhérence avec le sable, qui était faible, paraît même avoir acquis. De tels enduits sont sans dureté ; mais pour des murs qui ne sont exposés ni à des chocs ni à des frottements, ils sont suffisants. Les constructions particulières sont si rarement laissées debout par plusieurs générations, qu'il y a sagesse à ne pas leur consacrer des dépenses trop fortes. Quant à leurs parties inférieures, qui réclament plus de dureté, on ajoute souvent au mortier des briques pilées et tamisées, qu'on désigne ordinairement sous le nom de ciment. Si ces briques ne jouissent pas de la propriété pouzzolanique, elles lui font plus de mal que de bien ; si elles la possèdent, l'enduit acquiert à la longue plus de dureté ; mais il est plus facilement attaqué par les gelées. Dans les parties très humides, et où l'on emploie des pouzzolanes énergiques, l'enduit fait à propos peut acquérir la faculté de résister assez bien aux fortes gelées, lorsque surtout on a la précaution de ne pas employer la pouzzolane sans addition de sable ; mais le meilleur résultat qu'on puisse obtenir de cette manière, est loin d'être comparable à celui que présentent les ciments romains. Eux seuls, dans les lieux humides, nous paraissent susceptibles de fournir des enduits résistants, durables et en définitive économiques.

§ 45. — Les observations qui précèdent, n'eussent-elles pour effet que de présenter à l'esprit des idées nettes sur la composition interne des agrégats, ne seraient pas sans intérêt ; mais on va voir combien elles facilitent l'intelligence de ce qui se passe, quand on soumet les mortiers à des épreuves mécaniques. Il ne nous reste, pour être en état de nous en rendre compte, qu'à dire un mot des forces qui se trouvent en jeu dans ces épreuves. Ces forces sont : la cohésion, l'adhérence et l'élasticité; il faut leur adjoindre la propriété des corps qu'on nomme compressibilité. La cohésion est la force qui s'oppose à la désunion des parties d'un corps homogène; l'adhérence, celle qu'il faut vaincre pour séparer deux corps juxta-posés; l'élasticité, celle en vertu de laquelle un corps reprend, entièrement ou en partie, la forme qu'il avait avant d'avoir subi une action mécanique. La compressibilité est la propriété que possède, plus ou moins, toute substance même liquide, de diminuer de volume sous une pression suffisante. Comme les définitions brèves sont rarement exactes, et le sont d'autant moins qu'elles embrassent un champ plus vaste, nous ajouterons quelques mots. Pour nous rendre plus clair, nous nous bornerons à envisager les applications qui ont trait au sujet.

§ 46. — Dans une gangue isolée et homogène, dont toutes les parties du moins sont si ténues qu'elles échappent aux sens, la cohésion, la compressibilité et l'élasticité, peuvent jouer un rôle; mais l'adhérence aucun. Tant que cette gangue est molle, toutes trois sont nulles ou presque nulles; à mesure qu'elle acquiert de la solidité, qu'elle devient plus capable de résister à des forces mécaniques, toutes trois vont généralement en croissant, quoique à des degrés différents. Ainsi, lorsqu'on prend une boule solidifiée, et qu'on la laisse tomber sur un corps dur, en proportionnant sa hauteur de chute à sa résistance possible, elle bondit à une hauteur plus ou moindre, et conserve souvent une impression distincte dans la partie où le contact a eu lieu. La hauteur du bond comparée à celle de la chute, peut être prise pour mesure de l'élasticité; et la surface aplatie, pour celle de la compressibilité. Sans doute, cette dernière a dépassé la trace qu'elle a laissée; mais sa partie latente concerne la hauteur du bond, et il semble rationnel de ne mesurer la compressibilité, que par la trace qui reste. Si l'on adopte une hauteur telle que le cassage ait lieu, on peut se former une idée de la cohésion; mais l'emploi d'une force vive est peu propre à en donner la mesure; ce genre de forces n'est pas assez à la disposition de l'opérateur, et les essais infructueux qui précèdent la rupture, altèrent d'une manière trop inégale la résistance, pour qu'on puisse accorder la moindre confiance aux résultats. Sans doute, tous les modes ont leurs défauts et leurs avantages, et ce n'est qu'en les employant simultanément, qu'on apprend à connaître la nature intime des résistances; mais quand on s'occupe de sujets peu étudiés, il est plus utile de consacrer moins de temps à varier les méthodes, et d'en donner davantage à une plus vaste exploration. La pression, telle que l'ont employée MM. Vicat et Treussard, semble donc indiquée de préférence pour la mesure de la cohésion, comme les chocs pour celle de l'élasticité et de la compressibilité.

§ 47. — Lorsqu'au lieu d'une gangue, c'est un agrégat que l'on étudie, l'adhérence entre en cause, et suivant son degré d'intensité, agit beaucoup ou peu sur les résultats. Son effet ne s'étendant, en général, qu'à une distance faible, on la suppose proportionnelle aux surfaces de contact. La forme arrondie des grains de sable, leur abondance généralement supérieure à celle de la gangue, assignent donc à l'adhérence un rôle important dans les mortiers. A surface égale, elle peut être moindre que la cohésion, et cependant l'emporter sur elle dans un agrégat, en raison de ce que pour la vaincre, il faut un développement de rupture plus étendu que celui dont la gangue est susceptible. Lorsque cette circonstance a lieu, et à bien plus forte raison, quand son énergie est supérieure, la rupture s'opère dans la gangue seule, et par la surface de moindre résistance. Cette surface peut être un plan peu dentelé, mais incliné assez fortement. Elle peut aussi être formée en entier d'arrachements, opérés de part et d'autre d'une section verticale. Lorsque l'adhérence est faible, et que par conséquent, la rupture éprouve peu de résistance au pourtour de chaque grain, c'est ce dernier cas qui doit se présenter ; car le plan de rupture qui se rapproche le plus du plan vertical, est celui qui offre, et la moindre surface de gangue, et la moindre surface d'adhérence. Lorsqu'au contraire, l'adhérence est supérieure à la cohésion, on doit s'attendre que la scission se fera dans un plan incliné, ayant au moins autant de surface que le développement des arrachements qu'exigerait un plan vertical; nous disons au moins, parce qu'une séparation qui s'opère en suivant un même plan, se fait plus facilement que celle qui s'interrompt à chaque instant pour changer de direction. Il semble donc que lorsque le plan de rupture s'éloigne peu du plan vertical, on peut en conclure que l'adhérence est inférieure à la cohésion, et *vice versâ*.

§ 48. — Pour éprouver les agrégats et leurs gangues, six méthodes sont en usage; nous allons les décrire brièvement. Dans la première, on laisse tomber d'une même hauteur, sur le corps en essai, une pointe chargée d'un poids constant, et l'on prend pour mesure de la résistance, la profondeur de l'enfoncement; dans la deuxième, on fait faire, le plus régulièrement possible, le même nombre de tours à un foret soumis constamment à la même pression; dans la troisième, on échancre ou on perce les pierres d'essai, pour qu'elles puissent donner prise à des forces de traction qui, s'exerçant en sens directement opposé, mesurent, à l'aide de poids, l'effort nécessaire à la séparation; dans la quatrième, on comprime le corps jusqu'à ce qu'il s'écrase, et le poids sous lequel il cède, donne la mesure de sa résistance; dans la cinquième, on fixe solidement l'échantillon, par une de ses extrémités, au bout d'une planche ou d'une table, en laissant déborder l'autre; on suspend à celle-ci un plateau, et on ajoute des poids jusqu'à ce que la rupture ait lieu; l'opérateur ayant la précaution de placer toujours les pièces dans les mêmes circonstances, obtient, à l'aide de ces poids, des résultats comparables, et qui peuvent être pris pour mesure; dans la sixième enfin, qui paraît semblable à celle-ci, mais qui en diffère essentiellement, on agit en plaçant la pièce d'essai sur deux étriers en fer verticaux, parallèles entre eux, de manière à ce qu'elle soit, comme dans le mode précédent, parfaitement horizontale et symétriquement appuyée sur chacun d'eux; les étriers sont fixés à une poutre; un collier rectangulaire à crochet, entièrement libre, embrasse la pièce d'essai dans son milieu, sans cependant la toucher ailleurs que sur sa face supérieure; un plateau est suspendu au crochet, et des poids sont ajoutés progressivement jusqu'à ce que la rupture ait lieu. Ces descriptions sont sommaires; mais pour notre objet, elles n'ont pas besoin de plus d'étendue. Passons à l'examen de chaque méthode.

§ 49. — Lorsqu'on laisse tomber sur une gangue pure, plus ou moins résistante, une tige pointue, chargée d'un poids, celle-ci pénètre dans son intérieur; elle déplace les parties qu'elle rencontre, et les comprime au fond comme sur les côtés. Elle ne fait point sortir de matière au dehors; elle agit comme un clou qu'on enfonce dans du bois. La gangue est peu attaquée dans sa cohésion, il n'y a généralement, ni désunion, ni fracture, il y a seulement compression: la cohésion au lieu d'en souffrir y gagne, comme une boule qui en tombant éprouve un léger aplatissement; les parties rapprochées, mais non désunies, acquièrent, souvent du moins, plus de dureté, plus de résistance. C'est donc en réalité, le plus ou le moins de compressibilité de la gangue que mesure la profondeur du trou. Lorsque la pièce d'essai est d'une bonne qualité, et qu'elle est parvenue à un état de solidification avancé, le choc produit souvent des éclats; dans ce cas, l'éclat est le fait d'une cohésion vaincue, mais ne peut servir de mesure. Quant à l'enfoncement, il n'est essentiellement relatif qu'à la compressibilité.

§ 50. — De la gangue passons à l'agrégat, et rappelons que les sables qu'on rencontre presque partout, sont en général d'une dureté telle, que le choc de la tige ne peut rien, ou presque rien, sur leur cohésion. Lorsque cette tige frappe un essai, elle rencontre promptement un ou plusieurs grains, et ne peut pénétrer plus profondément qu'en les enfonçant ou en les déplaçant. Si le sable est peu abondant il offre peu d'obstacle à la tige, et diminue faiblement la profondeur de pénétration; s'il l'est, mais sans excès, il rend le trajet difficile, et presque impossible. Les grains à déplacer et à comprimer n'étant éloignés que d'un dixième de millimètre, souvent moins, tandis que la tige a près de deux millimètres de base, il faut que chaque grain refoule ses voisins de proche en proche, ou gagne en changeant de couche, une alvéole voisine. Ces deux modes d'action qui ont évidemment lieu l'un et l'autre, apportent un puissant obstacle à l'enfoncement. Lorsque le sable est plus fin, la difficulté s'accroît; la pointe le rencontre dès son début, et elle porte tout de suite et à la fois, sur trois ou quatre grains. La proportion du sable dépasse-t-elle celle qui donne un mortier gras, c'est-à-dire environ deux parties pour une de gangue, les grains se trouvent tellement rapprochés, que parfois même ils se touchent. On s'aperçoit en les gâchant qu'ils ont peu de liaison, et ressemblent plus ou moins au sable gâché avec de l'eau. Dans de pareils agrégats, le choc de la tige attaque toujours plus ou moins l'adhérence et même la cohésion; mais quel que soit le mode d'expérimentation auquel on les soumette, ils sont toujours médiocres et souvent mauvais. Ne perdons pas de vue que dans les mortiers, le sable est plus abondant que la gangue; et que, par conséquent, la tige a plus affaire à lui qu'à elle; n'oublions pas non plus que dans son action sur la gangue, c'est plutôt sa compressibilité que la cohésion qu'elle mesure, et que, par conséquent, il vaut mieux mesurer cette compressibilité sur les mortiers de gangue seule, que sur ceux où la présence du sable fait naître tant d'incertitude, en raison de ses proportions, de sa finesse et de son adhérence.

§ 51. — Nous avons souvent employé la chute des boules concurremment avec le choc d'une pointe; et cette méthode n'est point à dédaigner. L'élasticité qu'elle mesure par la hauteur du bond, nous paraît un indice aussi sûr du degré de bonté, que la compressibilité. Au surplus, elle a aussi ses inconvénients, et nous ne la conseillons pas plus que l'autre.

§ 52. — En disant que c'est spécialement à la compressibilité que s'adresse le choc d'une tige, nous ne prétendons point exclure la cohésion et l'adhérence; bien moins encore prétendons-nous en tirer parti, pour expliquer la théorie des agrégats. Cette théorie, comme nous le verrons, découle des faits naturellement et sans efforts; et que ce soit la cohésion, que ce soit la compressibilité qui soit en jeu, elle n'en reçoit ni aide ni atteinte.

§ 53. — La méthode du foret agit d'une manière essentiellement différente; elle met à peine en action la compressibilité; elle s'exerce spécialement sur les cohésions du sable et de la gangue, en les usant tous deux par le frottement. Si le foret est très petit, l'adhérence est presque hors de cause; s'il a un diamètre sensiblement supérieur au sable, il la met de la partie, et plus d'un grain est détaché avant que d'être usé. La finesse du sable, sa cohésion, son abondance, exercent ici, comme précédemment, la plus grande influence. Dans l'un comme dans l'autre cas, aucune hypothèse sur la nature et l'énergie des forces n'est nécessaire pour rendre palpable cette influence. Il suffit, pour la bien comprendre, de se rappeler ce que nous avons dit des gangues, des agrégats et de la distance des grains entre eux.

§ 54. — Le troisième mode d'expérimentation est absolument indépendant de la compressibilité. Il agit sur l'extensibilité, sur la cohésion proprement dite et sur l'adhérence. Si celle-ci est supérieure à la cohésion, l'agrégat sera plus résistant que la gangue, et celui à gros grains, probablement plus que celui à grains fins. La cohésion des grains n'étant jamais vaincue à cause de sa grande supériorité, il faudra, en raison de l'enchevêtrement, que la séparation se fasse dans les alvéoles, et que le plan de rupture soit très dentelé; le développement de sa surface sera donc sensiblement supérieur à ce qu'il eût été dans la gangue seule. Si l'adhérence est égale à la cohésion, ou même faiblement inférieure, l'agrégat ne cessera pas d'être plus résistant que la gangue; seulement la différence sera moindre. Dans le mortier de gangue seule, une partie infiniment mince de la masse participe à la résistance; dans l'agrégat, une épaisseur commensurable est en action; et si les grains, au lieu d'être arrondis, étaient comme de petites broches, cette épaisseur serait encore plus grande, et d'autant plus qu'elles seraient plus longues. Il est donc évident que tant que l'adhérence n'est pas sensiblement inférieure à la cohésion, l'agrégat doit exiger une force plus grande pour sa disjonction. Si donc, par le fait, il en est autrement, il faut en conclure cette infériorité, et c'est là tout ce qu'apprend l'essai de l'agrégat. Pour acquérir des idées précises sur la cohésion de la gangue, c'est sur elle isolément qu'il faudra agir.

Nous avons dit que tous les corps étaient compressibles; nous devons ajouter que tous aussi sont extensibles, et tous aussi à des degrés différents. Nul doute donc que l'extensibilité ne joue ici un rôle; mais quel est-il? Il paraît difficile de l'isoler.

§ 55. — La quatrième méthode, qui a pour objet la résistance à l'écrasement, met en action tout le solide. S'il était enfermé en tout sens, et pressé par un piston, la compressibilité seule serait mise en jeu ; la cohésion, comme l'adhérence, seraient à peu près inertes. Et comme la compressibilité des sables exige, pour être mise en jeu, beaucoup plus de force que celle des gangues, l'agrégat diminuerait d'autant moins de volume que leur abondance approcherait davantage de celle qui établit leur contact. Mais ce n'est pas ainsi qu'on agit : dans le procédé en usage, le dessous et le dessus de l'échantillon sont seuls maintenus, et toutes les faces latérales sont libres de s'écarter, de se rompre. La compressibilité est fortement mise en action, et Rondelet a constamment observé, dans ses nombreuses expériences, que le corps comprimé éprouvait un fort abaissement avant de céder. Comme la cohésion des grains, en raison de sa grande supériorité, est toujours hors de cause, il est clair que si l'adhérence était supérieure à la cohésion de la gangue, l'agrégat serait plus résistant, et le serait d'autant plus, que l'abondance des sables serait plus près de les constituer en contact. Il est aisé en effet de concevoir que si, dans une pièce de gangue seule, on suppose par la pensée une foule de parties remplacées par des grains plus durs et plus adhérents, chacun d'eux sera plus résistant que la partie qu'il remplace, de même que dans le mode précédent. Toutefois, il est probable que l'adhérence peut être inférieure, et cependant l'agrégat avoir encore le dessus ; mais à coup sûr, toutes les fois que la gangue isolée aura exigé un effort plus grand, c'est que sa cohésion propre dépassera l'adhérence.

De même que dans le cas précédent, on ne pourra d'ailleurs avoir de donnée précise sur la cohésion de la gangue, qu'en l'examinant seule et sans mélange. Dans tous les cas, aucune parité ne pourra être établie entre cette gangue essayée ainsi, et celle soumise aux trois premiers modes. Chacun d'eux l'attaque à sa manière; chacun d'eux agit en même temps, et d'une façon différente, sur la compressibilité, sur l'extensibilité; les résultats ne peuvent être comparables.

§ 56. — Lorsque dans la troisième méthode on soumet un échantillon à l'action de deux forces opposées perpendiculaires à leur plan de rupture, cet échantillon s'allonge plus ou moins avant de céder ; et si à l'instant où il se rompt, on mesurait sa longueur, on aurait par comparaison avec celle qu'il avait d'abord, la mesure de son extensibilité. La même opération peut donc fournir en même temps deux données sur la manière d'être de ce corps. Il en serait de même dans le quatrième procédé, au sujet de la compressibilité.

Les effets à apprécier dans les quatre méthodes qui précèdent, ne laissent pas que d'être compliqués, et difficiles à isoler. Ils le seraient encore davantage dans la cinquième, si la dernière ne venait les éclairer. Passons à leur examen.

§ 57. —Quand on fixe horizontalement, par une

de ses extrémités, un parallélipipède rectangle, et qu'on place au dessus de l'autre un couteau qui reçoit par l'intermédiaire d'un plateau une charge quelconque, la rupture tend à s'opérer par l'effet du lévier, dans la partie non soutenue qui se trouve la plus éloignée; et si aucune cause d'anomalie ne se présente, c'est toujours sur ce point qu'elle doit avoir lieu. Mais comment les choses se passent-elles? Dans la partie supérieure, c'est-à-dire dans celle qui doit céder la première, les molécules sont soumises à une force d'extension, ayant quelque analogie avec celle qui est en jeu dans le troisième procédé; dans la partie inférieuse, au contraire, elles sont comprimées, refoulées à peu près comme dans le mode d'écrasement. Tout le plan de rupture participe plus ou moins de ce dernier effet, et il n'y a que la ligne supérieure infiniment mince qui n'en soit point affectée. Cette ligne est le lieu minimum d'effet, comme celle inférieure en est le maximum.

§ 58. — Dans la sixième méthode, celle de M. Treussard, les choses ne se passent point ainsi; aucune portion de la pièce d'essai n'est soumise à des effets de compression; les deux parties latérales jouent librement autour de l'axe de rupture, et l'échantillon ne résiste que par sa cohésion et son peu d'extensibilité. Nul doute, que toutes choses égales, un corps employé de cette manière ne soit beaucoup moins résistant.

§ 59.— L'expérience démontre que l'écrasement exige une force bien supérieure aux autres modes de désagrégation ; lors donc qu'un corps est mis à l'épreuve, il se défend d'autant mieux que l'attaque se rapproche davantage de l'écrasement, et c'est précisément ce qui a eu lieu dans le cinquième procédé. Si donc on avait le choix d'employer des matériaux qui dussent agir sous ses conditions ou sous celles du sixième, il n'y aurait pas à balancer.

Ces réflexions sont relatives à la comparaison d'un procédé à l'autre; mais elles ne nous apprennent rien sur les relations de l'agrégat et de sa gangue, essayés l'un et l'autre par la même méthode. Or ce sont elles précisément qui donnent aujourd'hui matière à contestation. Cherchons à reconnaître les causes du litige.

§ 60. — Les agrégats ont offert à M. Vicat une telle supériorité sur leurs gangues, qu'il s'est vu dans la nécessité d'attribuer aux sables une influence physique, et même une assez puissante. Sans rejeter complètement les effets mécaniques, il a regardé comme invraisemblable toute explication qui ne s'appuierait que sur eux. Et cette opinion a dû être chez lui d'autant plus naturelle, qu'ayant constamment adopté pour mode d'expérimentation les deux premiers procédés et le cinquième, il était impossible qu'il ne se fût pas formé une haute idée du bon effet des sables. Ses expériences sont nombreuses, concluantes, et elles ont été faites avec autant d'habileté que d'exactitude. On ne saurait donc nier que lorsque des mortiers auront à résister à des efforts semblables à ceux des procédés essayés par lui, il n'y ait avantage à employer des agrégats plutôt que des gangues. Mais en sera-t-il de même dans les autres circonstances? et peut-on établir comme principe général que dans les mortiers hydrauliques, les agrégats sont supérieurs à leurs gangues ? Telle est la question à décider; c'est aux faits à parler; sans eux aucune théorie, aucune explication, ne saurait infirmer l'opinion de M. Vicat.

§ 61. — Un autre expérimentateur, également fort habile, M. le général Treussard, a soumis à des investigations les agrégats et leurs gangues; et il a opéré par une autre méthode, la sixième; voyons ce qu'elle lui a appris. Ce qui d'abord nous paraît constant, c'est que cette méthode est supérieure aux trois autres. Nous ne dirons rien des deux premières, nous ne pensons pas qu'on pût les défendre. (*) Quant à la cinquième, elle nous paraît susceptible de moins d'exactitude, et plus compliquée dans ses effets.

Si l'on examine les tableaux de cet ingénieur, on reconnaît que les gangues lui ont généralement offert des résistances supérieures à leurs agrégats. Il y a plus, si l'on devait prononcer une décision d'après ces tableaux, il faudrait dire que la supériorité est grande, car elle va quelquefois jusqu'au double. M. Treussard est donc en droit de conclure

(*) Le lecteur ne perdra pas de vue qu'il ne s'agit ici que de la comparaison des agrégats et de leurs gangues. S'il était question de gangues seules ou de pierres, de corps homogènes, en un mot, ces deux méthodes pourraient être utiles. Leur application néanmoins nous semble devoir être fort limitée.

de son côté, que le sable nuit aux gangues, conclusion diamétralement opposée à celle de M. Vicat.

Les tableaux dont nous venons de parler contiennent aussi des essais, où les pouzzolanes sont alliées aux gangues, soit seules, soit avec du sable; ces essais sont en général supérieurs à ceux des gangues, et il était facile de le prévoir.

§ 62. — Des six méthodes que nous avons désignées, il en reste deux, la troisième et la quatrième, dont nous n'avons cité aucune application. Le travail de la commission nommée par la société d'encouragement, pour l'examen du ciment de Pouilly, va nous aider à remplir cette lacune. Il résulte de ses essais que la résistance à l'écrasement de ce ciment, lorsqu'il n'est pas mélangé de sable, est moyennement plus que double de celle où il lui est mélangé par égale partie, et qu'elle est plus considérable d'un tiers que celle où il lui est associé pour moitié. La commission est donc en droit de conclure que le sable nuit aux agrégats. Mais d'un autre côté, elle peut énoncer un avis contraire; car dans d'autres essais, faits par la cinquième méthode, celle de M. Vicat, elle a trouvé que les agrégats formés de deux volumes de ciment et d'un volume de sable, sont plus résistants que ceux de ciment pur. Elle est encore arrivée à un résultat semblable dans ses essais, par la troisième méthode. Dans ces deux derniers cas, les différences sont moindres, mais elles sont sensibles.

§ 63. — Ces résultats contradictoires n'ont rien qui doive surprendre, quand on examine de près le sujet. Les agrégats, comme les gangues, les premiers surtout, n'ont pas un mode unique de résister. Ils se défendent suivant la manière dont on les attaque, et autant de méthodes on emploiera, autant de résultats différents on trouvera. A ne considérer même que la cohésion, et abstraction faite de toute autre influence, combien cette force n'est-elle pas modifiée par le sens, la direction, le genre d'effort, qu'on exerce sur elle? Ne suffit-il pas de dire que la cohésion est intimement liée au mode d'agrégation, pour faire sentir combien peu il est possible de généraliser en pareille matière? Qu'un individu exerce de dix manières la force réunie de ses membres, il lui trouvera dix mesures; qu'il n'exerce qu'un d'eux, mais par des modes différents, il obtiendra des effets différents. Sans doute, on ne nous prêtera pas l'intention d'établir un parallélisme entre la matière inerte et la matière douée de vie; mais quand un moyen commode de nous faire comprendre se présente, nous le saisissons quel qu'il soit.

§ 64. — M. Vicat a donc eu raison de dire que les agrégats de chaux hydraulique et de sable sont supérieurs aux gangues, et M. Treussard, qu'ils leur sont inférieurs. MM. Berthier et John ont dit encore plus vrai quand ils ont nié toute action chimique.

§ 65. — Est-ce à dire qu'on ne puisse adopter de principe général, et qu'il faille laisser dans le vague toute manière de s'exprimer? Nous ne le pensons pas. Ainsi nous dirons d'abord que les sables n'exercent aucune action moléculaire appréciable sur les gangues ; car nous ne pouvons les supposer agissant utilement avec M. Vicat, défavorablement avec M. Treussard, et des deux manières avec la société d'encouragement. Nous dirons ensuite qu'ils sont en principe général nuisibles, parce qu'en principe général, c'est à l'écrasement que les mortiers sont exposés dans les constructions ; et que quelques expériences qui nous sont propres, d'accord avec le travail de la société d'encouragement, donnent constamment la supériorité aux gangues. Nous nous bornerions presque à ces deux règles générales, parce que la première embrasse tous les travaux, et l'autre presque tous. Ce ne serait certainement pas pour proscrire les sables que nous nous exprimerions ainsi, car nous serions le premier à les défendre ; mais ce serait pour apprendre au constructeur que quand il a quelque ouvrage délicat, quelque partie qui exige plus de solidité, il doit tenir ses mortiers faibles en sables, et pour faire mieux encore, leur ajouter, comme le recommande M. Treussard, des substances pouzzolaniques.

§ 66. — Pour compléter ces explications, il nous reste à dire comment nous pouvons nous rendre compte de la supériorité que donne aux agrégats la cinquième méthode. Le lecteur ne se méprendra point sur notre pensée, et il verra dans notre raisonnement l'explication d'un fait reconnu, non la démonstration d'un fait qui dut être.

D'après ce que nous avons déja dit, lorsqu'un

agrégat est soumis à un effort de traction perpendiculaire au plan de rupture, sa résistance est nécessairement supérieure à celle de la gangue toutes les fois que l'adhérence est supérieure, égale, ou peu inférieure à la cohésion de cette gangue. Le ciment de Pouilly nous en offre un exemple. Il résulte du rapport déja cité, que les mortiers formés d'un volume de sable et de deux volumes de ciment, ont exigé, pour se rompre, un poids plus fort de près de moitié que celui du ciment seul. M. Vicat fait observer, et avec raison, que les dentelures auxquelles l'accroissement de résistance est dû, n'augmentent pas le développement de la surface de rupture dans une proportion suffisante pour expliquer la différence qui existe entre l'agrégat et la gangue; mais il nous paraît que le mode de résistance du cinquième procédé, qui est sensiblement plus avantageux que celui du troisième, l'est beaucoup plus pour l'agrégat que pour la gangue. Dans ses essais, l'épaisseur des pièces était presque égale au bras de lévier, en sorte que la disjonction ne pouvait avoir lieu qu'en fesant, pour ainsi dire, pirouetter la gangue autour des grains, et en désagrégeant même quelquefois ceux-ci. Peut-être rendons-nous mal notre idée, peut-être aussi nous trompons-nous, mais nous n'hésitons point à avouer que d'après la manière dont nous concevons les choses, nous ne trouvons rien de surprenant aux différences signalées par cet habile observateur. Nous croyons même que plus on augmentera le bras de lévier, et moins cette différence sera sensible. Il nous semble douteux qu'on puisse la réduire à ce qu'elle serait dans le troisième procédé, mais nous croyons que même en se bornant à tripler ce bras de lévier, elle en approcherait déja beaucoup. On ne peut d'ailleurs oublier que les sables ayant des pores, le développement du contact ne se borne point à celui de leurs surfaces mises à nu, mais qu'il comprend encore une multitude de rameaux infiniment petits, qui s'insinuent dans ces pores, et ne peuvent manquer d'ajouter à la résistance.

§ 67. — Les tableaux de M. Treussard offrant beaucoup d'agrégats supérieurs à leurs gangues, il serait possible qu'on nous les présentât comme infirmant ce que nous avons dit, § 61. Mais il faut remarquer que ces résultats sont ceux où la pouzzolane est mise en jeu ; or, bien que son intervention complique la question, il est facile de les expliquer. Les chaux hydrauliques les plus puissantes contiennent toujours un fort excès de chaux (il est même beaucoup de ciments romains où cet excès existe) ; en leur ajoutant des pouzzolanes, on y remédie et on sature l'excès, souvent même au delà ; mais l'amélioration produite naît de l'amélioration de la gangue, et les choses ont quelque ressemblance avec ce qui se passe, quand à une chaux médiocre on substitue une chaux excellente. D'une autre part, quelque bien broyée que soit une pouzzolane, elle renferme des grains, et la cohésion de ceux-ci, non seulement est loin d'égaler celle des sables, mais est souvent inférieure à celle d'une bonne gangue ; il est donc possible que parfois le bien produit soit atténué par cette circonstance.

§ 68. — Au surplus, que nos explications laissent ou non quelque chose à désirer, elles ne changent rien aux faits, et comme ce sont eux qui décident la question, nous ne chercherons pas à la rendre plus complète ; assez d'autres matières nous restent à traiter.

§ 69. — En résumant ce que les six méthodes offrent de plus saillant, nous dirons : 1° que dans les constructions en général, les mortiers étant plus exposés à l'écrasement qu'à toute autre attaque, c'est à des expériences à l'écrasement qu'il est le plus utile de les soumettre ; qu'on peut rendre ces expériences moins assujettissantes, plus faciles, et cependant suffisamment exactes, comme nous nous en sommes assuré par quelques tentatives, en se bornant à agir sur de petits cubes d'un centimètre de côté ; que dans ce mode d'expérimentation tous les agrégats de bonne espèce sont inférieurs à leurs gangues, et souvent de beaucoup ; que l'économie impose la nécessité de faire des agrégats, mais que leurs gangues peuvent être obtenues d'une qualité telle, qu'ils se prêtent encore aux constructions les plus hardies ; qu'au surplus, dans les parties qui sont le plus exposées, telles, par exemple, que les soubassements, ou les sommets des voûtes, on peut diminuer la proportion des substances inertes; enfin, que la connaissance de cette infériorité des agrégats ne laisse pas que d'être instructive sous le rapport de la théorie, en nous donnant sur l'adhérence des notions moins vagues ; 2° que puisqu'il n'y a ni supériorité ni infériorité absolue, c'est au constructeur à apprécier si la résistance dont il a besoin doit se rapprocher davantage des modes d'action essayés par M. Vicat, ou de celui étudié par M. Treussard, ou de ceux employés par la société d'encouragement.

§ 70. — Nous venons de considérer les agrégats et les gangues, dans leur individualité, dans leur intérieur, pour ainsi dire; occupons-nous de leurs relations avec les matériaux.

Nous ne connaissons d'expériences qui puissent nous guider dans cette tâche, que celles consignées dans le travail de la société d'encouragement. Nous allons donc extraire de ses tableaux les conclusions auxquelles ils nous paraissent conduire, et bien qu'une partie se rattache au sujet que nous quittons, nous ne les rapporterons pas moins, ne fût-ce que brièvement. Avant de nous livrer à aucune réflexion, commençons par les énoncer.

§ 71. — L'examen du tableau n° 1 nous semble donner lieu aux remarques suivantes :

1° Puisque dans l'acte de séparation du ciment de Pouilly avec les pierres qu'il réunissait, l'épiderme de celles-ci a été constamment enlevé, il paraîtrait * que leur cohésion est inférieure à celle du ciment.

* On verra plus loin pourquoi nous exprimons notre pensée sous la forme du doute.

2° La force d'adhérence semble également supérieure à cette cohésion ; car s'il en était autrement, la surface de séparation eût été nette, et non accompagnée d'une couche de pierre.

3° La brique de Bourgogne paraît avoir une cohésion supérieure à celle de la pierre tendre, puisqu'en emportant le ciment avec elle, celui-ci a enlevé l'épiderme de la pierre, et même jusqu'à un millimètre d'épaisseur.

4° Il semble que la cohésion de cette brique est encore supérieure à celle de la pierre dure, puisqu'en général, c'est cette dernière qui a laissé de sa substance au ciment.

5° On doit croire que la même brique a une cohésion un peu moindre que celle du ciment, puisqu'en général, elle s'est exfoliée, et a le plus souvent perdu son épiderme.

6° L'adhérence du ciment à la brique ne paraît pas inférieure à leur cohésion propre, puisque toujours l'un ou l'autre a laissé quelque chose de sa substance, et que jamais le ciment n'est resté à nu.

7° Il résulte de ce qui précède, que deux briques de Bourgogne unies par lui, doivent être ordinairement plus difficiles à séparer, à surface égale, que deux pierres dures, et surtout deux pierres tendres, placées dans les mêmes circonstances. C'est en effet ce qui a généralement eu lieu.

8° Le tableau n° 1 nous apprend encore que l'addition du sable, même à parties égales, mais surtout par moitié, n'exerce pas une influence désavantageuse. C'est ce que pouvaient déja faire prévoir les conclusions précédentes ; car les cohésions propres, soit des pierres, soit de la brique, ayant eú constamment le dessous par rapport à celle du ciment, et surtout à son adhérence, il était à présumer qu'elles l'auraient encore, tant que la proportion de sable ne serait pas assez forte pour diminuer sensiblement la cohésion du mortier.

§ 72. — Le deuxième tableau nous apprend ce qui suit sur la rupture au moyen des cinquième et troisième procédés :

9° Que l'addition du sable, par parties égales, présente dans le cinquième mode un peu moins de force que le ciment pur.

10° Que lorsque la proportion n'est que d'un volume de sable pour deux de ciment, la résistance du mortier est sensiblement accrue.

11° Que cette résistance, quand le sable entre dans l'agrégat pour moitié, est sensiblement au dessus de ce qu'elle est quand il y entre à volume égal.

12° Qu'une partie des expériences ayant manqué, on ne peut juger si la cohésion du ciment pur est ou n'est pas supérieure à la résistance des agrégats.

§ 73. — Le troisième tableau nous fait voir :

13° Que le ciment employé pur exige, pour s'écraser, un poids presque double de celui qui est nécessaire quand il est mélangé de sable.

14° Que le ciment mélangé, de moitié seulement de sable en volume, présente une résistance plus grande que quand il l'est de partie égale. (Ce résultat était une conséquence à peu près forcée du précédent.)

Ce tableau est à notre avis le plus intéressant des quatre que contient le travail de la commission, soit parce que c'est sous le rapport de la résistance à l'écrasement qu'il est le plus utile de connaître la force des mortiers, soit surtout parce que son mode d'essais étant celui sur lequel on a le plus de données, il en résulte que nous avons des points de rapprochement là où, pour les autres genres de résistances, nous avons à peine des repères. On verra dans le chapitre IV quel utile avertissement ressort de cette comparaison, et combien l'art de construire en peut tirer parti. Pour la société d'encouragement, c'est sans doute peu de chose que ce nouveau service; pour les arts ce sera beaucoup.

§ 74. — Dans le même rapport, se trouve un quatrième tableau, dont les expériences sont dues à MM. les ingénieurs de Cherbourg, et dont l'ensemble donne lieu aux remarques suivantes, qui toutes concernent le cinquième procédé :

1° Le mortier de Pouilly, sans mélange, a acquis sensiblement plus de résistance que le mortier composé de deux volumes de ciment et d'un volume de sable (l'un et l'autre ayant été tenus près de deux mois sous de l'eau de mer). Ce résultat est diamétralement opposé à celui du tableau n° 2, pour six à sept mois, et sous de l'eau ordinaire.

2° Les mêmes mortiers, exposés aux intempéries, ont donné un résultat inverse, c'est-à-dire que celui à sable l'a emporté sur celui de ciment pur.

3o A l'air, mais sous un hangar, le ciment pur a eu l'avantage, mais faiblement.

4° Le ciment pur, sous un hangar, a acquis, à peu près dans le même temps, une résistance presque double de celui placé sous l'eau de mer.

5° Le ciment mêlé de moitié sable est arrivé, sous le hangar, à une résistance plus que double de celle qu'il a obtenue sous l'eau de mer.

6° Enfin, il a suffi de moins de deux mois pour que le ciment pur ou mélangé offrît une dureté peu inférieure à celle qu'il a obtenue en quatre.

Dans un travail abrégé nous ne pouvons donner plus de détails sur ces tableaux. Passons à leur examen.

§ 75. — Si l'on prend un morceau de pierre bien propre, bien dégagé de la poussière qui souvent reste adhérente à sa surface, et qu'on l'examine à la loupe, on trouve ses aspérités plus irrégulières qu'on ne serait disposé à le croire. Si l'on compare ainsi plusieurs pierres, et souvent même les parties voisines de l'une d'elles, on reconnaît que la forme des aspérités, leur profondeur et le développement du contact, présentent des différences saillantes à chaque pas. Il est donc impossible que dans l'union des matériaux, au moyen d'une substance plastique, cet état de choses n'exerce pas, indépendamment d'autres circonstances, une influence prononcée.

Ce qui se passe dans cette union constitue un des phénomènes qui s'offrent le plus habituellement à nos regards ; et l'adhérence qui en résulte, jointe aux cohésions des substances réunies, et de celle qui les lie, forme l'un des éléments qui peuvent jouer le plus grand rôle dans les constructions. Nous disons *qui peuvent*, parce que les mortiers ordinaires ont si peu de force, que dans l'état actuel des choses, le corps qui lie a sur les résultats une influence très faible, influence qui, dans l'intérieur des maçonneries, est presque nulle.

§ 76. — Quand une matière plastique se moule sur un corps régulièrement dépoli, elle le touche en autant de points qu'elle en est touchée ; si donc, on cherche à en opérer la séparation, ce n'est pas l'étendue du contact qui peut donner l'avantage à l'un ou à l'autre ; elle accroît l'intimité de l'union, mais elle ne favorise ni le corps ni la matière, et si, après la solidification, on veut les désunir, elle ne fortifie la résistance ni de l'un ni de l'autre. Mais si le corps, au lieu d'être régulièrement inégal, n'a qu'un petit nombre d'aspérités isolées, la gangue qui les enveloppe agit par sa masse sur chacune d'elles, et les détache, lors même que sa cohésion est inférieure à celle du corps. La résistance de celui-ci est en raison directe de l'étendue de ses aspérités, et s'il y a, comme nous l'avons supposé en premier lieu, parité pour la forme et le développement entre les parties vides, il y a aussi parité dans les chances de résistance.

§ 77. — Supposons, ce qui peut bien ne pas être, que cette parité s'éloigne ordinairement peu de la vérité ; il semblera que nous sommes en droit d'en conclure que quand on sépare une gangue d'une pierre, le résultat fait nécessairement connaître celle des trois forces qui est la plus faible, et laisse indécis ce qui concerne les deux autres. Ainsi le tableau n° 1, tout en nous donnant une idée avantageuse de la force d'adhérence du ciment de Pouilly, et de sa cohésion, ne nous fournit rien sur leur mesure, et nous apprend seulement que la cohésion des pierres, et celle de la brique, ayant été constamment vaincues, il semble que l'une et l'autre sont inférieures aux premières.

§ 78. — Si, au lieu d'agir sur une pierre et sur une gangue réunies, on opère sur la pierre seule, et qu'à l'aide d'une traction convenable, on la sépare en deux parties, chaque face de rupture présentera des aspérités, dont la forme, le nombre, la profondeur et le développement, dépendront de sa nature et auront exercé la plus grande influence sur la quotité de force employée.

Si l'on compare les aspérités de ces faces à celle de la pierre taillée qui a reçu la gangue, on pourra les trouver supérieures, égales, ou inférieures. Dans le premier cas ne devra-t-on pas admettre que la gangue a pu enlever une couche, sans qu'on soit en droit d'en conclure que la cohésion de la pierre était la force la plus faible? Dans le dernier ne sera-t-il pas rationnel de tirer une conclusion contraire?

§ 79. — Les conditions de disjonction d'une gangue et d'une pierre, dépendent essentiellement de l'état de la surface de celle-ci au moment de leur réunion. Mais quel que soit cet état, il semble ne pouvoir offrir généralement d'indice sur la composition des forces en action. Deux d'entre elles, les cohésions, sont constantes, ou à peu près, pour le même corps; la troisième est variable, et peut être fortement modifiée par l'enchevêtrement. Elle peut l'être même, quoique faiblement, par la nature des pierres; car sans cesser de s'en tenir aux seules actions mécaniques, on conçoit que les gangues ont par leur nature plus de facilité à pénétrer dans les pores de certaines pierres que dans d'autres. Elles ressemblent en ce point aux colles, qui s'adaptent bien à certains corps, et mal à d'autres. L'air lui-même, en s'infiltrant dans les substances solides ou liquides, présente des différences avec chacune d'elles, et leur laisse le plus souvent des doses différentes d'oxigène et d'azote. Si l'on établissait la comparaison entre des corps différents, tels, par exemple, que la pierre et le bois, ou le charbon, les résultats pourraient être fort différents; mais quand on s'en tient à des substances de même nature, les distinctions à faire sont généralement de peu d'importance. Nous pensons donc que chaque espèce de pierre se conduit différemment, dans la rigueur du mot, avec un même ciment; mais nous pensons aussi que ce serait futilité que de chercher à en faire la distinction, et que c'est une des causes d'anomalies les moins puissantes.

§ 80. — Lorsque l'adhérence d'une gangue est énergique comme celle des ciments romains, on peut sans doute, à l'aide des enchevêtrements, augmenter tellement la résistance, qu'avec des pierres d'une faible cohésion, la séparation ait lieu dans leur intérieur, et non dans le joint; mais ce n'est que dans ce cas que la force exigée pour la rupture mesure la cohésion de la pierre.

On conçoit maintenant pourquoi nous avons employé l'expression du doute, § 71, en énonçant nos conclusions.

Les résultats consignés au tableau n° 1 n'apprennent donc rien sur les cohésions; reste à savoir s'ils apprennent quelque chose sur l'adhérence? C'est ce que nous allons examiner.

§ 81. — L'intention de la commission a été évidemment de pouvoir juger de l'adhérence du ciment avec les matériaux le plus généralement employés dans la capitale, et son but a été atteint. Mais l'impression que laissent dans l'esprit les nombres trouvés, nous semble donner du ciment une idée inférieure à celle qu'il mérite. Il peut donc ne pas être sans utilité d'en expliquer les motifs. Si, au lieu de pierres et de briques qui se sont laissé arracher leur épiderme, on se fût servi de substances dont les aspérités n'eussent pu être enlevées, on n'eût obtenu la séparation qu'à l'aide de forces plus considérables. Or, rien n'indique quelle eût été la limite de ces forces, et si elles n'auraient pas dû, par exemple, être doubles ou triples.

§ 82. — Puisque l'adhérence est si fort influencée par la quantité, la forme et la nature des aspérités, il nous semble que le seul moyen de s'entendre et d'expérimenter utilement sur elle, serait d'adopter un même mode d'essai, un même idiome pratique. Toutes les gangues qu'on voudrait examiner nous paraîtraient donc devoir être unies à un corps peu coûteux, et dont la surface, généralement uniforme en tout pays, ne pourrait rien leur céder. Ce corps serait le verre à vitre ordinaire, et voici le mode d'essais qu'au premier aperçu nous proposerions.

§ 83. — De petits carrés de verre épais, ayant deux à cinq centimètres de côté, seraient préparés en nombre suffisant; des cubes de même côté seraient formés avec la gangue et appliqués sur les deux faces opposées de chaque carré, avant le moment de la prise; on pratiquerait au milieu de chacune de leurs faces latérales un petit trou, et quand on voudrait expérimenter, on adapterait à chaque cube un crochet à quatre branches, à l'un desquels on suspendrait des poids, pendant que l'autre serait attaché à un point fixe, etc., etc.

Ce procédé, ou tout autre analogue, en fournissant une mesure commune et passablement exacte, donnerait le moyen de s'entendre sur l'adhérence des diverses matières plastiques. Mais si l'on voulait avoir un point de comparaison entre les adhérences et les cohésions, il faudrait opérer d'une autre manière. Supposons, par exemple, qu'on voulût l'établir dans le troisième mode de résistance : on commencerait par soumettre à la rupture, à l'aide de ce mode, la pierre ou la brique qui ferait l'objet de l'examen; les poids employés donneraient la mesure de la cohésion. Pour obtenir celle de l'adhérence, on réunirait les deux morceaux séparés avec la substance plastique, et au bout du temps jugé nécessaire, on opérerait la rupture.

§ 84. — L'adhérence pouvant, comme la cohésion, être attaquée de différentes manières, le mode d'essais qui précède est susceptible de modifications, et les deux cubes peuvent être séparés par des efforts d'un autre genre. Indépendamment des troisième, cinquième et sixième procédés, auxquels ils se prêtent, ils peuvent être désunis en les fesant glisser l'un sur l'autre.

Quelques expériences en ce genre ont été faites par M. Boistard, ingénieur en chef des ponts-et-chaussées, et elles l'ont conduit à penser que l'adhérence du mortier de chaux grasse et de sable est sensiblement supérieure à celle du mortier de chaux et de poudre de brique. Toutes les fois donc qu'on se renfermera dans les limites adoptées par lui, il sera sage de se conformer à son précepte; mais en doit-il être de même quand on en sortira? C'est ce qu'il importe de rechercher.

Ses expériences ont eu pour objet des mortiers âgés de quinze jours et exposés à un air sec. Or, d'après les connaissances que nous avons aujourd'hui sur les mortiers, il n'eût pas été nécessaire d'expérimenter pour savoir à quoi s'en tenir. Non seulement la bonne poudre de brique, mais encore la meilleure pouzzolane, se conduit avec la chaux à peu près comme une poudre inerte, si le mortier dont elle fait partie n'est pas immergé, ou au moins maintenu à l'humidité. Les mortiers hydrauliques, exposés aux intempéries, s'améliorent pendant les pluies, mais ils restent stationnaires, et perdent même souvent pendant les temps secs. C'est à l'hydrosilicate de chaux qu'ils doivent leur qualité; or, sans eau, point d'hydrosilicate. Quand bien même donc nous supposerions que les pierres en expérience ont été fortement mouillées et imprégnées d'eau, au moment de l'union avec le mortier, nous devrions penser que par l'exposition à un air sec, et surtout au bout d'un laps de quinze jours seulement, le mortier de briques n'a pu gagner que peu de chose, si même il a gagné. Le mortier de chaux et sable, au contraire, s'est trouvé dans les circonstances qui pouvaient le mieux le favoriser.

§ 85. — Supposons à présent que ces circonstances sont changées, et que chaque mortier soit rendu aussi bon que possible; qu'ainsi l'un d'eux soit tenu constamment dans l'eau, ou mieux simplement abrité du contact de l'air; et que l'autre soit exposé au sec, et aux influences qui peuvent le mieux favoriser la pénétration de l'acide carbonique; la gangue hydraulique adhérera à coup sûr beaucoup plus à la pierre que la pâte de chaux, et si, au bout de quelques mois, on veut séparer les deux pièces par le troisième procédé, il n'y aura pas de comparaison entre les deux résistances. Mais en sera-t-il de même dans l'opération du glissement? C'est chose au moins douteuse. S'il n'y avait en jeu que des gangues, ou que du moins elles ne fussent mélangées que de poudres ténues, il nous paraît probable que le mortier hydraulique aurait un avantage décidé; mais il n'en est pas ainsi, et dans un genre d'attaque comme celui-ci, le sable joue un rôle énergique. Admettons, pour un moment, qu'il est placé isolément et sans gangue entre les surfaces en contact. Si elles sont peu polies, et que la pierre supérieure soit lourde ou très chargée, le glissement sera difficile. Si la juxtà-position eût eu lieu à sec et sans sable, les surfaces se seraient peu ou point engrenées; leurs aspérités étant fixes, se seraient aussi souvent contrariées qu'aidées, et il eût suffi qu'un certain nombre de celles en opposition ne se brisât pas, pour que les autres n'eussent pu s'emboîter, ou tout au plus qu'accidentellement. La mobilité du sable, si la charge est légère, rend le glissement plus facile, parce que chaque grain en contact fait fonction de rouleau; mais si la pression est énergique, elle rend le travail d'autant plus pénible que les grains qui se sont logés dans deux alvéoles opposés, doivent être brisés pour qu'il ait lieu, et que ceux qui ne sont logés que dans un, exercent sur l'autre face un frottement considérable. Si la charge est encore plus lourde, comme la cohésion des sables est presque toujours supérieure de beaucoup à celle des pierres en usage, un partie des grains pénètre légérement dans leur intérieur, et pour quelques-uns trop gros qui sont brisés, ajoute considérablement à la résistance.

§ 86. — Si l'on fait maintenant intervenir la gangue de chaux, elle fera cesser la mobilité du sable, et ajoutera son adhérence aux effets décrits. Dans le mortier à poudre de briques, les choses ne se passent pas ainsi : soit qu'il ne contienne que des poudres, soit que le peu de grains qu'il renferme, ait beaucoup moins de cohésion que les sables, les effets d'enchevêtrement ne s'y font sentir qu'à un degré moindre. Il y a donc supériorité par l'action physique de la gangue, ou autrement dit son adhérence, et infériorité par l'action mécanique des grains.

§ 87. — Si la couche de mortier était plus épaisse que la grosseur moyenne des grains, le mortier hydraulique acquerrait de l'avantage; si en même temps la pierre était fort dure et les surfaces très polies, ses chances de supériorité relative s'accroîtraient encore. En peu de mots, tout ce qui tendrait à laisser aux gangues le soin de la résistance, et à diminuer l'action mécanique des sables, lui serait favorable, et *vice versâ*.

Pour énoncer une opinion sur les résultats probables du glissement, il faudrait donc préciser un certain nombre de données, et encore serait-on embarrassé. Des expériences seules pourraient donner le moyen d'établir quelques règles. Ce que nous avons dit en parlant des six modes d'essais de résistance, reçoit encore ici son application. Les gangues isolées pourraient avoir l'avantage dans une espèce d'attaque, et les agrégats dans une autre. On ne serait cependant pas en droit d'en conclure généralement que ce sont les gangues qui sont supérieures, ou bien les agrégats. La supériorité existerait sans doute, mais elle ne serait que relative.

Nous ne croyons avoir omis dans ce qui précède aucune considération mécanique importante ; mais si, par la suite, quelque autre se présentait, nous aimerions mieux nous en occuper au moment même, que de l'omettre.

SECTION DEUXIÈME.

DES ACTIONS PHYSIQUES OU CHIMIQUES QUI SONT MISES EN JEU DANS LES MORTIERS.

---

§ 88. — L'impossibilité d'établir une limite précise entre les phénomènes physiques et ceux chimiques, se montre dans une foule de circonstances, et elle se fait voir avec toute sa force dans le sujet qui nous occupe.

Qu'on prenne de l'acide silicique calciné, réduit en grains de diverses grosseurs, mais très palpables ; qu'on le gâche avec environ moitié de son volume de pâte de chaux grasse ; que, sans immerger l'agrégat, on le mette, pendant quelques jours, à l'abri du contact de l'air, pour éviter l'intervention de l'acide carbonique ; puis qu'enfin on le couvre d'eau distillée ou d'eau de pluie, la chaux aura cessé d'être soluble, et l'eau ne pourra en prendre la moindre parcelle. Qu'on immerge de même de la pâte de chaux isolée, et on pourra la faire dissoudre complètement ; il ne sera nécessaire pour cela que de lui donner une suffisante quantité d'eau. Certes, la différence est grande entre les deux résultats. Dans le premier, on ne saurait nier une action chimique, et on le saurait d'autant moins que l'agrégat formé durcit avec le temps, et finit par devenir un corps pierreux; si même il contient une certaine abondance de grains très fins, sa cohésion atteint celle des pierres passablement dures. Si, au bout de plusieurs années, on le désagrége complètement avec un acide, la chaux seule sera dissoute, quelle que soit l'énergie de celui-ci; et non seulement il n'y aura pas eu un atome d'acide silicique devenu attaquable, mais le nombre des grains sera le même *; en sorte que l'acide silicique se trouvera, du moins en apparence, ce qu'il était avant le gâchage avec la chaux.

§ 89. — L'agrégat était donc formé de substances, pour ainsi dire juxta-posées, comme de la limaille ou des grains de fer autour d'un aimant. Il n'y a pas eu formation d'atomes composés; il n'y a pas eu action chimique dans l'acception ordinaire du mot, et cependant on ne peut nier qu'il y ait eu formation d'un corps nouveau, jouissant de propriétés à lui, c'est-à-dire combinaison.

§ 90. — Si, au lieu de pâte de chaux, on se sert

* Nous avons eu la patience de compter plusieurs milliers de grains, de ne prendre que ceux qui étaient visibles, et de les peser au même degré de siccité, avant le gâchage, comme après la désagrégation. Deux expériences faites avec tout le soin dont nous sommes capable, nous ont prouvé que la chaux n'avait exercé aucune action physique sur cet acide. On ne doit donc pas s'étonner qu'elle n'en ait pas sur la silice. La chaux hydraulique est aussi inefficace que la chaux grasse.

de chaux vive amortie à l'air pendant quelques jours, pour diminuer un peu son énergie, puis réduite en poudre de grosseur palpable, les choses se passeront à peu près de même; seulement, on pourra immerger plus promptement, et moins d'un jour souvent après le gâchage. Dans cette expérience il est utile que l'acide silicique soit broyé fin, et même qu'il soit sensiblement coloré; on distingue alors facilement la dimension des grains de chaux, dont quelques-uns peuvent avoir jusqu'à un millimètre et plus de diamètre. Ces grains ne sont pas en contact dans toutes leurs parties avec l'acide silicique, et cependant l'eau ne leur peut plus rien; ils sont donc sous la puissance de cet acide, ils en ont éprouvé une influence telle, qu'il n'est que des agents supérieurs à l'acide hydrique qui puissent la vaincre. Mais quelle est cette influence? Il nous semble difficile de ne pas la reconnaître.

Des expériences nombreuses ont démontré qu'il suffit de changer l'état électrique d'un corps, pour modifier, souvent même à un haut degré, ses tendances habituelles, ses affinités les plus énergiques. N'est-il donc pas probable que dans cette circonstance, les grains de chaque espèce se sont polarisés, ainsi qu'il arrive dans toute combinaison, et que l'intensité de polarisation qui n'est pas assez grande pour résister à des agents puissants, l'est assez pour ne pas redouter la présence de l'eau *?

* L'acide hydrique n'est évidemment pas le seul à qui la chaux soit devenue indifférente; l'acide oxalique ordinaire-

Si, au lieu de n'opérer l'immersion qu'au bout de quelques jours, on l'exécute de suite, ou au bout seulement de quelques heures, l'agrégat n'a pas le temps d'éprouver cette polarisation à un degré suffisamment avancé, et il demeure pendant quelques temps assez soumis à la puissance de l'eau, pour lui céder de fortes quantités de chaux. Ce temps peut être d'un mois et plus, suivant les circonstances : si les matières ont été broyées en poudre impalpable, et traitées de manière à donner un agrégat dense et compact, il se prolonge peu, et la raison en est facile à concevoir. Le rapprochement plus intime de l'acide silicique et de la chaux leur a donné la facilité de se constituer plus promptement et plus énergiquement dans l'état d'opposition électrique que requiert toute action chimique. Par un motif contraire, l'agrégat poreux et lâche laisse plus long-temps à l'eau le pouvoir d'agir sur la chaux et de s'emparer d'elle. L'opérateur peut donc à son gré modifier les actions en présence, soit à l'aide des doses de matières employées, soit au moyen de l'intimité du contact, soit enfin par le secours du temps.

§ 91. — Pour se servir de poudre de chaux vive ou amortie, il faut avoir acquis quelque habitude, et pécher, en général, plutôt par excès d'eau que par défaut. L'énergie d'action qui s'exerce entre la

ment si puissant sur ses dissolutions, peut rester sans action sur la combinaison; du moins nous n'avons rien obtenu d'une solution faiblement concentrée de cet acide; il est probable que tous les acides faibles sont dans le même cas.

chaux vive et l'eau est si puissante, que souvent l'agrégat se gonfle et se désagrége, lors même qu'il a été fait absolument liquide. Pour opérer à coup sûr, il faut faire l'essai préliminaire suivant: on prend un volume donné de poudre vive, et on essaie combien il lui faut d'eau pour l'éteindre en pâte ferme; c'est cette quantité d'eau qu'on doit employer dans l'agrégat, pour chaque volume pareil de poudre vive. L'usage de la chaux dans cet état d'énergie a quelques avantages, mais elle a encore plus d'inconvénients, et nous conseillons de la laisser d'abord s'amortir en pierre, pendant quelques jours. Lorsqu'elle est réduite en fragments gros comme des noix et des noisettes, on la broie (poudre et fragments), on la passe dans un tamis à mailles d'au plus un millimètre, et on la conserve pour le besoin, dans des flacons bouchés avec du ciment mou. Avec la chaux ainsi préparée, il n'est pas nécessaire de faire l'agrégat liquide, il suffit qu'il soit mou. La prise se fait en quelques minutes, et il suffit souvent de dix à douze heures pour que l'immersion puisse avoir lieu sans inconvénient. Il vaut mieux cependant ne pas se presser; en se hâtant, on court risque de voir l'agrégat se désunir, ce qui surtout ne manque pas d'arriver quand on a été avare d'eau.

§ 92. — Lorsqu'on se sert de pâte de chaux, on ne court aucun risque, et il suffit, pour obtenir l'insolubilité, de n'immerger qu'au bout d'un temps plus long. Si donc, il ne s'agissait que de reconnaître les limites d'activité de l'acide silicique employé en diverses proportions avec cette pâte, il n'y aurait pas à s'occuper de l'autre mode. Mais bien que dans l'agrégat, la chaux offre également des parties commensurables qui ne sont point en contact avec l'acide, et qui cependant sont à l'abri de l'influence de l'eau, on peut vouloir examiner le même phénomène sur les grains de chaux. Ce n'est pas qu'il y ait sous ce rapport, entre les deux modes, une différence bien grande, car les grains s'éteignent également, et si l'on n'avait pas l'attention de polir l'agrégat au moment de la prise, ou de le rouler doucement en boulettes dans le creux de la main, on verrait ces grains se mettre, ou à peu près, en poudre à la surface, comme dans le mode d'extinction par immersion. Souvent même cet effet a lieu malgré le polissage; il est dû alors à un manque d'eau.

§ 93. — Ce que nous venons de dire des mélanges d'acide silicique est applicable à ceux de pouzzolanes; il n'y a de différence que dans l'intensité des effets, et encore quand celles-ci sont énergiques, est-elle peu considérable.

Nous reviendrons, à diverses reprises, sur le mode d'agrégats avec la poudre de chaux; mais il est bon de nous en faire, dès à présent, une idée nette. Nous nous y arrêterons donc encore un moment.

§ 94. — Un agrégat quel qu'il soit, quand il est solidifié, contient toujours des vides, et il peut, suivant leur grosseur ou leur forme, y recevoir certains liquides ou certains gaz. Il en est de même de tous les corps. Lors donc qu'on fait un mortier avec de la chaux en poudre, plus ou moins vive, et que la quantité d'eau employée a été justement celle qui lui permet de se maintenir sans se désagréger, les grains, en se gonflant, se compriment mutuellement les uns les autres, ainsi que les corps étrangers qui leur sont unis; ils diminuent donc les vides, mais ils ne les font pas disparaître; ils rapprochent toutes les particules, et se mettent eux-mêmes dans la nécessité de borner leur expansion. Si dans le mélange il existe des grains un peu gros, il arrive que chacun d'eux n'ayant pas assez de vide à sa proximité, cède à sa force expansive et produit des fendillements. Ceux-ci peuvent s'étendre jusqu'à la surface, mais ils peuvent demeurer intérieurs. L'intensité de l'effet dépend du nombre, de la grosseur et de la densité des grains, comme aussi des substances qui leur sont mélangées. Plus ils sont fins et ténus, toutes choses égales d'ailleurs, et moins l'effet de leur développement est à redouter. Cet effet se subdivise alors à l'infini; l'agrégat est mieux mélangé, plus homogène; le contact des substances différentes plus rapproché, plus intime, et par conséquent les chances, les facilités d'union plus satisfesantes.

§ 95. — L'atome de carbonate de chaux peut avoir la même densité, dans quelque circonstance qu'il se trouve, mais à coup sûr il n'en est pas ainsi des particules, c'est-à-dire de l'union de plusieurs atomes; celles-ci peuvent être denses ou lâches, et de là l'extrême variété de compacité des calcaires. Or, comme la chaux conserve, ou à très peude chose près, le volume qu'avait son carbonate; comme d'ailleurs le mélange, quelque parfait qu'il soit, n'est jamais un mélange par atomes; comme enfin l'expansion se règle sur la quantité de chaux, c'est-à-dire sur la densité, il est clair que plus les particules sont compactes, plus il y a de chances pour que l'agrégat se désagrége; mais aussi, quand il ne se désagrége pas, plus grande est l'intimité du contact et la densité du composé. La ténuité est donc d'autant plus de rigueur, que le calcaire employé est plus lourd. Sans doute, en augmentant la quantité d'eau, on peut diminuer les chances de désunion; mais on donne alors plus de volume au composé pour un même poids de matière; et, par conséquent, on diminue sa densité, l'intimité du contact et l'énergie de la combinaison. La quantité d'eau indispensable est donc évidemment celle qui convient le mieux, et tout excès est nuisible. Nous verrons plus loin quand et comment on peut se rendre suffisamment maître de cette quantité.

§ 96. — Lorsqu'on se sert d'un calcaire léger, il n'est nécessaire, ni de pousser aussi loin la finese, ni d'ajouter autant d'eau; et la chose est facile à concevoir : l'expansion est beaucoup plus faible. Si c'est d'hydrate de chaux recalciné qu'on fait usage, les chances sont moindres encore; celui-ci par sa première extinction a éprouvé tout le développement dont il était susceptible. En se desséchant, ses particules se sont bien rapprochées de quelquepeu, mais elles sont loin d'avoir pu atteindre la densité de la chaux des carbonates, quelque légers que soient ceux-ci.

§ 97. — Dans les calcaires mélangés, soit naturels, soit artificiels, les corps étrangers sont disséminés plus ou moins au milieu de leurs particules. Chez les uns ils sont en parcelles indiscernables, chez d'autres, ils sont aisés à reconnaître. Dans tous les cas, il n'y a jamais combinaison, et les particules, les molécules de carbonate, peuvent y avoir une densité forte, comme une densité faible, indépendante de ces substances. Quand on les calcine, il y a ou il n'y a pas, suivant les circonstances, action du calcaire sur elles; il y a ou il n'y a pas similitude parfaite entre eux et les agrégats que nous venons de considérer.

§ 98. — Ces carbonates peuvent être traités comme eux, avec ou sans nouveau mélange, et ils se conduisent de même; et ce qu'il y a de remarquable, c'est que la similitude est encore plus grande dans les cas où il y a eu action de la chaux, que dans les cas où il n'y en a pas eu. Ceci demande explication.

Parmi les calcaires mélangés, il en est dont les corps étrangers doivent rester inertes dans les mortiers; ce sont ceux qui donnent les chaux qu'on appelle maigres. Nous les mettrons, pour quelque temps, hors de ligne, et ce ne sera jamais d'eux que nous voudrons parler. Quant aux autres, ils peuvent se trouver dans plusieurs cas, suivant la manière dont on dirige leur cuisson. Les corps étrangers peuvent par elle être rendus inertes; ils peuvent par elle se constituer avec la chaux dans un commencement de combinaison plus ou moins intime;

ils peuvent enfin, comme cas intermédiaire, n'être influencés ni en bien ni en mal. Dans cette dernière circonstance, il y a parité à peu près entière avec les mélanges à pouzzolanes. Si l'on exécute l'extinction avant de gâcher, on obtient à peu près le même résultat que quand on mêle la pâte de chaux grasse à la pouzzolane; si l'on gâche la poudre vive ou amortie, on se met dans le cas de la poudre grasse mise en mortier avec la pouzzolane. Lorsque, dans le calcaire mélangé, les corps destinés à faire fonction de principes électro-négatifs, de pouzzolanes, sont parfaitement amalgamés, présentent un tout bien homogène, la ressemblance est moins exacte, parce que quelque fine que soit la pouzzolane, elle ne peut donner lieu à un mortier d'une homogénéite aussi parfaite. Mais l'expérience fait voir que les agrégats obtenus dans les deux circonstances ne présentent pas une différence très grande. Ainsi, bien que cette homogénéite soit utile, elle ne paraît pas exercer sur les résultats une influence aussi décidée que la densité. Il ne faut du reste pas perdre de vue que plus celle-ci est considérable, plus la première devient nécessaire, attendu que sans elle il est presque impossible d'empêcher les ciments de se désagréger.

§ 99. — Lorsqu'on considère les agrégats ou les gangues à pâte de chaux, cette densité est sans effet, parce que l'extinction l'a détruite : de deux calcaires purs, l'un dense et l'autre lâche, calcinés complètement, le premier exige plus d'eau et foisonne davantage, parce que sous un même volume il contient un plus grand nombre d'atomes de chaux; mais s'ils n'ont reçu chacun que la quantité d'eau nécessaire à leur extinction, leurs pâtes sont pareilles, leurs hydrates sont les mêmes. Toutefois le premier sera susceptible de plus de retrait par la dessication; les molécules de chaux y auront plus de tendance à se rapprocher; à l'air libre il acquerra plus de dureté. Mais placé dans des circonstances où le retrait ne pourra avoir lieu, il se conduira de la même manière. Ainsi l'un et l'autre gâchés isolément avec une même pouzzolane, puis immergés, se comporteront de même. Si, au lieu de carbonates purs, il s'agit de carbonates mélangés, mais qui à poids égal contiennent la même quantité d'une même pouzzolane, les mêmes effets se présenteront. Les gangues ou leurs agrégats immergés pourront éprouver des mouvements moléculaires, mais ne changeront pas, ou du moins bien peu de volume *. Ces résultats sont peut-être susceptibles de variations, mais nous en doutons. Nous devons au surplus les croire de peu d'importance.

§ 100. — Le mortier immergé, agrégat ou

* On est disposé naturellement à attribuer à une augmentation de volume, les fentes qui se manifestent parfois dans les verres qui renferment les mortiers. Il se peut qu'il en soit ainsi, il se peut même que la dilatation soit générale et non partielle. Mais nous devons dire que nous avons vu, non moins fréquemment, des verres ne contenant que du sable pur non tassé, se fendre, parfois même avec éclat et bruit, sans que nous en ayons pu découvrir la cause. Nous ne pouvons nous empêcher de conserver quelque doute sur la réalité de la dilatation.

gangue, reste donc, en se solidifiant, à peu près ce qu'on l'a fait; il perd seulement une certaine portion d'eau, qui lui était superflue, qu'il rejette, et qui est d'autant plus faible qu'il est plus hydraulique. Mais cette perte déduite, sa densité reste la même. A l'air il diminue de volume, perd davantage d'eau, mais prend de l'acide carbonique. S'il n'est point au sec, et qu'il reçoive de temps à autre de l'humidité, il gagne de plus en dureté, et acquiert peu à peu, dans cette position, toutes les qualités dont sa nature le rend susceptible.

§ 101. — Si, au lieu d'éteindre d'abord la chaux, on la réduit en poudre, pour la gâcher avec une quantité d'eau et de pouzzolane ou de sable suffisante, on obtient un mortier plus dense, mais aussi plus difficile à traiter. Il prend en quelques minutes, mais ne peut être immergé qu'au bout de dix à douze heures, parfois même de plusieurs jours, suivant l'abondance et l'énergie de ses éléments électro-négatifs. Plus la chaux est pure et dense, moins il est facile de le conduire à bien; et si, pour s'en rendre maître, on la laisse s'affaiblir, on agit contre la densité, car elle ne s'affaiblit qu'à fur et à mesure que l'extinction se prononce, et en développant en pure perte une partie de son expansion. Les carbonates abondants en matières étrangères parfaitement mélangées sont plus traitables, et le sont d'autant plus qu'ils sont moins compactes; mais au total, tant qu'il s'agit de chaux susceptibles de s'éteindre, et non de ciments, les poudres vives ou amorties, traitées de la manière qui convient le mieux à chacune, donnent, à l'aide de pouzzolanes, des résultats peu différents. Ces résultats sont supérieurs à ceux des chaux éteintes, mais inférieurs à ceux des ciments romains.

§ 102. — Il n'est peut-être pas inutile de faire remarquer que c'est la densité des particules du carbonate qui est utile, et non celle du carbonate entier. Cette densité peut appartenir aux premières et pas au second, et *vice versâ*. Autre chose est l'agrégation des atomes qui forment les molécules, et celle des molécules qui forment le carbonate. Nous passons légérement sur cette remarque, pour n'avoir pas à nous occuper de l'agrégation; mais nous la précisons, parce qu'elle n'est pas sans importance.

§ 103. — Lorsqu'on éteint les chaux, on peut également modifier les résultats à l'aide des pouzzolanes, et théoriquement parlant, obtenir avec toutes des mortiers semblables. Mais il faut, pour cela, connaître la composition des unes et des autres, et se régler sur elle. Dans la pratique, cette connaissance n'est pas nécessaire, mais elle peut souvent être utile.

§ 104. — La base de tous les bons mortiers et ciments hydrauliques est l'hydrosilicate de chaux; c'est donc de l'acide silicique qu'il importe de se procurer. Mais on ne peut l'obtenir économiquement que combiné plus ou moins intimement avec l'alumine et le peroxide de fer; il en résulte que ces deux substances sont le plus souvent de nécessité introduites dans les mortiers. L'une et l'autre sont susceptibles de se combiner avec la chaux, mais elles ne forment avec elle que des composés sans résistance; ces composés se trouvent donc mélangés avec l'hydrosilicate de chaux, comme le seraient des substances inertes, comme le sont beaucoup d'oxides dans les minéraux; et ils nuisent d'autant plus au mortier, qu'ils sont plus abondants. Mais s'il en est ainsi, pourquoi laisser inerte une substance comme la chaux, qui coûte cher, et qui peut être utilisée? Ne vaut-il pas mieux laisser isolés l'alumine et le peroxide de fer, dont la masse est moindre que leur combinaison avec la chaux? Le moyen d'y parvenir est simple, c'est d'ajouter des pouzzolanes aux mortiers, comme l'a proposé M. Treussard. Peut-être ne décomposera-t-on pas en entier l'hydroaluminate et l'hydroferrate; mais à coup sûr on en désunira la majeure partie. Ce que nous pouvons assurer, c'est que nous avons amélioré par cette méthode, même de bons ciments romains.

§ 105. — Il importe cependant de ne pas s'aveugler sur sa portée. Sans doute, la nouvelle alumine, le nouveau peroxide de fer qu'on introduit avec la pouzzolane dans le mortier, ne peuvent nuire autant que ceux qui s'y trouvent déjà, et qui sont à l'état de poudre impalpable, presque susceptibles de former gangues; car ils restent à l'état de grains, comme on les a mis. Mais ils ont le défaut d'introduire dans l'agrégat une substance qui agit en partie comme sable, et qui, avec une cohésion bien moindre, coûte cependant beaucoup plus cher. Malgré cet inconvénient, nous ne savons pas un seul mortier qui ne soit susceptible d'être amélioré par ce procédé. Quant aux ciments romains, à moins qu'ils ne soient faibles en acide silicique, nous ne pensons pas qu'il soit utile d'y recourir; ils sont en général assez puissants par eux-mêmes, pour n'avoir pas besoin d'aide, et pour suffire aux efforts qu'on leur demande.

§ 106. — Quelle que soit la quantité et la nature des pouzzolanes que l'on ajoute aux mortiers de chaux éteinte, ces mortiers, employés à l'air, éprouvent toujours du retrait. Si l'on s'en sert comme enduit, c'est un défaut caractéristique à cause des fendillements; mais si c'est pour faire des carreaux, des briques de petite dimension, c'est une qualité, attendu que leur densité augmente. Toutefois, il ne faut pas perdre de vue que le séjour à l'air est plus nuisible qu'utile, si l'on n'a pas l'attention de procurer aux pièces, au moins de temps à autre, assez d'humidité pour que l'hydrosilicate de chaux puisse acquérir toute l'intensité d'union dont il est susceptible. Si l'eau fait défaut, la combinaison reste stationnaire ou se défait dans les parties inaccessibles à l'acide carbonique; et à la surface où il pénètre, l'acide silicique est mis à nu, et souvent se recombine avec de faibles parties d'alumine ou de peroxide de fer, pour reconstituer de l'argile.

§ 107. — Nous n'avons jamais éprouvé l'inconvénient de la reformation de veines argileuses avec les ciments hydrauliques formés de poudre de chaux grasse et de pouzzolanes complètement deshydratées, mais nous l'avons vu constamment se décider, quelquefois au bout d'un an et même de deux, dans les ciments romains de toutes qualités, naturels comme artificiels, toutes les fois qu'ils ont été trop long-temps exposés aux sécheresses et aux chaleurs ; nous reviendrons ailleurs sur ce fait.

§ 108. —Depuis long-temps on a observé l'effet expansif de la chaux vive, et on a tenté d'en profiter pour l'amélioration des mortiers ; mais le peu d'avancement de la théorie n'a pas permis d'agir rationnellement, et toutes les tentatives ont été infructueuses. D'après ce qui précède, le lecteur en a déja entrevu les motifs ; mais pour lui éviter toute recherche, toute perte de temps, nous allons les lui développer.

§ 109. — On a d'abord agi sur des mortiers de chaux grasse ; or, ceux-ci ne pouvant recevoir d'amélioration véritable que par l'intervention de l'acide carbonique, on conçoit que l'addition de la poudre de chaux vive ne pouvait que leur nuire ou leur être d'une faible utilité. Lorsque nous disons que les mortiers de chaux grasse ne peuvent recevoir d'amélioration que de l'acide carbonique, nous ne prétendons pas exclure les petites modifications qui peuvent découler de tel ou tel expédient, de tel ou tel procédé d'extinction ; nous songeons à dessiner des caractères tranchés, non de faibles différences. L'adhérence qui joue un rôle important dans les agrégats est la force spécialement influencée dans ces circonstances ; mais elle ne l'est que faiblement quand l'acide carbonique ne vient pas à son aide; nous croirions nous éloigner de notre sujet en nous y arrêtant. Pour éviter des longueurs, nous serons forcé d'omettre des détails qui s'y lient plus intimement; à plus forte raison, devons-nous être court en cette occasion. Au surplus, les personnes qui voudraient s'instruire sur cette partie de l'art, peuvent recourir à la source ordinaire, et consulter les tableaux de M. Vicat; elles y trouveront une étude graduelle et dessinée pas à pas de la marche des phénomènes, et pour tout ce qui a rapport surtout au cinquième mode de résistance, elles y puiseront de fructueuses leçons.

§ 110. — Sans doute l'étude des cohésions n'exclut pas celle des adhérences; mais il n'y a pas de comparaison à établir entre leur importance mutuelle. Il semble d'ailleurs, par le fait, qu'en augmentant la cohésion des gangues, on augmente aussi le plus souvent leur adhérence, et qu'ainsi s'occuper de la première, c'est travailler à la seconde.

§ 111. — Après les essais sur les chaux grasses, sont venus ceux sur les chaux hydrauliques; mais ils ne pouvaient réussir davantage. Deux circonstances essentielles en sont la cause: la première consiste en ce que les mortiers hydrauliques contenant déja un fort excès de chaux, on ne peut que leur nuire en leur en donnant davantage; la seconde, en ce que toute addition de chaux vive ou amortie exige que le mortier soit tenu à l'abri de l'eau et même de l'humidité pendant au moins une douzaine d'heures, et mieux encore un ou deux jours. Le mélange d'une même chaux vive hydraulique en poudre très fine à sa gangue éteinte, ou aux mortiers qui en résultent, l'améliorera certainement, pourvu que l'immersion n'ait lieu au plus tôt que dans ce délai * ; néanmoins cette amélioration sera faible, si on ne l'aide par l'addition de pouzzolanes qui saturent, au moins en partie, l'excès de chaux. La promptitude de la prise est proportionnée à la quantité de poudre ajoutée, et à la fermeté de la pâte, elle est donc à la disposition du constructeur ; mais il ne doit pas perdre de vue que l'auxiliaire qu'il se donne doit être employé ave circonspection, et pourrait lui être plus nuisible qu'utile.

§ 112. — En général, il n'est ni substance ni procédé qui réunisse toutes les qualités ; chaque chose a son bon et son mauvais côté ; c'est à l'intelligence à savoir profiter du bon, et maîtriser le mauvais. On dit en mécanique que ce qu'on gagne en force, on le perd en vîtesse, et réciproquement. Des principes semblables et aussi vrais, quoique moins positifs, peuvent être établis dans tous les genres de connaissances. En ce qui concerne l'art de faire et d'employer les mortiers, on peut dire que ce qu'on gagne en force, en bonté, on le perd en simplicité, en facilité d'exécution, en obstacles de diverses natures ; mais c'est le propre de

* Il nous est arrivé de n'opérer l'immersion qu'au bout de deux mois et plus, et de rendre ainsi fort bonnes des pièces qui, en raison des sécheresses, étaient fort médiocres.

l'avancement des arts, de mettre de plus en plus à contribution les agents sans intelligence, pour tout ce qui est action mécanique, et l'intelligence pour tout ce qui ne l'est pas.

Sans doute chaque espèce de mortier a ses applications spéciales, chacune son domaine; mais on ne peut se faire d'idée des ressources que présentent les ciments. Peut-être anticiperont-ils un jour sur leurs devanciers; mais c'est surtout en offrant de nouveaux moyens, en étendant leur empire, qu'ils doivent être utiles. On en jugera par le chapitre IV.

S'éloigner des mortiers ordinaires, dont la fabrication et l'emploi sont simples et faciles, mais dont les meilleurs résultats sont médiocres, pour se rapprocher des ciments, dont la préparation et la mise en œuvre exigent plus de soin et d'habileté, mais dont la résistance est beaucoup supérieure, c'est suivre évidemment une marche de progrès; c'est remplacer la routine par l'esprit de conception et d'ordre qui préside à toute fabrication régulière, à toute action raisonnée, et hors de la dépendance du hasard. Il existe encore, ce nous semble, de l'incertitude et du vague sur quelques points importants de la théorie et de la pratique des constructions; nous verrons, en les éclaircissant, que les ciments peuvent leur être d'un puissant secours, et nous donner les moyens de marcher d'un pas assuré où nous n'allons qu'en tâtonnant, et à grands frais.

§ 113. — A mesure qu'une construction s'élève,

les assises supérieures pèsent davantage sur celles inférieures, et l'on peut craindre, si l'on a hâté la prise du mortier, qu'il ne s'y forme des fentes, des désunions. Cette crainte peut atteindre tous les mortiers hydrauliques, toutes les substances qui font prise, le plâtre et les ciments. En vain on pourra dire que les mortiers énergiques eux-mêmes ne font prise qu'au bout de quatre à cinq jours, et que, par conséquent, ils sont moins exposés à ces effets. On répondra d'abord que cette fixation de quatre à cinq jours n'est relative qu'au mode d'essais; qu'en employant une pointe plus aplatie ou moins chargée, telle prise fixée à quatre jours, l'eût été à un ou deux, souvent à moins; on ajoutera ensuite que pour peu qu'on ait apporté de soin à la maçonnerie, elle n'a rien à redouter de cet effet; que la pression examinée de près et calculée, est loin d'être ce qu'elle paraît au premier coup d'œil; qu'enfin la résistance des ciments s'accroît avec plus de rapidité qu'elle. Ces raisons paraîtront sans doute fondées, mais elles ne seront bien appréciées qu'à la fin du chapitre suivant.

Nous nous sommes un peu éloigné de la théorie proprement dite, revenons à elle.

§ 114. — Des mortiers anciens ont été analysés par M. John, de Berlin, et ces mortiers, qui lui ont paru fort durs, contenaient à peine d'acide silicique soluble dans les acides forts. M. Vicat a cru pouvoir en conclure que l'influence des qualités de la chaux et des proportions disparaissait devant celle des siècles. Mais nous pensons que s'il eût examiné de plus près le sujet, il eût adopté une autre opinion : exposons nos motifs.

Il nous semble d'abord que la mesure de la dureté ne nous étant pas connue, il est rationnel de supposer qu'elle a été appréciée vaguement et comme il est assez d'usage de le faire. Or, on n'apprécie que par comparaison, et comme les mortiers réellement durs sont rares, il est permis de croire que cette dureté, qui d'ailleurs n'a été soumise à aucun essai, pouvait être en réalité très faible. Nous avons vu des constructeurs, des entrepreneurs, des maçons vieillis dans leur métier, nous donner comme très durs des mortiers qui étaient au dessous du médiocre; serait-il surprenant que M. John, qui n'est pas ingénieur, s'en fût, comme tout homme sage, rapporté à des gens du métier, et eût été à ce sujet induit en erreur, comme nous-même l'eussions été, si nous n'avions fait une étude spéciale du sujet.

Nous ne tenons point à cette observation, mais elle corrobore celles qui vont suivre, et elle nous paraît assez fondée pour ne pas lui préférer une hypothèse purement arbitraire, et que repoussent non seulement une foule de faits, mais les expériences de chimie les plus simples.

115. — M. Vicat a reconnu le premier que l'acide silicique n'a pas besoin d'être soluble dans les agents chimiques, pour posséder la faculté hydraulisante; on ne peut donc rien inférer de la faible quantité de cet acide qu'ont laissé dissoudre les mortiers de M. John. On le peut d'autant moins

qu'il nous arrive à nous-même journellement, dans nos essais sur les meilleurs ciments et chaux, de trouver beaucoup plus de cet acide insoluble que de soluble, et que dans les ciments romains les plus puissants, les plus énergiqnes, une faible partie souvent est attaquée. Rien donc n'empêcherait d'admettre que les mortiers fussent réellement de bonne qualité, et que leur partie hydraulisante fût restée, tant en grains pouzzolaniques qu'en poudre, avec les parties insolubles.

§ 116. — Nous disons que rien n'empêcherait de l'admettre, mais nous ne pensons pas que ce soit la véritable explication. L'analyse de M. John nous démontre que les mortiers devaient être médiocres. En effet, sur cinq, trois sont si faibles en chaux, que lorsque les maçonneries ont été faites, ils n'ont pu être employés qu'avec une proportion beaucoup plus forte, qui aura été entraînée par la lente infiltration des eaux *. Or, si des infiltrations progressives ont pu enlever autant de chaux, c'est qu'aucun élément électro-négatif plus puissant que l'eau n'était là pour la retenir; les mortiers n'étaient donc que faiblement hydrauliques. Les deux autres sont plus abondants en chaux, mais aussi beaucoup plus en acide carbonique, alumine et oxide de fer : ils se rapprochent donc des premiers. Il se peut que ces derniers provinssent de chaux spontanée; mais l'hydraulicité que donne la spontanéité

* Il serait impossible d'obtenir un mortier qui eût la moindre liaison, avec si peu de chaux, et autant de sable privé de parties fines.

est si faible, que nous ne gagnerions rien à cette hypothèse. Concluons :

§ 117. — Tous les faits observés jusqu'à ce jour ont appris que la chaux grasse et ses agrégats, quand ils sont soustraits au contact de l'air, et maintenus dans une humidité permanente, se conservent indéfiniment dans le même état, sans éprouver aucune modification, du moins en apparence. Cette manière d'être est pleinement confirmée par les expériences de chimie; mais les conclusions qui semblent découler du tableau de M. John viennent changer ces idées. Est-il logique de les admettre, c'est-à-dire de prendre pour règle l'exception? est-ce logique, quand tant de vague et d'incertitude environne le caractère principal, la dureté; quand d'ailleurs un examen de détail, les infirme, les repousse? Nous ne pouvons le croire, et si ces réflexions ne nous paraissaient suffisantes, nous trouverions au besoin, dans le travail même de l'habile chimiste, de nouveaux arguments, de nouvelles preuves.

§ 118. — M. John a démontré l'inaction par voie humide, de la chaux grasse sur le quartz, et M. Vicat celle de la chaux hydraulique. La démonstration de ce dernier a pour base cette hypothèse, que si le quartz est attaqué, les parties désagrégées doivent être solubles dans les acides; or, elle ne saurait être admise. Il y a plus, il nous est souvent arrivé dans des attaques à la potasse et à la soude, d'avoir des parties siliceuses fortement gonflées, bien évidemment attaquées, hydraulisées même, et qui n'étaient pas solubles dans les acides. Nous avons donc cru devoir compléter sa démonstration, et voici ce que nous avons fait : nous avons compté un nombre donné de grains quartzeux de près de deux millimètres de grosseur, séchés à la température de l'eau bouillante, et nous les avons pesés; nous avons agi de même avec un nombre différent de grains, ayant à peine un demi-millimètre de diamètre; enfin, nous avons pesé deux fragments de silex pyromaque parfaitement polis, ne présentant à la loupe aucune aspérité, et ayant chacun cinq à six millimètres de grosseur, autant de largeur, et deux à trois millimètres d'épaisseur. Ces substances ont été gâchées doucement avec une pâte de chaux fort hydraulique, complètement soluble dans les acides, et en assez fort excès. Le mortier immergé tout de suite a été désagrégé au bout de neuf mois, au moyen de l'acide hydrochlorique bouillant, et avec assez de précaution pour que la spatule de platine, qui nous servait à aider la désunion, ne pût froisser les grains. Le dépôt a été lavé assez vivement pour enlever toute poussière, s'il y en avait eu, puis séché comme la première fois, examiné à la loupe, dénombré et pesé. Or, non seulement nous avons trouvé le même nombre de chaque espèce de grains et le même poids, mais encore le même poli aux deux fragments. La loupe ne nous a pas laissé apercevoir la trace d'action la plus minime.

§ 119. — Cette expérience a été faite à la même époque que celle dont nous avons parlé au sujet de l'acide silicique; mais elle l'a précédée; car, sans cette circonstance, nous n'eussions pas cru nécessaire de la tenter. Il reste donc démontré pour nous que la chaux n'exerce, par la voie humide, aucune action sur la silice, et même sur l'acide silicique. Le premier résultat ne nous a point surpris; il n'en a pas été de même du second.

§ 120. — Puisque nous réunissons ici, spécialement ce qui nous paraît relatif aux actions chimiques et physiques, c'eût été le cas d'y intercaler ce que nous avons dit, § 29; car c'est évidemment de tous nos essais celui où l'action moléculaire se dévoile le mieux, et dans tout son jour; mais nous nous bornerons à y renvoyer le lecteur, en le priant de nous excuser, si notre ordre systématique est parfois en défaut. Il n'oubliera pas que c'est un sol peu exploré que nous parcourons, et que malgré les meilleures intentions, nous ne pouvons nous empêcher de nous croiser quelquefois.

§ 121. — Nous avons omis de dire dans le même § que la grosseur des filaments était variable, et que dans les mortiers à grains fins et serrés, ils étaient sensiblement plus minces et plus flexibles. Il nous a coûté d'admettre que leur grosseur fût la mesure des pores, parce que nous pensions ceux-ci sensiblement plus fins. Mais nous ne pouvons nous refuser à le croire, et à penser que ces excroissances en sortent comme d'une filière.

Dans des expériences sur le chalumeau, dont nous parlerons ailleurs, nous avons éprouvé que quand nous ne donnions à l'ouverture du jet que du quatorzième au vingtième d'un millimètre de diamètre, nous ne pouvions plus expulser d'air. Il semble donc que dans les substances où ce corps pénètre aisément, et dont il se dégage sans peine quand on les plonge dans l'eau, les pores doivent rarement avoir un quinzième de millimètre. Cette probabilité semble justifiée par les petits courants d'air qui se manifestent au moment de l'immersion, courants dont la continuité assez habituelle permet d'apprécier le diamètre, comme celui d'un fil.

§ 122. — Le premier fait nous a porté à croire que les pores de beaucoup de substances solides sont généralement moins fins qu'on n'est disposé à le supposer ; le second nous en semble la preuve. Et ce qui nous a paru être, quoique nous n'ayons rien fait pour nous en assurer, c'est que le diamètre des filets d'air offrait une similitude parfaite avec celui des filaments. Ceux-ci, du reste, varient avec chaque espèce de mortier. Ils sont ténus et flexibles dans ceux à grains fins, gros et peu souples dans ceux à gros grains.

§ 123. — Un des faits remarquables que nous ayons signalés est celui de l'inertie de la chaux. Depuis que nous avons écrit ce qui le concerne, nous l'avons reproduit plusieurs fois ; et bien que notre intention soit de l'étudier de nouveau, nous dirons déja ce que nous en pensons.

On a vu que de l'acide silicique ou des pouzzolanes gâchées avec de la poudre de chaux grasse donnaient en peu de temps à celle-ci la propriété de résister à l'action dissolvante de l'eau. Cette faculté, communiquée à distance, et sans que le corps qui la donne ait paru éprouver la moindre modification, n'est-elle pas aussi une espèce d'inertie relative ? Nous l'avons attribuée à l'état de polarisation électrique que prennent les corps quand ils se combinent; n'en serait-il pas encore de même dans le phénomène qui nous occupe?

§ — 124. Ce que nous avons de mieux à faire pour le savoir, c'est d'étudier les circonstances dans lesquelles il se produit. Disons d'abord que malgré tout ce que nous avons pu faire, il nous a été impossible de le faire naître en vase ouvert, et surtout avec un renouvellement d'air facile. Ajoutons que nous l'avons obtenu, 1° en plaçant la pâte de chaux dans un creuset de platine fermé, et maintenu au rouge blanc pendant trois à quatre heures avec du charbon de bois, dans un fourneau à réverbère (le moins d'air possible pour donner lieu à cette chaleur, nous a paru le moyen de succès le plus assuré); 2° en mettant la même pâte dans une large boîte de tôle, et la maintenant pendant le même temps à une chaleur assez forte, avec de la houille (plus il s'est formé de cok et mieux nous avons réussi). Disons enfin que nous n'avons pu l'obtenir dans des creusets de hesse.

Si l'explication que nous allons donner n'était aussi celle qui s'adapte à d'autres faits, nous eussions attendu, pour la faire connaître, que des expériences plus nombreuses et surtout plus concluantes, nous missent à même de l'établir; mais comme elle ne nous paraît pas devoir rester isolée, nous voyons peu d'inconvénients à devancer de nouveaux essais.

M. Erman a démontré que la platine incandescent est fortement unipolaire, et ne laisse passer que l'électricité négative. Postérieurement à lui, M. Becquerel a fait voir qu'il en est de même de l'or, de l'argent, du cuivre et du fer. Lors donc qu'un vase de platine ou de fer est incandescent, on peut regarder comme fait, qu'il ne laisse passer que l'électricité négative. Les éxpériences n'ont eu lieu, il est vrai, que sur des fils et des lames; mais il n'est guère permis de douter que le résultat ne fût le même avec des vases.

§ 125. — Lorsque ceux-ci sont débouchés, l'air ambiant rétablit sans cesse l'équilibre, et empêche que les corps qu'ils renferment soient dans un état anormal. Mais lorsqu'ils sont fermés, il n'en est plus ainsi; ils forment alors, pour ainsi dire, un globe métallique continu, dans lequel l'air ne peut pénétrer. L'intérieur de ce globe et les objets qu'il contient sont donc de nécessité soumis à l'influence que fait naître l'état d'incandescence. Lorsque cet état ne dure qu'une heure, ou qu'il est modifié par des refroidissements, il peut ne donner lieu à aucun changement appréciable; mais quand il est maintenu pendant plusieurs heures avec régularité, sans perturbation, les corps qui y sont soumis sont plus susceptiblrs d'en ressentir les effets. Personne n'ignore combien la régularité et la permanence d'une même action exercent de puissance.

§ 126. — Une autre circonstance que nous ne pouvons négliger dans ce phénomène, est la conductibilité électrique qu'acquiert de son côté la chaux par l'influence du calorique. Il résulte de cet état que le fluide négatif de la chaux s'échappe sans difficulté par le métal, tandis que le positif reste concentré chez elle ; il en résulte encore qu'il s'y trouve en quantité d'autant plus grande que la chaleur est plus intense, plus régulière et plus prolongée. Il n'y a pas de raisonnement dans tout ceci, il n'y a que des faits; or, sont-ils tels qu'ils ne puissent avoir lieu sans modifier les propriétés caractéristiques des corps? Il nous semble que oui. Sans doute il en est beaucoup qui n'en éprouveraient aucune influence, à moins que la durée d'action ne se prolongeât; mais de ce qu'un grand nombre ne seraient pas modifiés, s'ensuit-il qu'aucun ne puisse l'être? Il est démontré aujourd'hui qu'une perturbation quelconque dans l'état électrique d'un corps, pourvu qu'elle ne se borne pas à l'instantanéité, suffit pour lui imprimer un cachet nouveau, pour le sceller de sa présence. Y a-t-il donc rien de surprenant à ce que parmi les corps soumis à un même état de perturbation constant, il s'en trouve qui s'en ressentent? l'action continue de très petites forces électriques ne suffit-elle pas pour produire des effets considérables, pour déterminer, suspendre, ou arrêter des combinaisons?

§ 127. — Dans notre exemple, il nous semble difficile de ne pas croire que la chaux, au bout de plusieurs heures d'influence unipolaire, finit par conserver un excès de fluide positif et un défaut de fluide négatif. Sans doute, cette permanence d'équilibre rompu, qui ne se rétablit pas quand la cause agissante a cessé, peut coûter à admettre; mais elle a déja des analogies; et sans nous étayer de l'opinion de Fontenelle, que quand un phénomène est susceptible de deux explications, c'est presque toujours la moins probable qui est la vraie, nous rappellerons deux faitsqui nous semblent toucher de près à celui-ci.

§ 128. — Les métaux dont on s'est servi pour décharger une pile conservent, hors de son influence, et séparés d'elle, un état particulier de polarité, sans action sur l'électromètre, mais qui se décelle par des phénomènes d'électricité de contact, et par des effets chimiques. Malgré la conductibilité des métaux, il n'est pas modifié par le lavage, le frottement, les diverses actions mécaniques en un mot; il peut même persister plusieurs jours.

§ 129. — Le second fait est peut-être encore plus remarquable; c'est celui signalé par Van-Beek, quand une feuille de cuivre est mise en communication avec une plaque de fer, au moyen d'un fil de platine, et qu'on fait plonger chacune d'elles dans un vase contenant de l'eau de mer, l'eau d'un vase communiquant par du coton mouillé à celle de l'autre. N'est-ce pas un phénomène plus étonnant encore, que ce qui se passe quand on coupe le fil et qu'on ôte le coton. Le cuivre, qui, dans les circonstances ordinaires, est si facilement et si promptement attaqué, peut donc être préservé par un courant de quelques jours ; et ce qui n'est pas moins digne de remarque, c'est que cette préservation n'est que relative, c'est-à-dire que le même cuivre est corrodé par une autre eau, et un autre cuivre par la même eau.

§ 130. — Si des corps aussi bons conducteurs que les métaux sont susceptibles de recevoir ainsi à froid des modifications de quelque durée, combien ne doit-il pas sembler moins surprenant que des substances qui ne sont conductrices qu'à chaud, acquièrent aussi par une action vive et prolongée, et conservent par leur refroidissement des propriétés nouvelles.

§ 131. — Il nous semble que dans les opérations en petit, comme en grand, le genre d'action que nous venons de considérer est souvent à même de produire et d'expliquer bien des phénomènes qui sans lui n'auraient pas lieu. Ceux de l'isoméric spécialement ne lui seraient-ils pas dus? Il devient si difficile de croire que, même dans l'état habituel, l'électricité soit en équilibre parfait dans les corps, qu'on admettra peut-être sans beaucoup de peine, avant d'en avoir la preuve, qu'il peut y avoir exaltation dans la rupture d'équilibre, et que cette exaltation peut être singulièrement facilitée par la non conductibilité à froid, succédant à une grande conductibilité à chaud.

§ 132. — Une considération qui ne nous paraît pas sans importance, et que nous ferons entrer en ligne de compte ailleurs, est la propriété qu'a l'acide carbonique à l'état naissant, de dégager le fluide positif, ou pour parler plus généralement, celle qu'a l'oxigène dans la combustion, de prendre le fluide positif, et de laisser au combustible le négatif. Il en résulte qu'indépendamment de toutes autres circonstances, un feu quelconque est un foyer d'effluves électriques, dans lequel l'excès de tel ou tel fluide peut être influencé, soit par la nature du combustible, soit par l'affluence de l'air, soit par d'autres causes inhérentes au mode et aux circonstances dans lesquels la combustion s'opère. Or, s'il peut y avoir excès dans un sens ou dans un autre, n'y a-t-il pas chance d'une action dépendante de cet excès et de sa nature ?

§ 133. — Calciner un calcaire, c'est lui enlever l'acide carbonique qu'il contient ; mais cet acide ne peut passer à l'état de gaz sans éprouver une modification dans son état électrique ; or, les circonstances de la combustion peuvent l'aider ou le contrarier ; serait-il étonnant que les corps avec lesquels il se trouve en contact, en fussent influencés?

§ 134. — MM. Vicat et Rancourt ont reconnu que le contact du charbon de bois altérait fortement les qualités de la chaux hydraulique, et que le feu à longue flamme, c'est-à-dire à grand courant d'air, était celui qui leur était le plus favorable. Ils ont également reconnu, ainsi que M. Treussard, que les pouzzolanes gagnaient à être calcinées au contact de l'air, et devenaient plus lentes par son absence. Nous nous sommes assuré nous-même de l'exactitude de ces faits, et nous leur avons adjoint les suivants : 1° les argiles cuites avec les calcaires donnent fréquemment des pouzzolanes plus lentes; 2° les calcaires hydrauliques perdent à être cuits dans des creusets ; ils perdent même à l'être avec les calcaires à chaux grasse. La présence du peroxide de manganèse modifie ces résultats ; et quelques fragments de cette substance, soit seule, soit mélangée, distribués au milieu des matières pendant leur cuisson, l'améliorent sensiblement lors même que leur volume ne dépasse pas le cinquantième de celui total; telle argile qui, calcinée seule en vase clos, donne une pouzzolane lente, en donne au contraire une prompte quand elle est cuite dans le même vase avec ce peroxide.

§ 135. — Le caractère essentiel de ces modifications de cuisson nous a paru être la lenteur ou la promptitude, mais nullement la bonté définitive; celle-ci peut sans doute en être influencée, et même puissamment, mais c'est par d'autres causes, comme nous le dirons en parlant de la fabrication des pouzzolanes. Le genre particulier d'action que nous étudions en ce moment ne nous a offert que des différences de promptitude. Il est vrai que quand on ne se borne pas à tenir ses essais à une grande humidité, hors du contact de l'air, et qu'on les immerge de suite, ces différences peuvent en établir d'assez sensibles dans la dureté définitive, en raison de la quantité de chaux dissoute ou entraînée; mais alors, c'est plutôt la manière de traiter les mortiers que leur nature qui établit réellement les distinctions.

§ 136. — Nous avons été dans le cas de faire une autre observation qui n'est pas à négliger ; c'est que la quantité d'eau contenue par les argiles au moment où on les renferme dans les creusets, exerce une influence prononcée sur la promptitude de prise. Nous avons constamment remarqué que plus cette quantité est forte, et plus la promptitude décroît ; mais il faut, dans ces sortes d'expériences, user de beaucoup de précaution, car il n'est rien moins que facile, malgré tout le soin qu'on apporte à luter les creusets, d'empêcher le dégagement d'une forte portion de la vapeur d'eau. Le degré de perfection du lutage est donc lui-même une cause d'anomalie. Pour nous y soustraire le plus possible, nous avons d'abord luté de notre mieux et fait lentement sécher les creusets de hesse qui contenaient l'argile ; nous les avons ensuite renversés dans un plus grand, et nous avons rempli les vides, tantôt avec du sable siliceux, tantôt avec de la poussière de charbon ; nous avons ensuite luté les creusets extérieurs, et calciné : la durée du feu a été de deux à vingt-quatre heures, suivant les circonstances. Malgré ces précautions, nous n'avons jamais pu empêcher une partie de la vapeur d'eau de se faire jour ; il y a plus, des calcaires de diverse nature, soumis aux mêmes essais, ont souvent perdu une assez forte proportion de leur acide carbonique, et parfois assez pour devenir chaux ou ciment, suivant leur composition.

§ 137. — La quantité de sable que contient chaque argile, influant beaucoup sur la facilité avec laquelle l'eau s'en dégage, il en résulte encore des distinctions à faire toutes les fois qu'on veut établir des comparaisons.

Pour toute personne qui s'occupe de chimie, une absorption d'oxigène dans la calcination des argiles au contact de l'air, était une de ces hypothèses qu'on ne cherche à vérifier que quand des faits caractéristiques viennent forcer de la croire possible. Nous ne nous en sommes donc pas occupé et nous n'avons eu en vue, en expérimentant, que de chercher de nouveaux faits.

§ 138. — En comparant l'effet de la calcination au contact de l'air, et dans des creusets fermés, nous aurions été conduit à admettre une absorption dans le dernier cas, et non dans le premier, c'est-à-dire le contraire de ce qu'on supposait. La raison en est simple; c'est que mieux les creusets sont clos, et plus grande est la quantité d'eau que retient l'argile. Or, celle-ci étant d'autant plus prompte comme pouzzolane, que ses hydrosilicates sont mieux décomposés, pourvu cependant qu'on ne dépasse pas un certain terme, il est tout simple qu'un mode de cuisson qui tend à gêner cette décomposition, ait pour effet de diminuer la promptitude. Il se pourrait d'ailleurs, que l'eau restante devînt plus intimement combinée par les circonstances même de l'opération.

§ 139. — Il reste donc démontré pour nous que c'est spécialement par la facilité et l'abondance du dégagement de l'eau et de l'acide carbonique, qu'agit ici le contact de l'air. Mais pourquoi le peroxide de manganèse modifie-t-il les résultats ? Il nous semble que son effet est principalement dû à des passages plus nombreux ou plus larges que le dégagement de l'oxigène parviendrait à opérer dans le lut, passages qui faciliteraient l'expulsion de la vapeur d'eau. Pour vérifier cette explication qui nous semble rationelle, il n'y aurait qu'à poser l'argile et à voir si elle perd davantage avec le peroxide que sans lui. Nous ne l'avons pas fait, parce que lors de nos essais, nous étions préoccupé des propriétés électro-chimiques de ce peroxide, et que c'était à elles que nous faisions l'honneur de l'amélioration. Depuis lors, nous nous sommes livré à des recherches plus utiles, et nous n'avons pas eu encore occasion de nous en assurer. Peut-être l'électricité n'est-elle pas étrangère aux résultats, mais il nous semble que son rôle n'y est que secondaire.

§ 140. — L'explication qui précède n'a aucune relation avec ce qui se passe quand les matières sont en contact immédiat avec du charbon. Dans ce dernier phénomène, il nous semble difficile de méconnaître l'effet de l'électricité ; du moins il nous est impossible de nous en rendre compte sans l'appeler à notre aide. Au surplus, voici le fait : une substance qu'on cuit au milieu du charbon, et surtout du charbon de bois, sans que l'air soit en assez grande affluence pour l'approcher, se trouve au milieu d'une effluve positive considérable, et d'autant plus abondante que le charbon est en plus grande quantité. Or, M. Pouillet a démontré que dans la combustion d'un gramme de charbon, la quantité de fluide positif dégagée par l'acide carbonique naissant, serait suffisante pour charger une bouteille de Leyde; quelle immense quantité de ce fluide n'est donc pas mise a nu dans les foyers!

§ 141. — Lorsque l'air et surtout l'oxigène affluent en abondance, ils se l'approprient, ou du moins l'entraînent en grande partie; ils affaiblissent donc son action sur la substance calcinée, et la laissent à ses propres forces et à celle du calorique. On conçoit qu'alors elles subissent régulièrement et sans modifications, les transformations que comportent leur nature et les circonstances où elles se trouvent; tandis que dans le cas contraire elles en sont empêchées. Il eût été possible sans doute que l'effluve positive fût avantageuse, comme par le fait elle est nuisible; mais elle n'en aurait pas moins constitué un état anormal, exceptionnel, en fesant participer au phénomène une force qui n'agit pas habituellement, soit parce qu'habituellement les matières en cuisson sont assez abondantes pour être moins influencées isolément, soit parce que, dans les foyers, l'air afflue autour d'elles en plus grande quantité que dans les expériences qui créent l'exception.

§ 142. — On conçoit, si les choses se passent ainsi, comment l'intervention du peroxide de manganèse peut être efficace; mais c'est alors, ce nous semble, beaucoup plus par l'oxigène qu'il dégage que par ses propriétés électro-chimiques, qui, dans cette circonstance, sont promptement détruites.

§ 143. — Dans le cours de nos essais, nous nous étions cru souvent dans la nécessité d'invoquer l'électricité, pour expliquer ce que nous ne pouvions comprendre ; au début même nous l'appelions à chaque pas à notre aide. Nous sommes peu à peu parvenu à nous passer d'elle, et peut-être y arriverons nous encore pour les cas exceptionnels que nous avons signalés; mais jusqu'ici nos tentatives ont été infructueuses. Au surplus, nous nous sommes à peu près borné à une exposition de faits. Nous avons seulement ajouté que la certitude d'un état particulier d'électricité plus ou moins exceptionnel, plus ou moins énergique et permanent, suffisant pour rendre propable une modification dans les résultats, il était rationnel, jusqu'à plus ample informé, de lui attribuer celle qu'on observe.

La facilité ou la difficulté d'expulsion de l'acide carbonique des calcaires, la formation de telle ou telle espèce de pigeons dans certaines circonstances, etc., etc., sont loin de nous sembler indépendantes de ce puissant agent. A mesure qu'une difficulté est résolue, qu'un pourquoi a reçu sa réponse, une autre difficulté s'élève, un autre pourquoi se présente. Tous, sans doute, viendront aboutir à lui, sauf à s'élancer un jour au delà; mais nous en sommes encore à distance, et moins nous aurons recours à lui, plus notre marche sera assurée; il doit être notre dernier refuge.

§ 144. — Pour expliquer la difficulté qu'éprouve l'acide carbonique à se dégager des calcaires calcinés en vases clos, et l'effet avantageux que produit dans ce cas l'affluence de la vapeur d'eau, ou des gaz autres que l'acide carbonique, M. Bezzelins s'exprime ainsi : « L'acide carbonique se dégage « bien plus facilement dans un autre gaz, que « quand il est obligé de soulever la couche d'acide « carbonique pur qui remplit l'appareil, et qui, « par son inertie ou sa pression, s'oppose au dé- « gagement du reste. Ce qui se passe ici ressemble « à ce qui arrive pour l'eau, qui ne se vaporise « plus dans un air saturé de gaz aqueux, tandis « que sa vaporisation s'opère avec d'autant plus de « rapidité, que l'air se renouvelle plus souvent à « sa surface. » (Traité de Chimie, t. 2, pag. 358.)

Cette explication nous semble laisser quelque chose à désirer. Dans un espace donné, sous une pression et à une température également données, il ne peut entrer qu'un poids déterminé de vapeur ou de gaz; lors donc qu'on renouvelle de l'air saturé, la vaporisation ne continue qu'en vertu de cette loi; et un corps absorbant qui s'emparerait de la vapeur à mesure qu'elle se forme, produirait le même effet; l'air n'est pour rien dans le phénomène; l'espace, la pression, la température et l'enlèvement du fluide à mesure qu'il se forme, quelle que soit du reste la manière dont cet enlèvement ait lieu, sont les conditions de son existence. Si, pour débarrasser l'espace du fluide qui se forme, on se sert du mouvement d'un fluide différent, qui le pousse et le chasse devant lui, ou qui l'entraîne, comme l'eau entraîne l'air dans les trompes, on donne à la source la facilité de le reproduire à fur et à mesure, tandis que si on servait du même fluide, l'effet serait à peu près nul. Cette différence est due à ce qu'un espace saturé d'un fluide peut l'être encore par un autre qui se loge entre ses molécules ; mais rien n'annonce, ce nous semble, que le fluide ait plus de difficulté à soulever sa propre couche qu'il n'en aurait à en chasser une autre qui exercerait sur lui la même pression. Au surplus, bien d'autres carbonates, celui de magnésie entre autres, ne présentent pas la même difficulté. L'acide carbonique a cependant aussi à soulever ses propres couches ; les calcaires à tissu lâche, surtout quand ils sont très mélangés, sont dans le même cas.

La difficulté que présente le dégagement de l'eau combinée dans certaines argiles est encore plus grande ; il faut une chaleur intense et prolongée pour leur enlever les dernières parties de cette eau; et encore, si l'on agit sur des morceaux gâchés et agglomérés, n'y peut-on parvenir sans peine, non seulement dans une cornue, mais encore dans un creuset ouvert.

§ 145. — Ce rapprochement nous conduirait à la fabrication des pouzzolanes; mais nous croyons plus à propos de chercher à nous remémorer les autres faits qui semblent se rattacher plus particulièrement à la théorie ; occupons-nous à les réunir.

§ 146. — Il est des ciments romains qui peuvent rester à l'air indéfiniment sans se désagréger, et qui, s'ils sont au sec, n'éprouvent aucune altération. Dans cet état, on peut les broyer quand on vent, puis les employer et en obtenir d'excellent mortier. Si ces mêmes ciments, au lieu d'être tenus dans un endroit sec, sont exposés à l'humidité ou à la pluie, ils ne se désagrégent pas davantage; mais ils acquièrent plus de dureté, plus de densité, et ils deviennent incapables de donner par le broyage et le gâchage un mortier passable. Immédiatement après leur calcination, ils pouvaient contenir encore de l'acide carbonique, et même plus de 5 p. °/o de leur poids; mais ils ne renfermaient plus d'eau. Dans ces ciments, il n'y a constamment qu'une faible partie des principes électro-négatifs qui soit soluble dans les acides,

§ 147. — On peut fabriquer avec de la pâte de chaux grasse bien privée d'acide carbonique, et un cinquième, un sixième, ou moins encore d'argile, des chaux hydrauliques qui, calcinées suffisamment, s'éteignent très bien, mais qui, imparfaitement cuites, ne se desagrégent ni à l'air ni dans l'eau. Ces chaux paraissent devoir se conduire comme des ciments, et dans certains cas, elles se comportent en effet comme eux. Ainsi, lorsqu'on les broie, qu'on les gâche et qu'on les immerge, elles n'offrent de différence avec eux que dans la dureté, qui est beaucoup moindre; mais si, au lieu de les immerger, on les emploie en enduits pour les laisser à l'air, elles donnent lieu à des fentes nombreuses. Ces chaux à leur sortie du feu, sont entièrement privées d'acide carbonique (elles n'en renfermaient pas avant la cuisson); mais elles contiennent nue forte proportion d'eau. Dans cet état, elles n'ont de soluble dans les acides que très peu d'éléments argileux. Lorsqu'au contraire la calcination a été vive, prolongée, et toute l'eau enlevée, la majeure partie de ces éléments, et souvent leur totalité, est dissoute.

§ 148. — Il est des mélanges naturels ou artificiels qui, cuits à point, et bien débarrassés d'eau et d'acide carbonique, donnent, quand on les gâche après les avoir broyés, une chaleur assez forte, soit lorsqu'on les emploie avec de l'eau seule, soit quand on leur ajoute du sable. Ces mêmes mélanges, gâchés avant leur cuisson avec le même sable, et même en quantité beaucoup moindre, ne donnent pas de chaleur dans certains cas de calcination bien complète pourtant, et en donnent dans d'autres.

§ 149. — Il est des mélanges calcinés avec du sable ou des arènes qui, employés à l'air après le broyage, jouissent d'une plasticité parfaite, et ne fendent point, mais qui, séparés de tout ou partie de leur sable par le tamisage, ont le défaut du retrait, et ne recouvrent point leur entière plasticité par l'addition d'un nouveau sable.

§ 150. — Les ciments fabriqués avec des chaux blanches, gâchées avec des argiles colorées peu ou beaucoup, sont généralement blancs; ils restent tels s'ils sont immergés, ou soustraits au contact de l'air, peu de temps après leur broyage; mais employés à ce contact, ils se veinent peu à peu, et restent veinés, si on l'intercepte. Si on le laisse subsister, l'acide carbonique continue à s'emparer d'une partie de la chaux, et à isoler l'hydrate de peroxide de fer. Ils finissent alors par acquérir une teinte générale de couleur jaune clair. Si, avant la cuisson, on se sert pour le mélange d'argile calcinée, le ciment peut être semblable à celui d'argile crue, ou tenir de la couleur de l'argile cuite. La différence provient de la manière dont on a opéré.

§ 151. — Si, au lieu d'argile colorée, on se sert d'argile blanche, le ciment reste généralement blanc, lors même qu'elle contient abondamment de peroxide de fer. Celui ci, bien que séparé dans le ciment, de l'acide silicique auquel il était allié dans l'argile, s'unit plus intimement à la chaux, ce qui est dû sans doute à ce qu'il passe d'un état de combinaison à un autre; et l'acide carbonique ne le sépare pas. Dans le cas précédent, comme dans celui ci, l'union du peroxide et de la chaux peut être telle, que quand on traite par l'ammoniaque une dissolution hydrochlorique du ciment filtrée, une forte dose de chaux est précipitée *. En fesant une attaque à la potasse, on détruit leur intimité, et la séparation s'en fait alors sans difficulté.

§ 152. — Si l'on prend un mélange plus ou moins étendu d'acide hydrochlorique et de cyanoferrure de potassium, et qu'avec un pinceau ou tout autre moyen, on humecte les surfaces de ceux des ciments qui contiennent du fer, on obtient à

* Il ne s'agit point ici de la faible quantité de substance qu'entraînent les précipités insolubles en se formant, mais bien d'une forte proportion.

l'instant une couleur bleue plus ou moins intense. On pourrait donc les marbrer, les graniter en bleu sans difficulté par ce procédé, et en d'autres couleurs en prenant d'autres agents. A l'aide de découpures collées ou de corps gras, il serait donc possible de les couvrir de dessins; le même moyen réussirait sans doute sur les pierres calcaires blanches. Néanmoins, il nous semblerait préférable de se servir des couleurs ordinaires, dont il est plus facile de régler les nuances et les tons. Elles auraient de plus l'avantage de ne point attaquer la surface. Ceci nous conduit à dire que dans les peintures à l'eau, il pourrait être utile de mêler à la couleur, du ciment hydraulique blanc, réduit en poudre plus ou moins fine, suivant la délicatesse du travail. Ce serait, à ce qu'il nous semble, un bon moyen de les préserver de l'humidité. Les ciments les plus convenables seraient indubitablement ceux qui ne contiendraient que de l'acide silicique et de la chaux, attendu qu'ils n'introduiraient dans la peinture que des substances utiles, et ne lui ajouteraient rien qui pût modifier sa couleur.

Nous pensons que le même procédé serait applicable aux badigeons : il présenterait évidemment plus d'économie que celui de Bachelier. Un lait épais de chaux silicée serait donc susceptible de remplacer les huiles siccatives dans diverses circonstances.

§ 153. — Lorsqu'avec les meilleurs ciments on gâche des couleurs ocreuses, on leur donne le défaut de fendre beaucoup; ce qui est facile à concevoir, attendu que ces couleurs contiennent des hydrosilicates argileux. Il en résulte que parmi les matières colorantes qu'on trouve dans le commerce, il en est nombre dont on ne peut se servir. On est également forcé de rejeter celles qui sont attaquées par la chaux, telles que le vert-de-gris, le jaune de chrôme, le jaune de roi, le bleu de Prusse, le bleu minéral, le jaune de Naples, l'orpin jaune, le jaune minéral, etc., etc., et presque toutes les couleurs végétales. Celles qui nous ont le mieux réussi sont : le noir de fumée, le vermillon ou le cinabre, le minium ou la mine orange, le massicot, le vert de montagne, le vert de schweinfurtlo et l'indigo. Comme ces trois dernière n'ont été essayées par nous que sur de pétits échantillons, et avec un ciment faible en chaux, nous ne donnons donc pas leur réussite pour certaine. Pour économiser la couleur, il suffirait souvent de l'appliquer avec un pinceau ou une brosse à la surface. Il en résulterait un autre avantage, celui de pouvoir utiliser toute espèce de couleur, attendu que peu de jours suffisant aux principes électro-négatifs pour enchaîner la chaux, il est à croire que la plupart d'entre elles n'auraient plus à la redouter. Pour des ouvrages susceptibles d'un frottement habituel, tels par exemple que les carrelages, les terrasses, etc., une ou plusieurs teintes superficielles seraient peut-être de peu de durée, mais on aurait la ressource de la cire. Au surplus, il est des ciments qui acquièrent une dureté supérieure à celle des meilleurs carreaux, et qui pourraient être spécialement employés dans ces circonstances.

§ 154. — Nous avons reconnu que le peroxide de manganèse (du moins celui de Romanèche), gâché avec les meilleurs ciments, leur donne comme les ocres le défaut de fendre. Il nous semble probable que cet effet est dû au deutoxide qu'il contient, et nous pensons qu'il se forme alors un hydrosilicate argileux *. Cette opinion est fondée d'abord sur le fait, puis sur l'isomorphisme du deutoxide avec l'alumine et le peroxide de fer. Il se pourrait que le peroxide employé par nous, bien qu'il nous ait été envoyé directement et choisi par les propriétaires de l'établissement, contînt quelque peu d'argile; mais nous n'avons aucun motif de le croire. Toutefois, comme nous ne l'avons pas examiné, nous n'affirmons rien.

§ 155. — Les mortiers et ciments hydrauliques ne sont pas les seuls qui résistent à l'air et aux intempéries. Il est des ciments atmosphériques excellents, et qui acquièrent à l'extérieur comme à l'intérieur une dureté telle, que la pointe du couteau ou du canif le plus aigu peut à peine les rayer. Nous en avons rencontré qui, sous ce rapport, nous ont paru supérieurs aux marbres, et presque égaux à l'arragonite.

* Il pourrait sembler étonnant que l'acide silicique, qui ordinairement ne se combine pas avec l'alumine ou le peroxide de fer contenus dans le ciment, pût s'unir de préférence avec ce deutoxide; mais il faut observer que celui-ci est à l'état libre, tandis que ses isomorphes se trouvent combinés avec la chaux.

§ 156. — Nous avions eu occasion de remarquer que des fragments de ciments romains posés l'un sur l'autre peu après leur prise, pouvaient acquérir entre eux une union assez intime; nous avons voulu voir si, au bout de plusieurs heures de gâchage, la même union pouvait s'opérer. Nous avons donc formé deux tablettes d'un bon ciment, et dix heures après leur prise (elles étaient plates et polies, attendu qu'elles avaient été dressées sur une lame de verre, pendant leur état de pâte), nous les avons placées l'une sur l'autre et les avons immergées; pendant plusieurs jours elles sont restées mobiles l'une sur l'autre, mais au bout d'une semaine, elles étaient unies. Nous les avons séparées, non sans quelque peine, au bout de deux mois; et nous avons reconnu qu'il s'était formé entre elle des cristaux de carbonate de chaux. Leur longueur moyenne était d'environ 1,5 millimètre; leur largeur, de 1 millimètre, et leur épaisseur, de 0,60 millimètres; ils étaient tous en relief, et avaient conséquemment forcé les tablettes de s'écarter à fur et à mesure de leur formation; quelques-uns étaient rapprochés, mais presque tous étaient isolés; leur rhomboëdres n'étaient point aigus comme ceux qui se forment dans l'eau sucrée ou gommée. Eux seuls maintenaient les tablettes l'une contre l'autre, car par eux seuls elles se touchaient. D'autres tablettes mises en contact au bout de dix jours de gâchage, ne nous ont rien offet de semblable.

§ 157. — En réunissant ces faits à ceux énoncés précédemment, nous nous trouvons en mesure de résoudre la plupart des questions qui nous restent à examiner. Toutefois, comme elles se réduisent à un petit nombre, et qu'elles peuvent s'éclairer de ce que nous avons encore à dire sur les pouzzolanes, nous allons nous occuper de celles-ci.

L'excessive ténuité des hydrosilicates fait qu'ils servent toujours de gangue, quelle que soit la finesse des corps avec lesquels ils se trouvent; mais comme la finesse de ces derniers peut aller jusqu'à des limites fort éloignées, peut-être au delà d'un millionième de millimètre, par exemple, on conçoit que l'enchevêtrement des parties de diverses grosseurs, et la minceur presque indéfinie des couches d'hydrosilicates, peuvent faire que ceux-ci soient en proportion très faible, et cependant donner lieu à un agrégat passablement liant; c'est en effet ce que nous voyons journellement dans les terres labourables.

§ 158. — D'une autre part, l'action de ces corps sur la chaux, action qui, ainsi que nous l'avons vu, s'exerce à distance, étant nécessairement en raison directe de leur masse, tant que l'épaisseur de la couche n'a pas atteint l'épaisseur du rayon d'activité, on conçoit que si cette couche est très mince, elle ne pourra hydrauliser qu'une faible quantité de chaux. Si l'argile est pouzzolane à l'état cru, comme tous ses vides se trouvent bouchés, d'après sa propre structure, il suffira d'une quantité d'hydrate de chaux minime, pour neutraliser les hydrosilicates, et former un agrégat insoluble. Sans doute, il n'acquerra jamais une grande dureté, en raison de la faible épaisseur des couches de gangue; mais il sera ce que pouvait donner de mieux l'argile employée. Si cette même argile n'est susceptible de devenir pouzzolane que par la cuisson, elle ne pourra acquérir par le broyage une bien grande finesse; et quelque soin, quelque perfection qu'on y apporte, elle donnera un agrégat qui contiendra davantage de vides, exigera plus d'hydrate de chaux qu'elle n'en pourra neutraliser, aura sa masse active moins rapprochée, laissera prendre à l'eau une partie de sa chaux, et sera en définitive moins résistante. Cet agrégat, qui pourra avoir son utilité dans certains arts, en aura peu pour nous comme corps dur. Ce cas est une limite; passons à celle opposée.

§ 159. — Lorsqu'on a une argile extrêmement grasse, très riche en hydrosilicates, très pauvre en corps mélangés, et qu'on veut l'employer comme pouzzolane, il faut la calciner. Nous doutons qu'il en existe de ce genre qui soient hydrauliques à l'état cru; si l'on en rencontrait, elles permettraient l'addition d'une grande quantité de poudre et de sable mélangés, et donneraient le moyen d'hydrauliser beaucoup de chaux, de faire abondamment de bon mortier. Mais laissons cette supposition qui, si elle peut se réaliser, nous paraît devoir être rare. L'argile calcinée, à moins d'être broyée à une excessive finesse, qui la rendrait fort chère, aura le plus souvent la majeure partie de ses grains plus gros que le double du rayon de la sphère d'activité; leur noyau restera donc inerte, et fera fonction de sable plus ou moins gros. Sans doute, si l'adhérence des gangues hydrauliques pour le sable était faible, il y aurait avantage à ce que cela fût ainsi, attendu que ce noyau fait mieux corps avec son alentour que ne ferait un grain de sable qui le remplacerait ; mais l'expérience démontre que cette adhérence est puissante, et qu'elle égale, si même elle ne dépasse quelquefois, la cohésion propre d'un assez grand nombre de pouzzolanes ; il n'y a donc réellement aucun avantage à ce que l'argile soit si riche en hydrosilicates, et, comme nous allons le voir, il en résulte des inconvénients.

§ 160. — Les hydrosilicates contiennent de l'eau mélangée et de l'eau combinée, et chacun sait avec quelle énergie ils retiennent cette dernière. Il arrive fréquemment que des argiles calcinées même assez fortement en contiennent encore une forte proportion ; mais si elles sont en poussières, ou très mélangées de sable, ou cuites en petits fragments, elles en contiennent peu ou point.

Une des argiles qui nous fournit la pouzzolane la plus énergique que nous ayons rencontrée * est de la 1re espèce. Quand nous la calcinons d'après les procédés en usage, elle renferme encore après sa cuisson une proportion d'eau assez forte ; cependant elle est alors tellement dure que sa réduction

* Il est rare que ses mortiers mettent plus de trente heures à faire prise, et souvent il ne leur en faut pas vingt. Ils acquièrent d'ailleurs une dureté remarquable.

en poudre serait fort dispendieuse. Dans cet état, elle n'a pas perdu toute sa propriété grasse et liante; gâchée seule, et avec un peu d'eau, elle forme encore légérement pâte, et conserve à un degré éminent l'odeur argileuse (rappelons en passant que cette odeur n'a pas lieu d'étonner, puisqu'il faut très peu d'hydrosilicate pour la donner). Son énergie est due à ce qu'une grande partie des hydrosilicates a perdu son eau, et elle peut être aisément affaiblie, annulée même en poussant moins avant la calcination. Néanmoins, lors même qu'on n'a pas recours à cet affaiblissement, la portion qui a conservé une partie de son eau est encore long-temps avant d'entrer en combinaison avec la chaux; nous l'avons même trouvée peu avancée dans des mortiers de huit mois, qui, cependant maintenus constamment à une grande humidité, avaient déja acquis une grande dureté. On conçoit, sans que nous entrions dans plus de développements, que c'est un défaut qu'il est bon d'éviter.

§ 161. — On pourrait croire qu'en poussant davantage la calcination, on atteindrait le but; mais d'abord nous ferons observer que ce ne serait souvent qu'imparfaitement, du moins avec certaines argiles très grasses. Nous dirons ensuite qu'il résulte de cet accroissement de chaleur un inconvénient encore plus grave; c'est que, pour améliorer une faible partie de l'intérieur des morceaux en cuisson, on en détériore une plus grande quantité à la surface. Sans doute, on a devant soi une marge assez large, avant d'arriver à la vitrification, qui, par une combinaison puissante entre les éléments de l'argile, détruit complètement la propriété pouzzolanique; mais cette combinaison ne s'opère pas instantanément et par un saut brusque; elle a évidemment des préludes, et les éléments des hydrosilicates, avant de la subir, y arrivent par dégrés. Aussi n'est-il pas rare que des parties superficielles ne soient plus, ou presque plus, pouzzolaniques, quand celles inférieures le sont toujours. C'est par ce motif que les briques et les tuileaux donnent si souvent de mauvaises pouzzolanes.

§ 162. — Le mode qui nous paraît le plus généralement usité pour la fabrication de ces substances, est loin de s'opposer à cet inconvénient. On gâche l'argile très grasse avec de l'eau, et après l'avoir mise en briques, ou grossièrement coupée en morceaux, on la fait sécher au grand air et on la cuit. Quels que soient les soins apportés à cette dessication, et même le peu d'épaisseur donnée aux pièces d'argile, l'intérieur contient toujours une forte dose d'humidité, qui n'a que peu de fentes pour s'échapper, surtout au simple contact de l'air. La cuisson d'ailleurs s'en opère difficilement, et le dégagement de l'eau combinée ne peut s'en faire qu'avec peine, souvent même au détriment du produit.

Le gâchage des argiles, soit qu'on les moule en briques, soit qu'on les laisse en fragments informes, a pour effet d'en rapprocher les parties, de les mieux lier, d'en faire un corps plus dense, plus homogène, plus solide. Aussi leur calcination donne-t-elle alors des corps beaucoup plus durs qu'avant le gâchage.

Cette opération est donc un bien pour la fabrication des produits céramiques, mais elle est un mal pour celle des pouzzolanes ; et à moins que l'argile ne contienne beaucoup de parties inertes, elle rend difficile l'enlèvement de l'eau ; dans tous les cas, elle le rend plus dispendieux.

§ 163. — Avant d'aller plus loin, nous devons faire observer que la faculté d'absorption n'a aucun rapport avec la propriété pouzzolanique ; qu'elle a même lieu souvent en sens inverse. Telle argile à peine cuite, ou simplement desséchée, et qui dans cet état n'est pas pouzzolane, aura une faculté d'absorption représentée par deux ou même par trois, tandis qu'après sa conversion en bonne pouzzolane, elle l'aura seulement égale à un. L'action pouzzolanique est essentiellement chimique, l'action absorbante est purement mécanique ; ce sont deux propriétés étrangères, et qui peuvent marcher côte à côte, mais sans avoir de relation. Lorsque M. Vicat a représenté la dernière comme favorable à la pouzzolanéité, il n'a certainement pas eu la pensée qu'elle pût avoir de l'intimité avec la première. Ses observations les lui avaient fait voir marchant constamment d'accord ; il en avait conclu, comme tout le monde l'eût fait, de la présence de l'une par celle de l'autre.

§ 164. — Le dégagement complet et facile de l'eau combinée étant le but qu'il faut atteindre, c'est vers lui qu'il importe de diriger son attention. Plusieurs moyens d'y parvenir se présentent, et ils dépendent en partie du mode de cuisson. Nul doute que cette opération faite en plein air, sur une feuille métallique, et avec de l'argile en poudre, comme quelques personnes l'ont recommandée, ne puisse sembler avantageuse. Mais si l'on voulait se donner pour problème de dépenser le plus de combustible possible, pour produire le moins d'effet, c'est certainement le procédé qu'il faudrait suivre. Nous l'avons essayé sur plusieurs échelles, tantôt avec de la tôle, tantôt avec de la fonte. Dans notre plus grande dimension, nous faisions usage d'un rectangle en tôle de quatre mètres de longueur sur un mètre vingt centimètres de largeur, avec rebords de dix centimètres. L'opération se fesait dans une chambre haute et vaste, au moyen d'un fourneau aboutissant à une cheminée élevée. Malgré la diversité et la puissance de nos tentatives, nous n'avons pas tardé à reconnaître qu'il était difficile d'employer un plus mauvais moyen. Avant même de l'essayer, nous en avions une faible opinion, parce qu'il nous paraissait impossible d'en obtenir autre chose qu'une chaleur médiocre et fort dispendieuse. Le combustible étant déja, et devant être de plus en plus le pivot de toutes les industries, comment, à moins de nécessité absolue, pouvait-il être rationnel? Nous l'avons néanmoins étudié avec persévérance; temps, peines et dépenses ont été perdus.

§ 165. — Nous ne parlerons pas des autres procédés que nous avons également mis en œuvre; ce serait retarder notre marche; nous nous bornerons à indiquer celui dont nous nous sommes le mieux trouvé, et qui nous paraît le plus convenable. Le but qu'on doit chercher à atteindre, c'est d'obtenir, au meilleur compte possible, le feu le plus égal et le mieux réglé, sans cesser d'être maître de son intensité. Faire en sorte que chaque fragment de matière reçoive régulièrement, ou à peu près, la quantité de calorique et d'air qui lui est nécessaire, et qu'après sa cuisson, la chaleur qu'il contient encore soit utilisée, c'est, à notre avis, résoudre le problème de la manière la plus satisfesante; c'est ce que le bon sens des ouvriers a trouvé depuis long-temps, en imaginant les fours coulants. Ces fours peuvent sans contredit ne pas réussir, mais nous n'hésitons pas à assurer que, dans quelque cas que ce soit, il suffira de les étudier pour en tirer meilleur parti que de tout autre. L'instrument le plus parfait entre des mains qui n'ont pas l'habitude de le manier, peut être long-temps d'un difficile usage; mais à qui le connaît bien, quels services ne rend-il pas? Les fours à longue flamme ont l'avantage de donner plus d'air, mais outre l'inconvénient de chauffer beaucoup plus le bas que le haut, ils ont celui d'user sensiblement plus de combustible; nous les avons essayés aussi, et nous ne sommes pas prêt de les reprendre.

§ 166. — Lorsqu'on a l'attention, généralement économique, de faire sécher d'abord au grand air et surtout au soleil, les matières à cuire, les fours coulants sont, toutes choses égales d'ailleurs, plus faciles à conduire, exigent moins d'air, et donnent moins de vitrifications. L'humidité peut faciliter la cuisson de la pierre à chaux grasse, nous ne le contestons pas, mais elle est très contraire à la calcination des substances hydraulisantes, et elle a de plus l'inconvénient d'aider beaucoup aux vitrifications, à la formation du mâchefer. Nous ne saurions donc recommander trop vivement la dessication préalable. Dans les années chaudes et sèches, on y parvient aisément sans gâcher l'argile, et en la prenant telle que la donne le piochage, sauf à concasser les morceaux plus gros que le poing; mais il y a souvent avantage à employer un autre mode, c'est celui des mélanges; nous en avons tenté de bien des espèces; nous croyons utile d'en dire quelques mots. Expliquons d'abord leur mode d'action, nous pourrons ensuite être plus bref.

§ 167. — Les substances minérales, végétales ou animales peuvent être mises à contribution. Nous ne parlerons que des deux premières, soit parce qu'elles sont les seules qui puissent être employées économiquement, soit parce que nous n'avons fait qu'un petit nombre d'essais sur les autres.

§ 168. —*Des substances minérales.* — Les sables ou les poussières de tout genre, peu ou point argileux, tels que les donnent les décompositions naturelles, le roulement des rivières, ou le broiement et le frottement du roulage sur les routes, sont les seuls matériaux de cette espèce que l'économie permette d'employer. Ils restent dans la matière, même après la cuisson, et continuent d'en faire partie; plus ils sont fins, mieux ils valent, soit parce que leur broyage n'emploie pas de force en pure perte, quand on fait l'écrasement, soit parce qu'ils divisent mieux les hydrosilicates, soit enfin parce qu'après le tamisage chaque grain est encore entouré d'une couche d'argile, et n'entre pas dans les agrégats comme corps inerte. Il en résulte que dans les mélanges ultérieurs qui se font à froid, on peut, par économie, et sans diminuer par trop la résistance, ajouter une dose plus forte de matières inactives.

§ 169. — Cette espèce de mélange diminue presque toujours sensiblement la faculté absorbante, et facilite peu l'introduction de l'air à l'intérieur ; mais elle divise les hydrosilicates, et permet au calorique dont s'imprègnent les grains ajoutés, de mieux arriver jusqu'à eux, pour leur enlever l'eau combinée ; aussi une chaleur moins intense est-elle nécessaire. C'est spécialement à cette circonstance, qu'il faut attribuer la divergence des opinions sur le degré de cuisson. Les argiles contenant toutes, et en proportions très diverses, des sables d'inégales grosseurs, il est aisé de concevoir, qu'à la rigueur, il n'en existe pas deux qui exigent le même degré. Leur portion active, c'est-à-dire les hydrosilicates, résistent d'autant plus à la décomposition suivant la loi générale, qu'ils sont plus en masse, moins divisés ; tout ce qui tend à les isoler davantage, jusque dans leurs parties les plus ténues, facilite donc cette décomposition. C'est ainsi que les sables ou poussières inertes quelconques rendent plus efficace l'action de la chaleur. Ce n'est pas que l'alumine ou le peroxide de fer soient, dans cet acte, séparés de l'acide silicique; nous pensons qu'il n'y a pas un de leurs atomes mis à nu; mais l'eau combinée est enlevée, du moins presque en entier, et c'est ce qui est nécessaire à l'hydraulisation des argiles qui ne sont pas pouzzolanes à l'état cru. Nous avons dit que nous ne croyons pas à l'isolement de la base des hydrosilicates, et voici pourquoi : celui de peroxide de fer étant le plus facile à décomposer, c'est lui surtout qui devrait l'être ; mais des argiles blanches où il abonde ne se colorent nullement par l'hydraulisation, tandis que quand on isole la moindre parcelle de ce peroxide ou de son hydrate, il y a coloration en rouge ou en jaune des parties où il se trouve.

§ 170. — M. Treussard ayant donné plus d'attention aux argiles qui contiennent du carbonate de chaux, nous avons dû les examiner aussi. Nos observations sont d'accord avec les siennes, et voici à quelles règles elles nous ont conduit. Si l'argile contient d'autres corps inertes que le calcaire, ainsi que cela a presque toujours lieu, il est nécessaire de peu de chaleur, attendu qu'elle rentre dans la classe des hydrosilicates très divisés. Dans le cas où on pousse le feu au point de chasser en partie ou en totalité l'acide carbonique, on obtient une pouzzolane plus prompte, qui demande moins de chaux, attendu qu'elle en contient déjà, mais qui veut être employée promptement, ou mise à l'abri de l'humidité. Sans cette précaution, la chaux entre en combinaison avec une portion d'acide silicique et de peroxide de fer, et ensuite, si elle est assez abondante, avec les élements du silicate d'alumine. L'union a donc lieu, mais sans intimité, parce qu'il n'y a pas gâchage et rapprochement des substances. Il en résulte que la pouzzolane a perdu une partie de ses principes actifs, et une partie d'autant plus considérable, qu'il y avait plus de chaux libre. Lorsque l'argile ne contient pas d'autre corps inerte que le calcaire, et que celui-ci n'y entre que pour un dixième ou même un cinquième, il est presque impossible de chasser toute l'eau combinée des hydrosilicates, sans fritter le mélange; il ne suffit même pas d'enlever tout l'acide carbonique; la chaleur la plus intense, aidée du contact bien renouvelé de l'air, suffit rarement dans ce cas à l'hydraulisation, du moins d'une façon satisfesante. Nous verrons plus loin que le dégagement de l'acide carbonique peut agir aussi, et d'une manière désavantageuse.

§ 171. — *Des substances végétales*. — Les herbes, la paille, le foin, les feuilles, etc., à l'état sec, sont les matières que l'on peut employer avec le plus d'économie, et celles aussi qui conviennent le mieux dans ce mode d'action, en raison de leur grand volume pour un faible poids. Elles ont spécialement pour but de rendre l'argile facilement accessible à l'air ambiant, plus perméable au calorique, plus ouverte au passage de la vapeur d'eau. Elles ne disparaissent pas complètement dans la cuisson, mais ce qui reste d'elles est si peu de chose qu'il n'y aurait pas à s'en occuper, lors même qu'on en aurait mis outre mesure. Ces substances nous ont donné les moyens d'obtenir d'excellentes pouzzolanes, à l'aide d'une cuisson médiocre; et leur emploi est souvent une économie; il en est qu'on laisse perdre presque partout, et qui, par conséquent, coûtent peu. Nous avons également employé avec succès les poudres de charbon de bois et de houille, mais nous en avons été moins satisfaits; elles sont d'ailleurs plus dispendieuses.

Il peut être souvent convenable d'associer les substances végétales à celles minérales, mais il est des cas où l'on doit préférer les unes aux autres. Supposons, par exemple, qu'une argile fût très abondante en matières inertes extrêmement fines. Il est clair qu'il ne faudrait pas accroître encore sa partie inerte, et qu'il serait préférable de recourir aux végétaux. Ceux-ci ont parfois un inconvénient, c'est de contribuer à l'isolement du peroxide de fer, et de colorer la matière; ce qui peut être un défaut quand on veut faire des enduits en ciment diversement colorés. On l'évite en ne se servant pas de substances végétales, et en distribuant dans le four quelques fragments de peroxide de manganèse.

§ 172. — Lorsqu'on fait sécher les argiles sans les gâcher, elles ont l'inconvénient de s'émietter, d'obstruer les fours, de rendre la circulation de l'air plus difficile, et, par conséquent, d'ajouter des entraves à la calcination; mais le chauffeur intelligent ou bien guidé, parvient jusqu'à un certain point à le surmonter. Il en est de ce genre de fabrication comme de tout autre; le choix des procédés est sans doute important, mais la manière de les employer, le tour de main, sont d'un grand poids dans la balance. Tel ouvrier fait d'excellent ouvrage avec de médiocres instruments, tel autre en fait d'à peine passable avec les meilleurs. C'est, et ce sera toujours l'histoire du monde, en industrie, en administration, en politique, en tout. Le pire des ouvriers, comme des guides, est celui qui croit tout facile, qui ne doute de rien.

§ 173. — Ce serait maintenant le cas de nous occuper des ciments, mais nous avons pris un brevet pour leur préparation, et nous ne croyons pas devoir la rendre entièrement publique; notre projet est de la faire connaître aux ingénieurs dans un écrit particulier, et de les prier d'en faire usage pour leurs travaux, comme de moyens connus et non brevetés; mais nous espérons qu'ils ne nous désapprouveront pas de nous en être réservé la propriété. Si quelques-uns étaient disposés à nous blâmer, nous leur dirions : que depuis près de sept ans nous avons consacré à l'étude des mortiers, non seulement le temps que nous a laissé notre service, mais encore nos veilles; que nous nous sommes, pour ainsi dire, séquestré de toutes relations, même de celles de famille, que nous n'avons reculé devant aucun sacrifice, et que si nous leur disions jusqu'où ils se sont élevés, aucun d'eux ne pourrait nous croire *; que si l'on attache quelque relief aux

* Le caractère principal des ciments est la plasticité complète ; mais elle ne peut se reconnaître que par des essais en grand, aussi est-ce une des causes qui contribuent le plus à rendre dispendieuses les recherches qui les concernent.

propriétés qui arrivent sans peine, sans soucis, sans labeur, il serait peu équitable d'en refuser à celles qui coûtent si cher, et qui consistent plus souvent en espoir qu'en réalité; qu'au surplus, notre travail renferme assez de choses utiles, pour qu'il nous soit permis de chercher dans l'une quelque dédommagement.

§ 174. — C'est toujours une faute d'entretenir de soi le lecteur; mais quand on le fait pour obtenir son suffrage, et qu'on est sobre de son temps, on a droit à son indulgence. Passons aux explications, et cherchons à laisser sur la cause des phénomènes le moins d'incertitude possible.

Une des questions qu'il peut sembler le plus intéressant de résoudre est celle-ci.

§ 175. — *Lorsque la calcination des calcaires hydrauliques est achevée, la chaux se trouve-t-elle déja combinée avec les éléments électro-négatifs, ou bien la combinaison ne s'opère-t-elle que par l'intervention de l'eau?*

Elle semble au premier coup d'œil difficile à résoudre, mais des essais nombreux nous en ont rendu maître. Un calcaire hydraulique artificiel étant donné, l'opérateur est libre de faire qu'il y ait ou qu'il n'y ait pas combinaison. Le premier cas a lieu quand le mélange est enfourné très sec, le second dans l'hypothèse contraire. Il en est de même des carbonates naturels; mais ils résistent généralement mieux au défaut de siccité. On peut cependant opérer aussi une grande différence dans leur manière de se comporter, par la seule attention de calciner sec ou humide. Les chaux hydrauliques, comme les ciments, donnent lieu au même phénomène; mais c'est surtout chez ces derniers qu'il se montre dans tout son jour. Chez les uns, comme chez les autres, on peut rendre presque inertes les principes négatifs; mais chez les premiers il faut un long temps pour en juger, tandis qu'il suffit de quelques jours pour les seconds; ceux-ci se conduisent alors, quand on les gâche avec de l'eau, comme des mélanges de sable et de poudre vive de chaux grasse très dense. Quelque quantité d'eau qu'on leur donne, il est presque impossible d'en tirer parti. Si l'on en emploie trop, ils se criblent de fentes; si l'on n'en met pas assez, ils finissent toujours, même dans un endroit sec, par se gonfler, se désagréger. Tout ce que nous avons pu obtenir d'eux, c'est de les faire se maintenir pendant huit à dix jours, et encore n'est-il pas facile de saisir la quantité d'eau convenable.

§ 176. — Le même ciment enfourné sec ne présente plus cet inconvénient; toutes les proportions d'eau, sans doute, ne lui sont pas indifférentes; mais il peut s'arranger d'un grand nombre sans fendre ni se désagréger. Il ne ressemble nullement aux mélanges, quelque intimes qu'ils soient, de poudres vives et de sables fins ou gros. Le genre de combinaison qu'a opéré la calcination, n'est, à proprement parler, qu'une tendance, qui se maintient et se conserve indéfiniment, sans augmentation ni diminution, pourvu que la poudre soit maintenue sèche; mais cette tendance n'en est pas moins réelle, positive; son intensité varie dans nombre de circonstances, mais elle s'accroît surtout avec la durée du contact; et les calcaires où elle est le plus prononcée, sont ceux dont la densité, l'homogénéité, la formation bien décidée, l'état de pierre et non de marne, semblent attester l'ancienneté, l'intimité d'union *.

Dans les mélanges artificiels, cette tendance atteint son maximum quand la siccité qui précède la cuisson est à son maximum; on peut lui faire parcourir à volonté tous les degrés inférieurs. Il ne faut pas croire cependant que, dans sa plus grande énergie, elle puisse égaler jamais celle qui résulte du contact des siècles. Les calcaires artificiels les mieux préparés réclament plus impérieusement l'humidité que les calcaires naturels, et, dans les circonstances même les plus favorables, exigent un temps plus long pour acquérir leur maximum de dureté; s'ils sont mis en œuvre au grand air, et pendant l'été, leur résistance n'est considérable qu'après l'hiver. Pendant les temps secs, ils sont privés d'acide hydrique, mais se chargent d'acide carbonique; pendant les temps humides, c'est le contraire. Il vaut mieux qu'ils commencent par le premier, parce que c'est celui qui leur est le plus nécessaire; mais les circonstances ne le permettent pas toujours. Heureusement un seul été ne les carbonate pas assez pour qu'ils puissent souf-

* Les calcaires des terrains secondaires, et à plus forte raison de ceux primitifs, seraient indubitablement les plus avantageux sous ce rapport, comme sous beaucoup d'autres.

frir beaucoup de cet inconvénient. Si cependant, soit naturellement, soit artificiellement, ils se trouvaient ne contenir qu'un faible excès de chaux, et que non seulement l'alumine et le peroxide de fer, mais encore une partie de l'acide silicique pussent être isolés, ils perdraient beaucoup à une longue privation d'humidité; et il se reformerait le plus souvent des hydrosilicates argileuxx. Les ciments faibles en chaux ont donc plus besoin que d'autres d'être mis en œuvre au commencement du printemps, ou entourés de précautions suffisantes pour qu'ils ne puissent prendre que de l'eau et point d'acide carbonique; ils exigent, par les mêmes motifs, une calcination plus complète. Nous avons rencontré une pierre à ciment qui, cuite au degré des pierres à chaux grasse ordinaires, ne donnait qu'une pouzzolane, et qui, débarrassée en entier de son acide carbonique, fournissait un bon ciment. Les calcaires de cette nature sont peu avantageux, ils sont difficiles à conserver.

Il arrive souvent que des ciments gâchés et mis en boules se fendent et se désagrégent, même à l'air, sans que ce défaut doive les faire rejeter: il suffit qu'employés en enduits ils ne l'aient pas, pour qu'ils soient susceptibles de presque toutes les applications usuelles.

§ 177. — Quelque attention que nous mettions à faire ressortir les nuances les plus faibles, il est impossible que nous n'en omettions pas quelques-unes; mais nous en disons assez pour que l'intelligence du lecteur y supplée.

Il semblerait que le défaut de siccité peut être suppléé par un accroissement de combustible, mais il est rare qu'il en soit ainsi. L'explication du phénomène n'est donc point aussi simple qu'on serait disposé à le croire ; elle nous paraît d'un ordre plus relevé, et ici encore nous invoquerions l'électrochimie, si nous ne sentions combien nous devons être sobre de son aide.

§ 178. — Dès qu'un art est converti en science, il s'épure ; chaque jour il se soustrait, sur quelque point, à la dépendance du hasard. Mais de combien d'entraves, de combien d'impuretés ne doit-il pas être débarrassé ! Que de mains sont mises à l'œuvre avant qu'il y parvienne ! Que d'années s'écoulent sur son enfance ! De quelque côté qu'on tourne ses regards, on trouve le temps pour barrière ; toujours le temps, partout le temps. Au lieu donc de nous heurter, de nous briser contre lui, comme l'inexpérience qui ne le voit pas, ou l'impatience qui le brave, prenons-le pour auxiliaire, et adoptant pour devise le précepte de Bâcon : *observation, expérience et calcul*, livrons nous sans relâche à des essais, à des tentatives, à l'étude des faits. C'est ainsi que MM. Berthier, Vicat et Treussard ont créé l'art des mortiers ; c'est ainsi que nous pourrons le perfectionner, le rapprocher de la science, en faire une œuvre de calcul.

C'est surtout à nos jeunes confrères que ce conseil s'adresse ; mieux que nous ils sont en état de le suivre. Mais nous les engageons à se défier de leurs forces, et à ne pas s'abandonner aux idées spéculatives qui n'ont que trop d'empire au sortir des écoles. *Expérience passe science*, disait Olivier de Serre : qu'ils se livrent donc pendant des mois, des années, aux expériences, aux recherches; qu'ils les méditent la nuit, qu'ils les exécutent le jour. Quand nous jetons un regard en arrière sur le chemin que nous avons parcouru, il nous semble que nous n'avons rien fait ; et cependant quels efforts n'avons-nous pas tentés ! que de temps n'avons-nous pas dépensé !

§ 179. — Ce que nous leur conseillons pour les mortiers, nous le leur conseillons, à plus forte raison, pour les routes ; car ici l'art n'existe pas. Nombre de personnes même ne se doutent pas qu'il puisse exister, ou, ce qui est pire, le croient à son apogée. Au lieu de pivoter autour de quelques idées spéculatives, livrons-nous à des essais, mettons, comme on dit, la main à la pâte. Tant que nous laisserons l'analyste réduit au frottement, à la dureté, aux pentes en long et en travers, à l'imperméabilité, au nombre des chevaux, à la largeur des jantes, etc., il sera impuissant à nous guider, à se guider lui-même. Observons, expérimentons ; nous calculerons ensuite.

Persuadé que nous sommes que le plus sûr moyen de succès est de prêcher d'exemple, nous ne donnons pas le conseil avant de l'avoir suivi ; ailleurs nous nous en expliquerons ; revenons aux mortiers.

§ 180. — Une question qui intéresse la pratique comme la théorie, est celle de savoir par quelle cause, certaines substances sont pouzzolaniques à l'état cru, tandis que le plus grand nombre ne le sont pas : exposons nos idées à ce sujet.

M. le général Treussard serait porté à croire que les arènes hydrauliques ont subi l'action du feu ; mais une objection puissante s'élève contre cette conjecture. Pour que les argiles ou les arènes crues non pouzzolanes puissent le devenir par la cuisson, il faut qu'elles perdent en majeure partie leur propriété onctueuse, leur faculté de faire pâte ; or, les arènes hydraulifères sont extrêmement grasses, de même que le grès de M. Meinard ; leurs apparences sont d'ailleurs absolument les mêmes que celles de leurs analogues qui ne sont pas pouzzolanes. On ne voit donc aucun motif pour admettre que les unes ont été plutôt que les autres exposées à l'action de la chaleur. Il y a plus, la propriété grasse et onctueuse étant détruite par la cuisson, on serait porté à croire qu'aucune d'elles ne l'a éprouvée. Il faut cependant ajouter que cette propriété ne disparaît qu'avec l'eau combinée, et qu'il est à croire que lorsque les argiles se sont formées, celle-ci a été dans l'impossibilité de s'échapper. Les boues vaseuses que projettent certains volcans, nous en offriraient un exemple.

En résumé, nous ne voyons aucun motif pour baser l'hydraulisme des arènes sur une action quelconque du calorique. Ces réflexions nous conduisent à dire deux mots des pouzzolanes volcaniques ; et bien que nous n'ayons à nous y arrêter qu'un moment, à prendre les choses d'un peu haut.

§ 181. — Les deux plus fortes objections que les Neptuniens aient faites aux Vulcanistes, sont : d'une part, qu'on rencontre des masses de basaltes qui reposent immédiatement sur la houille, sans que celle-ci ait été altérée, et d'autre part, que le calcaire recouvre ces mêmes masses, ou en est recouvert, sans avoir éprouvé aucune modification, tandis que lorsqu'il se trouve en contact avec de la lave, il est toujours plus ou moins calciné, et dans un état pulvérulent; que d'ailleurs l'intérieur du basalte renferme des corps susceptibles de combustion ou de calcination, tels que des rognons de houille, des coquilles, qui n'offrent aucun indice de l'action du calorique.

Des expériences dont nous avons rendu compte, mais sous un autre point de vue, nous paraissent résoudre fort simplement ces objections. Nous avons calciné en vases clos des argiles crues ou cuites, ainsi que des calcaires purs ou mélangés ; et pour mieux intercepter le contact de l'air, nous avions recouvert ces matières, tantôt de poudres siliceuses, tantôt de poudres de houille ou de charbon de bois tamisées (nous avons dit que nous avions fini par nous servir de doubles creusets). Or, même avec des creusets simples, dont le lut très réfractaire n'avait pu empêcher une partie de l'acide carbonique de s'échapper, la houille ni le charbon de bois n'avaient éprouvé la plus légère altération. La chaleur avait pourtant duré vingt-quatre et trente-six heures, et avait été assez intense pour vitrifier sur quelques points le lut et les creusets de hesse. Le charbon de bois, la houille, les argiles,

les calcaires, etc., peuvent donc recevoir un feu asez fort et passablement prolongé, sans éprouver aucune altération *. Pour les charbons, il suffit de l'absence de l'oxigène ; pour les argiles et les calcaires, d'une pression capable d'empêcher l'eau combinée et tout l'acide carbonique de s'échapper. Or, l'expérience prouve que cette pression n'a pas besoin d'être bien considérable.

Comme le but de nos essais était étranger à la discussion des Neptuniens et des Vulcanistes, nous ne les avons pas dirigés vers ce but; mais on n'en conçoit pas moins toute leur portée. Sans donc chercher à les diversifier, on comprend aisément qu'à l'abri de l'air, et sous des pressions médiocres, bien des substances peuvent recevoir un feu intense et prolongé, sans éprouver aucune des modifications qu'elles nous présentent habituellement.

Lorsque les Neptuniens disaient que le basalte n'était pas de la lave, ils avaient évidemment raison; mais quand ils tiraient la conclusion, qu'il était impossible qu'il provînt d'éruptions volcaniques, et qu'il eût subi aucune action calorifique, il nous semble qu'ils s'égaraient. Non seulement aucune impossibilité n'existe, mais il est assez probable que sans le contact de l'air, et sous une pression convenable, les laves eussent été des basaltes.

* On sait que le carbonate de chaux fortement calciné en vase clos, se fond et cristallise par le refroidissement. Mais il paraît qu'une chaleur bien plus énergique que celle de nos essais est nécessaire. Le fait de fusion se lie à l'opinion des Vulcanistes.

Si l'on n'a pas oublié ce que nous avons déjà dit sur les pouzzolanes, ces réflexions feront aisément comprendre que celles volcaniques sont semblables à celles artificielles; elles expliqueront aussi leurs variétés en promptitude, en puissance et en solubilité dans les acides. La présence des alcalis a pu, dans quelques-unes, accroître la quantité d'acide silicique, mais elle n'était pas nécessaire à la pouzzolanéité; et si elle l'était, le feu de nos fourneaux en eût fait autant. Les mêmes considérations font voir que le feu a pu être très violent, sans vitrifier les argiles.

§ 182. — L'hydraulisme à l'état cru ne nous paraît avoir aucune connexion avec la polarité magnétique; celle-ci s'est offerte à nous, ou ne s'est pas manifestée, tantôt avec lui, tantôt en son absence. Les eût-on d'ailleurs toujours trouvés ensemble, on ne verrait pas ce qu'elle aurait pu faire à la silice.

§ 183. — L'observation de M. Berthier relative au calcaire de Sénonches, en nous montrant l'acide silicique isolé dans certaines substances crues, nous semble conduire à l'explication la plus satisfesante du phénomène. Mais il est des circonstances où elle paraîtra douteuse en raison de la propriété qu'a cet acide de pouvoir se trouver isolé, sans pour cela être soluble dans l'hydrate de potasse, ou dans les acides forts. De même que le peroxide de fer peut être isolé dans les argiles, de même sans doute cet acide peut l'être; et dans bien des cas on pourra le démontrer, mais ce ne sera pas chose facile dans tous. Au surplus, il semble probable qu'une faible quantité de cet acide mis à nu, ou sur le point de l'être, peut produire l'hydraulicité, et que ce qui importe essentiellement, c'est qu'il y ait un commencement d'action. Nous avons fait des ciments avec une dolomie qui contient un peu d'acide silicique, 0,05 pour 1. Ces ciments immergés, au bout d'un ou deux jours au plus, ne laissent plus dissoudre la moindre parcelle de chaux; les 0,05 sont donc suffisants pour enchaîner une forte proportion de cette substance, et lui permettre d'agir, à l'aide du temps, sur les autres élements électro-négatifs. Il semble donc présumable qu'une argile qui contiendrait une faible quantité de cet acide libre, posséderait l'hydraulisme. Mais comment cette mise en liberté peut-elle avoir lieu ?

§ 184. — La décomposition plus facile de l'hydrosilicate ferrique nous avait fait penser que les argiles où il se trouve en abondance, pouvaient jouir de quelque hydraulisme à l'état cru; mais ayant maintenu immergés pendant deux ans, des mortiers à argiles blanches, dans lesquels il entre en forte proportion, nous ne leur avons pas reconnu la moindre apparence de prise. Présumant que dans les arènes pouzzolanes la présence du sable siliceux aurait pu faciliter sa décomposition, nous en avons ajouté aux mortiers, et pour faire entrer encore en ligne de compte la durée du contact, nous avons cherché des arènes naturelles qui le continssent, mais nous n'avons pas été plus heureux. Ces dernières, il est vrai, le renfermaient en faible proportion.

§ 185. — Nos efforts ont été infructueux jusqu'à ce jour pour produire l'hydraulisme à l'état cru; mais nous n'en restons pas moins persuadé qu'il est dû à l'isolement de plus ou moins d'acide silicique *. Nous ne nous fesons pas d'idée, il est vrai, de la manière dont cet isolement peut être produit; mais ce qui est important, c'est qu'il ait été constaté, et comme l'exemple qui le fournit n'est probablement pas l'unique en son genre, il semble naturel de lui assimiler, sauf examen, les substances qui possèdent comme lui une propriété aussi caractéristique que la pouzzolanéité.

§ 186. — Des circonstances mécaniques, et surtout la forme des pores, paraissent exercer une influence non équivoque sur la manière dont se passent une foule de phénomènes; il devient donc souvent fort difficile d'isoler chaque effet. Nous avons exécuté des enduits avec des ciments atmosphériques de chaux pure, qui, sans subir le moindre fendillement, sans éprouver la plus légère détérioration, ont exigé un temps fort long pour acquérir de la dureté et se combiner avec une suffisante quantité d'acide carbonique; les mêmes enduits, mais gâchés avec des boues de route calcaires, n'ont pas demandé plus de quinze jours pour ne plus se rayer à l'ongle; avec des sables, ils ne se sont pas mieux conduits, et même moins bien que purs. D'où vient donc cette plus

* Nous n'avons pu encore le vérifier, soit par défaut de temps, soit surtout par manque d'arènes à pouzzolanéité tranchée.

grande perméabilité à l'acide carbonique, chez les mélanges à boues calcaires (nous n'avons pas essayé les poudres siliceuses)?

§ 187. — De même que l'acide silicique et l'eau sont les agents indispensables des mortiers hydrauliques, de même l'acide carbonique est l'agent spécial, nécessaire, des enduits uniquement atmosphériques. Il semblerait donc présumable que la porosité facilitant sa pénétration, les ciments peu denses devraient acquérir une dureté plus prompte; cependant il n'en est pas ainsi. Ce sont constamment les plus denses qui nous ont fourni les meilleurs résultats. Le plus compact que nous ayons rencontré, nous a donné des enduits qui, au bout de dix à douze jours, ne pouvaient plus se rayer à l'ongle, et après un an, résistaient au frottement le plus fort d'une pointe de couteau ou d'un clou ; la trace noire du fer y restait empreinte. Le même ciment employé pendant des gelées de quatre à cinq degrés a fait encore sa prise; le mortier cependant se gelait en le gâchant, et exigeait une grande dextérité d'emploi. Il s'est couvert d'aiguilles croisées en tout sens, mais il n'a été désagrégé, ni par l'hiver, ni par l'été qui l'a suivi; il a même acquis une grande dureté. L'exposition pourrait d'ailleurs ne pas être indifférente ; du moins il nous a paru que nos essais, au sud-est, s'étaient carbonatés davantage, et avaient plus durci que ceux au nord-ouest.

§ 188. — La différence entre le mode d'action de la chaux vive et de la chaux éteinte, donne lieu à demander si telle argile ou telle arène qui reste inerte avec la seconde, ne pourrait pas être décomposée et hydraulisée par la première. Cette question ne s'étant présentée à nous qu'il y a peu de temps, nous ne pouvons faire connaître les résultats que fourniront nos essais; nous citerons toutefois déja le fait suivant.

Nous avons broyé une pierre crue qui, par sa cuisson donne du ciment romain; et sans lui faire subir la plus légère calcination, nous l'avons employée avec de la poudre de chaux vive. Plusieurs boulettes ont été préparées et laissées à l'air, pour être immergées successivement. Les premières se sont toutes désagrégées au bout d'un court séjour sous l'eau; mais la dernière, qui n'y a été placée qu'au bout de dix jours de gâchage, s'est seulement fendillée, et a donné lieu à quelques filaments, peu nombreux il est vrai, d'hydrosilicate de chaux. Or, la même poudre crue avait été essayée antérieurement comme pouzzolane, et n'avait donné, au bout de deux ans, aucun indice d'hydraulicité. Peut-être donc un plus long séjour à l'air, ou à l'abri du contact de l'air et de l'eau, nous eût offert quelque commencement de combinaison. Il est d'ailleurs possible que la chaux vive soit susceptible d'hydrauliser certaines substances, et d'être sans action sur d'autres.

§ 189. — Nous avons dit que les boues de routes calcaires nous avaient fourni de bons enduits avec des ciments atmosphériques, et que dans les mêmes circonstances, des sables purs nous en avaient fourni de médiocres. Il serait possible que ce résultat fût dû en totatité ou en partie à la différence de porosité des deux substances. Les calcaires d'où provenaient les boues ont la propriété de s'imbiber d'eau et d'air avec facilité, tandis que le quartz d'où venaient les sables ne prend ni l'un ni l'autre. Les pores des premiers sont donc sensiblement plus grands, plus ouverts que ceux des seconds, et la gangue peut y jeter des rameaux, des racines, qui engendrent un contact, une adhérence plus intime.

§ 190. — On peut nous demander si les ciments peuvent acquérir plus de dureté que les calcaires dont ils proviennent; nous répondrons qu'en cette circonstance, comme en beaucoup d'autres, on ne peut établir de principe général. Il est des ciments qui sont plus durs que leurs calcaires; il en est d'autres qui le sont moins. L'hydrosilicate de chaux très dense peut approcher de la dureté des calcaires passablement durs, mais il faut pour cela qu'il soit traité convenablement. S'il n'est que saturé de chaux, ce qui est la condition la plus favorable, il importe qu'il n'en perde ni par l'eau, ni par l'acide carbonique; s'il est supersaturé, il est utile que ce dernier neutralise l'excès. On rencontre rarement des ciments qui ne renferment pas des substances destinées, ou à rester inertes, ou à donner des composés sans cohésion; et quand on en trouve de tels, ils pèchent ou par défaut de densité, ou par défaut de chaux, ou par excès de cette substance. L'art peut parvenir à éviter les inconvénients des calcaires naturels, mais il ne le peut qu'en abandonnant les argiles. Au lieu donc de séparer l'acide silicique de ses combinaisons, il faut qu'il le forme de toutes pièces, avec de la silice pure ou presque pure, ce à quoi il ne parvient que par des procédés coûteux. Les ciments atmosphériques ont l'avantage de trouver abondamment dans l'air le principe qui leur manque, mais ils ont le défaut de ne le laisser pénétrer que lentement et à peu de profondeur; ils ne peuvent donc être employés seuls, qu'en enduits ou en pièces de peu d'épaisseur, à moins qu'on ne leur ajoute des pouzzolanes, auquel cas on en peut obtenir d'excellents résultats.

§ 191. — Nous avons dit que dans les ciments romains qu'on prépare de toutes pièces, avant la cuisson, la chaux et les éléments des hydrosilicates éprouvent par l'action du feu un commencement de combinaison. Cet effet est assez marqué pour permettre de gâcher commodément sans avoir à craindre la désagrégation du mortier. Lorsqu'on ne compose les ciments qu'après la cuisson, c'est-à-dire quand on mélange des pouzzolanes aux ciments atmosphériques, le même effet n'a plus lieu, et pour peu que la chaux vive soit dense, il est presque impossible de doser l'eau assez exactement pour éviter à la fois les fentes et la désagrégation : le meilleur moyen est de laisser quelque peu éventer la chaux, c'est-à-dire de se priver en partie de l'avantage de la densité. Cette seconde méthode a donc du désavantage sur la première; elle l'emporte cependant sous un point de vue, attendu que lorsque la pouzzolane a été parfaitement privée d'eau, le ciment n'est point exposé à la reformation d'hydrosilicates argileux, que la chaleur ou les sécheresses prolongées font souvent naître dans les meilleurs ciments. Tout bien pesé, nous trouvons le premier mode sensiblement préférable, mais il est bon de connaître les principaux avantages de chacun.

§ 192. — Dans la pensée que le fluide électrique joue un rôle important dans la décomposition des argiles, et dans la mise à nu d'une portion de leur acide silicique, nous nous sommes procuré des fragments de ces substances qui avaient avoisiné les parties inférieures d'un paratonnerre. Il nous semblait évident qu'ils avaient dû être traversés, et très inégalement, par les courants d'un même fluide, et que, par conséquent, il était possible qu'ils en eussent reçu une influence favorable. Si notre conjecture se fût vérifiée, il eût été possible d'employer ces instruments à l'hydraulisation; mais soit que le charbon dont ils étaient mélangés leur eût nui, soit que l'idée première fût erronnée, nous n'en avons rien obtenu, même de passable; et les circonstances ne nous ont pas fourni l'occasion de renouveler ces essais.

§ 193. — Il arrive parfois que de petites forces, qui isolées produisent peu d'effet, peuvent devenir utiles comme auxiliaires. L'effet mécanique des enchevêtrements est souvent dans ce cas. Nous avons dit qu'avec des gangues puissantes, il est en général énergique, et d'autant plus que les sables inertes qui y donnent lieu se prêtent plus facilement par leur porosité, à la pénétration des radicules de gangues. Mais il peut être utilisé, même avec des gangues inertes. Nous avons étudié sous ce point de vue des marnes argileuses et des boues de route calcaires complètement privées d'hydrosilicates. Les premières, employées seules, nous ont fourni des enduits d'autant plus criblés de fentes, que l'argile était plus abondante. Ces fentes étaient remarquables non seulement par leur nombre, mais encore par leur largeur; il s'en est trouvé qui avaient jusqu'à un centimètre, bien que l'enduit eût à peine douze millimètres d'épaisseur. L'addition du sable a diminué progressivement leur nombre et leurs dimensions, et a même fini par les faire disparaître presque en entier. Ce résultat est dû spécialement à la grande dispersion de la gangue, et à la distribution du retrait sur une étendue plus grande; mais il reconnaît, ce nous semble, encore une cause, tout au moins comme auxiliaire. Plus la masse de gangue diminue, plus sa force de retrait s'affaiblit, et plus s'accroît au contraire l'étendue de la surface du contact avec le sable, c'est-à-dire l'adhérence. N'est il pas présumable que le retrait ne s'opère alors qu'imparfaitement, et que la densité de la gangue diminue. S'il en était autrement, les agrégats d'argile et de sable nous sembleraient devoir être plus résistants qu'ils ne sont ordinairement. Les gangues argilo-marneuses moulées seules, en prismes isolés, deviennent assez résistantes, et sont supérieures à leurs agrégats. Employées comme briques crues, elles ont donc l'avantage sur eux; mais comme enduits, ou comme matières à corroi, elles ne leur sont pas comparables. Elles souffrent également davantage des gelées, et c'est surtout ici que les enchevêtrements jouent un rôle.

§ 194. — Les boues de route calcaires pures essayées isolément, éprouvent en général peu de fendillement; si on les passe à un tamis fin, et qu'on rejette les parties grosses, l'enduit présente un assez grand nombre de fentes, mais qui sont loin d'approcher de celles des marnes argileuses et surtout des argiles. Si, au lieu de les priver de leurs grains, on leur ajoute un ou deux volumes de sable, elles sont plastiques, et fournissent un mortier passable. Nous disons passable, par comparaison avec les mortiers ordinaires de chaux grasse éteinte et de sable, enfermés dans les massifs. Tous ceux de ce genre que nous avons examinés étaient si défectueux, que nous n'hésitons point à assurer que des boues de route calcaires, même employées seules, eussent été préférables. Nous habitons un pays où l'on en fait un fréquent usage dans les constructions particulières, et où leur emploi est légitimé par le succès. Sans doute, le mortier de chaux qui peut se carbonater, leur est fréquemment supérieur; mais dans combien de circonstances l'acide carbonique ne se trouve-t-il pas dans l'impossibilité de l'atteindre ! En fesant réparer des piles de ponts âgés d'environ trois cents ans, nous avons recueilli dans leur intérieur des fragments de mortier dont presque toute la chaux avait été entraînée par les eaux, et qui, à coup sûr, se fussent mieux conduit, et eussent offert plus de solidité, si, en construisant, on eût remplacé la chaux par de la boue de route. L'eau n'eût pu en dissoudre aucune parcelle, et n'eût entraîné que des particules ténues.

§ 195. — En examinant l'état intérieur de plusieurs constructions anciennes qui sont encore debout, nous nous sommes plusieurs fois demandé comment il se pouvait qu'elles eussent résisté si long-temps, et qu'elles fussent encore susceptibles d'une longue durée. Beaucoup d'ingénieurs, sans doute, se sont adressé la même question; nous ignorons si les résultats auxquels ils ont été conduits sont les mêmes que les nôtres, mais ceux que nous avons obtenus, et que nous exposerons au chapitre IV, nous semblent de nature, non seulement à jeter quelque clarté sur les principes fondamentaux de l'art de constrnire, mais encore à donner les moyens de faire beaucoup mieux, et à moindres frais.

§ 196. — Les enduits tels qu'on les fait aujourd'hui, étant exécutés, qu'ils soient hydrauliques ou non, avec des mortiers de chaux éteinte, ne peuvent être soustraits aux fendillements qu'à l'aide de la massivation, de l'abondance du sable, et du nombre des couches. De quelque manière qu'ils soient faits, ce n'est qu'au détriment de la dureté qu'ils auraient pu atteindre, qu'on les empêche de fendre; mais leur destination étant de résister aux intempéries, et non à des chocs ou à des pressions, le but qu'on leur assigne se trouve atteint, et il convient rarement pour les particuliers de faire mieux, s'il en doit coûter davantage.

§ 197. — MM. Treussard et Vicat ont reconnu, et nous avons été dans le cas de faire la même observation, que l'addition du sable aux pouzzolanes améliorait sensiblement leurs enduits, et leur donnait la propriété de moins redouter les intempéries. Il peut sembler, au premier coup d'œil, que c'est en augmentant la porosité qu'ils produisent cet effet; mais il ne nous semble pas qu'il en soit ainsi. Les sables généralement employés, c'est-à-dire les sables cristallins, sont beaucoup moins poreux que les gangues; la plupart même sont imperméables à l'eau, ainsi qu'à l'air : or, comme dans un enduit bien fait, chaque grain de sable est aussi bien environné de matière que le serait la gangue, ou les grains de pouzzolanes dont il tient la place, il nous semble que la porosité, au lieu d'être accrue, est sensiblement diminuée; et que l'enduit à sable doit s'imbiber de beaucoup moins d'eau que celui qui en est privé. Il a d'ailleurs l'avantage d'interrompre à chaque alvéole la communication de l'eau, et d'apporter des obstacles à sa pénétration.

§ 198. — L'effet de la gelée sur les pierres a été trop peu étudié pour qu'il soit facile de se rendre compte de l'intervention des sables; mais comme l'expérience démontre qu'il est des pierres poreuses très gelisses, autant et plus que de pierres à grains fins, il nous semble naturel de conclure *à priori*, qu'un agrégat dans lequel on remplace des parties accessibles à l'eau, par des grains imperméables, qui ont en outre l'avantage de diviser, d'isoler son action; que cet agrégat, disons-nous, ne peut que gagner, toutes choses égales d'ailleurs, à ce remplacement. Joignons maintenant à ces deux effets la cause de résistance qui nous paraît la plus active, celle des enchevêtrements, et nous concevrons sans peine l'amélioration produite par le sable.

§ 199. — Nous avons annoncé que par le fait les ciments étaient supérieurs aux meilleurs mortiers hydrauliques, et nous en avons expliqué les raisons. Mais nous n'avons que peu d'occasions de comparer ces derniers entre eux sous le point de vue du mode d'extinction. Ce sujet a été traité par M. Vicat avec une grande supériorité; et il ne nous a laissé qu'à y glaner; nous n'en dirons donc que peu de mots. Si même les mortiers devaient toujours être exposés à des efforts semblables aux siens, nous ne pourrions mieux faire que de renvoyer à ses tableaux.

§ 200. — Le premier mode d'extinction, celui employé presque partout, a pour lui de précieux avantages. Le principal peut-être consiste dans sa généralité qui en a fait un travail usuel, à la portée de quiconque a bras et jambes; en sorte que quelque part qu'on ait de la chaux à éteindre, on n'a, pour ainsi dire, à s'occuper ni par qui, ni comment l'opération sera conduite. Il possède en outre la propriété de diviser la chaux mieux que tout autre, et de lui donner la faculté d'agir en entier comme gangue; enfin, il n'exige point une seconde addition d'eau, c'est-à-dire une opération nouvelle.

Lorsqu'on n'agit que sur des mortiers de chaux

grasse et de sable, qui ne donnent lieu à aucune action chimique, le choix du procédé d'extinction peut donner matière à réflexion, attendu que la résistance définitive n'a pour base que de petites forces, qui peuvent être influencées en bien ou en mal, par de faibles modifications. L'adhérence, comme la cohésion, y sont d'une grande médiocrité, quand on les abandonne à elles seules, et qu'on les soustrait au contact de l'air; de légères différences dans la manipulation, ou dans les circonstances accessoires, peuvent donc en apporter d'appréciables dans les résultats.

§ 201. — L'adhérence, comme la cohésion, peuvent varier d'intensité, non seulement d'un procédé à l'autre, mais même dans chaque procédé en particulier, suivant la fermeté qu'on donne à la pâte, et surtout le temps qu'on laisse écouler entre la cuisson et l'emploi. Il en est de ces effets, comme de tous ceux où de petites forces seules sont en jeu; leur action n'a besoin pour être modifiée que de l'intervention de petites forces. Or, entre l'extinction à grande eau, et celle à un air sec, il existe des gradations à l'infini, gradations qui peuvent encore varier par la promptitude ou le retard de l'emploi. Nous nous étions servi de chaux vive pour dessécher une chambre humide, où un carrelage frais venait d'être exécuté; cette chaux s'y était éteinte par le procédé spontané; mais en raison du grand excès d'eau, et de la fermeture de toutes les issues qui avaient gêné l'arrivée de l'acide carbonique, elle s'est comportée dans les essais auxquels nous l'avons soumise, à peu près comme de la chaux d'immersion, et il nous a été impossible d'en tirer la moindre hydraulicité. Il peut donc exister un nombre infini de modes d'extinction, qui tous donnent lieu à de petites modifications dans la cohésion et dans l'adhérence.

§ 202. — L'hydrate de chaux dosé par M. Berzélins, a été estimé par lui contenir la chaux et l'eau dans des proportions telles, que l'oxigène de l'acide égale celui de la base ; mais cette évaluation a pour point de départ la chaleur de la lampe à esprit de vin. Or, sans tenir compte de la différence d'intensité d'action dont cette lampe même est susceptible, n'est-il pas permis de se demander si la simple chaleur de l'eau bouillante, ou tout autre degré, ne serait pas à aussi bon droit susceptible d'être prise pour guide ? Une réflexion aussi simple n'a pas échappé à l'immortel chimiste ; mais sans rechercher les causes de son choix, nous avons cru pouvoir essayer une autre méthode.

§ 203. — Il nous a semblé qu'au lieu d'éteindre d'abord la chaux, il serait plus rationnel de la prendre vive, et de l'exposer dans cet état à une atmosphère humide abritée de toute influence étrangère. Abandonnée ainsi à ses propres forces, et sans cesse en contact avec le principe électro-négatif pour lequel elle a tant d'affinité, n'était-il pas présumable qu'elle s'en saturerait sans excès, et à la dose qui semblerait devoir lui convenir le plus ? Dans le but de donner suite à cette idée, voici ce que nous avons fait :

Nous avons exécuté trois pesées égales de chaux vive pure, sortant du four, et parfaitement cuite (nous avons cru préférable de l'employer en morceaux plutôt qu'en poudre); chacune d'elles était égale à cinq grammes; deux ont été mises séparément dans des capsules, et placées chacune dans une assiette remplie d'eau, puis recouvertes d'un bocal, ainsi qu'un petit vase d'eau de chaux destiné à prendre le peu d'acide carbonique que pouvait contenir l'air renfermé. Chaque échantillon était donc constamment en contact avec de la vapeur d'eau, et à l'abri de toute influence atmosphérique; le niveau de l'eau était maintenu constant dans l'assiette, au moyen de l'expérience bien connue de Mariotte. Les deux appareils ont été posés sur une table, et y sont restés pendant quatre et six mois à une température de dix à quinze degrés. Le troisième échantillon a été placé dans une autre chambre, dont la fenêtre est restée constamment ouverte, et il a été pesé d'abord tous les deux ou trois jours, puis tous les huit à dix; voici ce que nous avons observé :

§ 204. — L'un des bocaux a été enlevé au bout de quatre mois, et la chaux pesée à l'instant; son poids, supposé primitivement de 100 parties s'est trouvé en contenir 154; elle était bien gonflée, mais seulement en fragments poreux, et avait peu de poudre. Au bout de sept mois l'échantillon du second bocal a été essayé, et a donné 155 parties; si, au lieu de ces nombres, nous eussions trouvé 164, les proportions de notre hydrate eussent offert pour

1 d'oxigène dans la base, 2 d'oxigène dans l'acide, c'est-à-dire le double de la proportion admise par M. Berzélins. Or, si l'on fait attention qu'il y a nécessairement eu des parcelles de chaux qui n'ont pu se saturer, on ne regardera pas comme impossible, que les 100 parties fussent susceptibles d'en prendre 64, c'est-à-dire 9 de plus que nous n'avons trouvé.

§ 205. — La proportion d'eau admise pour tous les hydrates, étant celle d'une même quantité d'oxigène dans l'eau et dans la base, nous n'avons pas la prétention de chercher à inspirer le doute. Ce serait de notre part une présomption déplacée; mais nous avons observé un fait, et nous le rapportons.

Au bout de dix jours d'exposition à l'air, notre troisième échantillon pesait 157; au bout de quatre mois, il pesait 161, et au bout de huit, toujours 161. Il était à peu près tout en poudre, mais un peu grenue, et qui n'avait pu évidemment se saturer. Mis en mortier, il nous a fourni une faible trace d'hydraulicité; ceux des bocaux ne nous en ont pas donné la moindre apparence.

§ 206. — Nous avons dit qu'à l'abri du contact de l'air, la chaux grasse et ses agrégats offraient peu de résistance, et méritaient à peine d'être étudiés; il n'en est plus ainsi quand ce contact a lieu.

L'évaporation de l'eau permet à la gangue de céder à la force du retrait, et les mortiers peuvent en recevoir une amélioration sensible. A ne considérer que cette force isolément, le retrait est d'autant plus considérable que la chaux est plus pure ; et la résistance, ainsi qu'on pouvait le présumer, suit le même ordre ; mais une force étrangère est mise en jeu dans ce contact, et vient modifier singulièrement les résultats.

Hors de son action, la cohésion et l'adhérence ont des propriétés qui varient, non seulement avec chaque mode d'extinction, mais encore avec chaque nuance de ce mode, comme avec toutes les circonstances accessoires qui peuvent entrer en cause ; soumises à son influence, elles reçoivent des modifications nouvelles, et acquièrent des propriétés qu'elles n'avaient pas, comme elles en perdent qu'elles avaient.

§ 207. — Le retrait et l'acide carbonique, le premier surtout, sont les deux agents indispensables aux chaux grasses éteintes ; mais le premier est l'ennemi de toutes les maçonneries, parce que dans toutes il crée des vides, et que s'il améliore d'un côté, il nuit davantage de l'autre. Les expériences sur des pièces isolées pourraient donc souvent induire en erreur, si l'on se bornait à un examen superficiel.

Quel que soit le procédé d'extinction, nous dirons en thèse générale, qu'avec des chaux grasses et des sables, on ne peut obtenir rien qui vaille, parce qu'en thèse générale, les maçonneries sont des massifs, dont l'intérieur peu susceptible de retrait, s'améliore peu, et dont l'extérieur, en s'améliorant d'un côté, se détériore d'un autre.

§ 208. — Le mot de chaux grasse seul ou accolé

à celui de sable, ne présente donc à notre esprit que des mortiers sans force, et qui, dans une foule de circonstances, pourraient être suppléés avec avantage par des boues de route calcaires, et surtout par ces boues mêlées de sable. Nous rappelons qu'il n'est pas ici question des ciments; ceux-ci n'ayant pas le défaut du retrait, peuvent recevoir de l'acide carbonique une puissance considérable, et devenir capables de résister à une foule d'efforts.

Au lieu d'hydrate de chaux, emploie-t-on son hydrosilicate, toute la question change. Une influence chimique puissante est mise en jeu, et tout ce qui tend à agir dans son sens l'améliore, comme tout ce qui va contre, lui nuit.

§ 209. — Chacun sait combien le degré de concentration fait varier les actions chimiques, combien un rapprochement plus intime des parties peut accroître l'intensité d'une combinaison. L'exemple journalier du plâtre gâché clair ou ferme, nous en offre un exemple frappant. Il en est de même des résultats qu'il présente quand on le laisse éventer, c'est-à-dire subir un commencement de combinaison avec l'eau, sans que ses particules soient rapprochées.

Une chaux hydraulique spontanée est dans le même cas que le plâtre; ses éléments électro-négatifs se trouvant en présence de la chaux, n'ont besoin que de l'intervention de l'humidité, pour préluder à une combinaison, qui ne peut devenir intime en raison de l'éloignement des parties. L'eau est prise en premier lieu par la chaux grasse, qui a pour elle, comme on sait, une affinité puissante; et la pierre cuite est désagrégée. Si la mise en œuvre a lieu promptement, ou si l'air ambiant est sec, la détérioration se réduit à peu de chose; mais elle s'accroît d'autant plus rapidement que l'humidité est plus grande, et le laps de temps écoulé plus considérable; l'acide carbonique vient encore ajouter au mauvais effet de l'eau, mais son influence est minime en comparaison de celle de cette dernière.

§ 210. — Dans une pierre à ciment romain, la désagrégation n'a pas lieu, mais ce qui est assez remarquable, c'est que la combinaison ne s'en opère pas moins. Entre ce cas et le précédent, la différence sous un point de vue est grande, car dans le ciment, les principes se trouvant très rapprochés, l'union est intime, et le corps fort dur. Mais sous le point de vue de l'utilité, la similitude est entière; car si l'on réduit en poudre la pierre qui se trouve dans cet état, elle ne donne plus qu'un mortier médiocre, ou même tout-à-fait inerte, suivant que l'humidité a été plus ou moins abondante et prolongée.

§ 211. — Si, au lieu de chaux hydraulique, on considère de la chaux grasse en poussière, mêlée de poudres pouzzolaniques, les effets sont à peu près pareils à ceux de la chaux hydraulique.

Il est donc évident que l'extinction spontanée a le défaut d'établir un commencement de combinaison dans des circonstances défavorables, défaut qui est d'autant plus prononcé, que l'humidité a été plus considérable, et la durée du contact plus prolongée. Sans doute, cette extinction peut avoir son utilité, car quel corps n'est dans ce cas? Il suffit que le produit qu'elle donne ait des propriétés distinctes, pour qu'il soit susceptible d'usages distincts; mais sous le point de vue qui nous occupe, c'est évidemment pour nous une matière détériorée.

§ 212. — La chaux éteinte par immersion peut se rapprocher ou s'éloigner de celle spontanée, suivant qu'après cette opération, elle est plus ou moins abritée de l'humidité, suivant enfin qu'elle est plus ou moins hydraulique. En raison de l'excès de chaux grasse que contient toute chaux hydraulique, le premier effet de l'eau s'exerce tout entier sur elle, et n'a d'autre résultat, à peu de chose près, que de désagréger plus ou moins complètement la pierre cuite. Le constructeur est donc maître de rapprocher à son gré, ou d'éloigner la ressemblance. Mais comme il est maître aussi de rapprocher la mise en œuvre, attendu que ce qui constitue l'extinction par immersion, c'est le mode et non la durée, il s'ensuit qu'il peut, s'il lui convient, ne pas attendre que le prélude de la combinaison soit décidé. Dans la méthode spontanée qui se lie nécessairement à un long temps écoulé, rarement moindre de quinze jours, trois semaines, il n'a pas la liberté de faire le mortier de suite; mais aussi la quantité d'eau absorbée a été sensiblement moindre, et n'a généralement agi que sur la chaux grasse. Si donc on commence la mise en œuvre à l'instant où presque toute la pierre est réduite en poudre, il n'y a encore que peu ou même point de mal; mais si on la retarde beaucoup, et surtout qu'il y ait une forte dose d'eau absorbée, la détérioration peut être sensible, quelquefois même avancée. Ces effets, qui sont faciles à comprendre, n'excluent point complètement les petites modifications qui peuvent naître de la différence des procédés ; mais ils les dominent, et à tel point que l'on peut obtenir des résultats pareils, ou à peu de chose près, par l'un quelconque des procédés.

§ 213. — Si nous nous sommes bien expliqué, le lecteur a dû comprendre aisément la marche des choses, et il sentira avec nous, que sans proscrire aucun procédé, il doit regarder avec M. Vicat le procédé ordinaire comme le meilleur, en raison de ce que c'est celui qui divise le mieux la chaux, qui se prête le mieux à l'intimité de combinaison, qui produit une meilleure gangue. Le procédé employé par M. Treussard en diffère, à coup sûr, fort peu, et dans une localité où l'habitude en serait prise, nous ne croirions pas utile d'y renoncer pour le premier. Nous pensons toutefois qu'il lui est généralement inférieur.

§ 214. — On peut, comme l'a remarqué M. Rancourt, obtenir quelque amélioration de l'emploi des chaux, peu après leur mise en pâte ; mais d'après notre propre expérience, il n'y a le plus ordinairement avantage sensible, que lorsque l'immersion est retardée d'au moins un ou deux jours et quelquefois plus. Le motif en est que l'effet de ce procédé étant de donner lieu à un agrégat plus dense, l'immersion agit dans un sens inverse, si l'on n'a pas la précaution d'attendre que la combinaison soit commencée et même assez bien décidée. Il se passe en cette circonstance quelque chose de semblable à ce qui a lieu quand on fait des ciments avec de la poudre de chaux vive et des pouzzolanes; l'effet seulement est moins intense. L'avidité de la pâte de chaux récente pour un excè sd'eau est telle, que si l'on n'attend pas au moins un ou deux jours, elle la satisfait souvent, au détriment de la résistance définitive. Cet effet a été spécialement reconnu par nous, lorsqu'au lieu d'enfoncer complètement les mortiers dans les verres, nous les y placions en forme hémisphérique, avec l'attention d'éviter que leurs bords fussent soutenus par les parois latérales du verre. Il nous est même plusieurs fois arrivé de les voir désagrégés, ou au moins détériorés.

Tout bien pesé, il nous semble que l'avantage obtenu ne compense pas les chances d'insuccès qu'une erreur de manipulation peut produire.

§ 215. — Nous dirons donc en dernière analyse, et sans refuser aux diverses modifications d'extinction quelques avantages particuliers à des applications spéciales, que le procédé d'extinction ordinaire est généralement le seul convenable, soit qu'on se serve de chaux hydrauliques, soit qu'on emploie des chaux grasses et des pouzzolanes. Nous ajouterons enfin que nous conseillons de ne jamais faire les mortiers avant vingt-quatre ou trente-six heures d'extinction.

§ 216. — M. Vicat, en remarquant que les parties de mortier détériorées contenaient moins de chaux que les autres, a pensé que celle enlevée pouvait être en excès dans le composé, et que la nature s'efforçait d'arriver aux proportions exactes en corrigeant l'erreur de la main qui avait dosé. Cette conjecture nous semble susceptible de fortes objections, et nous les lui soumettrons en peu de mots. Lorsqu'on immerge sous de l'eau distillée ou de l'eau de pluie, des mortiers hydrauliques quelconques, et qu'on intercepte le contact de l'air, la solidification complète et l'insolubilité se décident dans un délai plus ou moins éloigné, qui dépend spécialement de la nature des mortiers; mais la quantité de chaux grasse qu'on leur donne peut varier entre des limites très étendues, sans qu'il y ait la moindre parcelle de chaux rejetée. L'eau en dissout comme à son ordinaire la cinq centième partie environ de son poids, et les choses en restent là. Le mortier n'en finit pas moins, malgré son fort excès de chaux, par devenir complètement insoluble. Le même résultat a lieu avec des ciments romains contenant des doses de chaux très différentes. Lorsqu'on se sert d'eau ordinaire, et qu'on la renouvelle souvent, mais surtout quand on immerge dans une eau courante et rapide, la dose de chaux enlevée peut varier du tout au tout entre la surface du mortier et sa partie inférieure. La première peut en être épuisée, et la dernière en contenir encore en excès; entre l'une et l'autre se trouvent toutes les proportions. Dans certaines couches, il y a excès;

dans d'autres, défaut. Il nous semble donc impossible d'admettre, en cette circonstance, aucune force régulière entre la nature et la main qui dose.

Nous avons donné sans doute à l'idée de notre confrère plus d'extension et d'importance qu'il ne lui en a lui-même attaché; mais comme ce qui vient de lui, même de simples aperçus, fait autorité, nous avons cru utile d'exposer nos doutes.

§ 217. — On sait, et nous l'avons éprouvé nous-même, que le plâtre qui a déja servi, ne peut recouvrer, par une nouvelle calcination, ses qualités premières; les ciments romains nous ont offert le même résultat. Quelle est la cause de cette infériorité? C'est ce qu'il n'est pas aisé de découvrir.

Le plâtre de première cuite augmente de volume en se combinant avec l'eau, et il en est de même, mais à un plus haut degré, de la chaux vive. Lorsqu'à l'aide de la chaleur, on enlève au composé obtenu l'eau qu'il avait reçue, on diminue plus ou moins son volume; mais on ne lui rend pas, à beaucoup près, sa densité première; le nouveau plâtre, la nouvelle chaux, ont donc un tissu plus lâche, et ne sont plus susceptibles d'éprouver, par un nouveau gâchage, un développement aussi considérable. L'observation de ce fait nous a donc semblé fournir l'explication du phénomène; mais, malgré nous, nous sommes tenté de la croire insuffisante. Le plâtre comme la chaux ont éprouvé, par la recalcination, une diminution de volume; lors donc qu'on les emploie de nouveau, on est en droit de penser qu'ils reprendront et la même quantité d'eau, et le même volume, et les mêmes propriétés ; mais il n'en est point ainsi, et il est même presque impossible, quel que soit le dosage de l'eau, d'empêcher de fendre l'enduit de plâtre comme celui de chaux pure.

§ 218. — Sans doute, ces deux corps ont conservé la majeure partie de leurs propriétés ; mais il est évident qu'ils ont subi quelque modification, puisqu'ils ne se comportent plus avec l'eau comme auparavant. La différence d'action que nous a présentée la chaux grasse n'a point été aussi frappante que celle du plâtre et des ciments, et comme elle est plus difficile à étudier, peut-être aurions-nous fait erreur ; cependant nous ne le croyons pas.

§ 219. — Les ciments immergés recuits nous ont donné des résultats inférieurs à ceux qui n'étaient pas restés sous l'eau ; mais ce sont les poudres avariées dont la recalcination nous a fourni les essais les plus défectueux ; peut-être en eût-il été de même du plâtre éventé comparé au plâtre mis en œuvre ; nous n'avons rien fait pour le reconnaître.

Ces faits sont donc difficiles à expliquer complètement ; mais de cette difficulté même naîtront peut-être quelques avantages, car elle peut appeler, nécessiter quelques modifications à la théorie, et mettre sur la voie de nouveaux faits. Dans les sciences physiques et dans les arts, ce sont moins des explications que des faits qu'il importe de recueillir. Bien loin d'être contrarié d'une découverte qui met nos idées en défaut, nous devons nous en féliciter ; c'est un pas de plus vers la vérité.

§ 220. — En parlant de l'union de la chaux hydratée à l'acide silicique, nous avons fait voir qu'une combinaison intime, et à coup sûr plus intense que nombre d'actions chimiques, pouvait résulter de la seule juxta-position, du simple mélange de substances solides en grains de grosseur commensurable. Ce genre de combinaison nous paraît digne de l'attention des savants. Sa liaison à l'électro-chimie nous semble frappante ; et si on lui adjoint la détérioration produite sur les chaux hydrauliques par l'extinction spontanée, la légère hydraulicité que cette extinction peut donner à la chaux grasse, la combinaison qui s'opère dans les ciments romains à l'état de pierres cuites non broyées, l'impossibilité de rendre par la calcination à des actions commencées, ou en travail, ou achevées, leur première énergie, etc., etc. ; ils y trouveront peut-être matière à ajouter à la théorie quelques-unes des modifications que tant d'autres faits appellent.

§ 221. — En parlant de la combinaison directe de l'acide silicique avec la chaux hydratée, nous avons omis de faire observer que l'influence de sa cohésion est nulle sur les résultats ; et c'est un fait que nous avons fréquemment observé. Il y a plus, nous avons été presque constamment plus satisfait des mortiers qu'il nous a donnés après sa calcination, que de ceux provenant de sa gelée. Dans le premier état pourtant, sa cohésion, sa densité surtout, sont comparables à celles de la silice proprement dite ; dans le second, au contraire, elles sont extrêmement faibles, et l'union peut se faire, pour ainsi dire, d'atome à atome.

§ 222. — L'acide silicique est cependant susceptible d'éprouver, comme nous l'avons dit, des modifications, mais d'une autre nature, et qui exercent une influence non douteuse sur la combinaison : le calcaire de Sénonches paraît en offrir un exemple. M. Berthier et d'autres ingénieurs pensent que la chaux hydraulique qui en provient, donne des mortiers moins bons que la chaux artificielle de M. de Saint-Léger ; cependant, d'après la comparaison de leurs éléments, elle devrait être sensiblement supérieure. Quelle peut être la cause de cette anomalie?

§ 223. — Dans le calcaire de Sénonches, l'acide silicique est en grande partie à l'état isolé, et probablement il s'y trouve ainsi depuis nombre de siècles. Or, il est assez ordinaire que les corps s'unissent plus intimement, quand ils passent d'une combinaison à une autre, ou du moins quand la combinaison défaite est peu ancienne *. Ne se pour-

* Un fait que le hasard nous a présenté mérite d'être rapporté. Nous avions un petit paquet d'acide silicique préparé depuis quatre ans (il avait été simplement séché à la température de l'eau bouillante). Nous eûmes occasion de l'employer à quelques essais, il y a environ un an ; mais nous n'avons pas été peu surpris de le trouver sensiblement inférieur à ce qu'il était cinq ans plutôt. Quelle en est la cause? Nous ne pourrions croire que ce puisse être une durée aussi éphémère que quatre ans; et le lecteur sera sans doute de notre avis. Il ne lui aura point échappé toutefois que l'inertie des masses de silice situées à la sur

rait-il pas que ce fût là, non pas la cause première, mais au moins celle immédiate de l'infériorité observée? S'il en était ainsi, nous aurions à passer à un nouveau pourquoi, et à reculer la limite des explications; mais ceci n'est qu'une conjecture, et nous n'avons rien à offrir à son appui.

§ 224. — Pour nous guider dans nos recherches, nous pourrions encore supposer que la calcination, en chassant l'acide carbonique, exerce sur l'état électrique de l'acide silicique une modification différente de celle qu'elle produit sur les combinaisons de cet acide, c'est-à-dire sur les hydrosilicates.

§ 225. — Enfin, la question peut encore se présenter sous un autre point de vue, qui paraît plus simple; nous voulons parler du peu de densité du calcaire et de l'acide silicique qui s'y trouve disséminé. On éprouve, en effet, peu d'éloignement à admettre qu'une substance dont les molécules, peut-être même les atomes, sont depuis des siècles plus espacés que dans son état ou ses combinaisons ordinaires, soit susceptible d'unions moins intenses. M. Gay-Lussac attribue la plus grande dureté de certains plâtres à la plus grande cohésion de la pierre qui les fournit. M. Berthier est d'avis que le ciment parker doit sa bonté à la même cause. Nos propres observations viennent elles-mêmes confirmer d'une façon remarquable l'opinion de ces savants.

§ 226. — La seconde hypothèse a été mise par

face et dans l'intérieur du globe, peut bien ne pas être sans relation avec quelques-uns des faits que nous avons cités.

nous à l'épreuve, du moins dans le calcaire qui nous occupe; mais nos essais sont encore trop jeunes pour nous rien apprendre. Nous avons employé ce calcaire à l'état cru comme pouzzolane, et s'il nous fournit des mortiers supérieurs ou même égaux à ceux de la chaux de M. de Saint-Léger, la conjecture semblera justifiée. Si le contraire a lieu, et que la différence soit sensible, elle sera infirmée. Nous disons sensible, parce que dans un volume comme dans un poids donné de mortier, il entre moins d'acide silicique dans celui à calcaire cru, en raison de la grande abondance de carbonate de chaux dont il se trouve mêlé.

§ 227. — Sous le rapport de la cohésion, il est clair que les briques artificielles en craie de Meudon et en argile de Passy n'égalent pas le calcaire marneux de Sénonches; mais on ne peut se borner à cette comparaison. Il en est de la cohésion, comme de la densité, c'est-à-dire que, considérée dans l'ensemble de tout un corps, elle peut être faible, et, examinée dans ses particules, être intense, et *vice versâ* *. Or, c'est évidemment la cohésion des particules qui est surtout importante dans ces circonstances; et il ne serait pas surprenant que dans la craie de Meudon, elle fût supérieure à ce qu'elle est dans le calcaire de Sénonches. La cohésion, ou plutôt la densité de l'acide silicique, peut également, ce qui est même assez probable, être plus

* Nous avons rencontré une dolomie très dure, très difficile à briser, mais qui, une fois réduite en petits fragments, se broyait avec facilité.

grande dans l'argile de Passy que dans ce calcaire.

§ 228. — Il ne faut d'ailleurs pas perdre de vue que l'observation de MM. Gay-Lussac et Berthier est relative à des ciments, à des substances qui s'emploient en poudre, et non à des matières qui subissent une extinction préalable. Nous avons fait voir qu'il existe entre les deux cas une différence fort grande, et nous n'y reviendrons pas.

L'infériorité de la chaux de Sénonches est pour nous, dans tous les cas, un fait saillant, et qui nous semble mériter d'être étudié.

§ 229. — En parlant de la manière d'expérimenter sur les mortiers, nous avons oublié de dire que nous n'avons jamais observé de marche rétrograde, soit lorsque nos essais ont été mis à l'abri du contact de l'eau et de l'air, soit même lorsqu'ils ont été simplement soustraits à ce dernier. Ce phénomène nous semble s'expliquer naturellement par les alternatives auxquelles l'enlèvement de la chaux par l'eau expose les mortiers. Nous pensons même qu'il est susceptible de nombreuses vicissitudes non observées, et dont il serait aisé de se rendre compte; on le concevra aisément, et il serait inutile de nous y arrêter.

§ 230. — Une question que nous croyons plus utile, est celle de savoir si les combinaisons qui s'opèrent entre les éléments en présence, sont les mêmes quand les mortiers sont immergés, ou quand ils restent à l'air.

Lorsque les pièces exposées à l'air sont épaisses, leur intérieur peut se rapprocher de celles immergées ; cependant la différence est appréciable, soit en raison de la perte d'eau, soit à cause de l'introduction de l'air, soit surtout par l'action de l'acide carbonique (dans les mortiers et les ciments colorés, l'action de cet acide se décèle promptement par la couche blanche de chaux carbonatée qu'il forme à leur surface). Il résulte de là que, depuis la superficie jusqu'au centre, chaque couche est en butte à des actions d'autant plus intenses qu'elle se rapproche davantage de la première, et *vice versâ*.

§ 231. — Si les essais sont formés de chaux éteintes ou de leurs agrégats, ils éprouvent toujours une forte diminution de volume; et cette diminution est d'autant plus considérable, que la chaux était plus pure, le carbonate primitif plus dense, et la gangue moins mélangée. Sur des pièces isolées et de peu d'étendue, comme de petites briques, le retrait s'opère sur la masse entière, et ne se manifeste par aucun signe. Mais sur des enduits ou sur de grandes surfaces libres, il se décèle par une multitude de fentes, d'autant plus larges et plus nombreuses, qu'il eût été plus fort sur une pièce isolée. On ne peut les éviter que par un accroissement de main d'œuvre, et toujours au détriment de la résistance.

§ 232. — Lorsque le mortier est mis à l'abri de toute évaporation, il n'éprouve plus ni retrait ni fendillements d'aucun genre, et ne diminue ni n'augmente de volume; il reste ce qu'on l'a fait, et dégorge seulement une partie de son eau, à moins, ce qui est assez difficile pour les mortiers de chaux éteinte, qu'on ne lui ait donné que celle dont il a besoin.

Ces différences dans la manière dont les mortiers se conduisent, sont trop frappantes pour n'en pas annoncer une dans leur mode de solidification, d'agrégation; mais une autre circonstance vient encore la confirmer.

§ 233. — Si l'on prend une pièce d'essai, ou une simple boule qui soit restée constamment à l'air pendant un ou plusieurs jours, et qu'on l'immerge, on est dans le cas d'observer plus spécialement le fait suivant. Si le séjour à l'air n'a été que de quelques heures, pour des mortiers très hydrauliques, ou de plusieurs jours pour ceux qui le sont peu, l'essai est désagrégé; mais soit qu'on le laisse dans cet état, soit qu'on le comprime, ou qu'on le remanie pour en faire un tout uni, il n'en finit pas moins par se solidifier. Si on a laissé se prononcer davantage la solidification en plein air, il n'y a plus désagrégation, mais il y a marche rétrograde. Les limites et la durée de cet effet laissent à l'observateur beaucoup de latitude. Ainsi, il nous est arrivé de n'immerger d'assez bons mortiers qu'au bout de quinze jours (la dureté qu'ils avaient acquise à l'air était telle que le plus fort frottement de l'ongle ne pouvait les rayer); l'eau n'a plus été capable de leur enlever la moindre parcelle de chaux, et pourtant ils sont devenus au bout de peu de jours susceptibles d'être rayés sans peine. Les ciments artificiels eux-mêmes donnent tous plus ou moins lieu à des observations de cette nature.

§ 234. — Si, au lieu d'opérer comme nous venons de le dire, on abrite les échantillons immédiatement après leur gâchage, on observe une marche inverse. Ainsi, tant qu'ils sont dans l'impossibilité de perdre de l'eau, ils conservent intégralement leur volume; mais du jour où on permet à l'évaporation de se faire, même par un suintement au travers de vases de poterie, le retrait se décide d'une manière plus ou moins prononcée. Il est même rare que quelques mois d'immersion ou d'abri puissent suffire à l'empêcher. Beaucoup de ciments romains sont également susceptibles, quoique à un moindre degré, de subir un retrait.

§ 235. — Il nous semble difficile de méconnaître dans ces signes, l'annonce d'un mode d'agrégation différent, et s'ils ne nous eussent paru suffisants, vu surtout le médiocre intérêt de la question, nous ne doutons pas qu'il ne nous eût été facile de leur en adjoindre d'autres. Nous avons oublié de dire que l'effet rétrograde dont nous avons parlé s'était offert à nous, lors même qu'au moment de l'immersion, les pièces d'essai avaient subi à l'air tout le retrait dont elles étaient susceptibles.

§ 236. — Les bons ciments romains naturels, ou ceux artificiels, qui sont préparés convenablement n'éprouvent, du moins généralement, pas plus de retrait à l'air que dans l'eau. Il est rare sans doute que dans des positions aérées, dans des endroits secs, et surtout dans des locaux échauffés, ils ne finissent à la longue par fendre quelque peu (nous verrons dans le chapitre IV comment on peut éviter ce défaut); mais il y a ici circonstance particulière, exception, et ce n'est plus pendant les préludes, pendant l'acte de la solidification, que le retrait s'opère. C'est donc un fait distinct, isolé de celui que nous considérons. L'absence des retraits ne nous empêche cependant pas de penser que le mode d'agrégation peut encore différer plus ou moins dans les deux circontances; et nous croyons difficile qu'il en soit autrement en présence d'un fait aussi saillant que la diminution de dureté, la marche rétrograde, dont nous avons parlé.

§ 237. — Il existe des ciments naturels, chez lesquels ce symptôme n'existe pas, et nous croyons que chez eux, il y a bien peu de différence entre le mode de solidification à l'abri de l'air et à son contact. Chez eux, tout se passe rapidement; et au bout d'un ou deux mois la combinaison est presque complète; du moins elle ne croît plus que lentement, et ne dépasse que de peu l'intensité qu'elle a acquise. Nous n'avons trouvé ce caractère qu'aux calcaires très denses, bien homogènes, et dont la structure semblait annoncer un contact très ancien entre le carbonate de chaux et les corps mélangés. Pour que la marche rétrograde n'ait pas lieu, il n'est pas nécessaire d'une grande abondance d'acide silicique; nous avons rencontré des pierres qui n'en contenaient pas six pour cent, et qui n'en offraient pas le plus léger symptôme. Leurs ciments toutefois avaient l'inconvénient de ne pouvoir être immergés qu'au bout d'un ou deux jours.

§ 238. — Les ciments naturels dont la solidification se complète si rapidement, et dont l'agrégation paraît être la même dans l'eau et à l'air, deviennent néanmoins en général plus résistants à l'air que dans l'eau, parce que l'acide carbonique les pénètre peu à peu, et ne laisse de chaux ni à l'alumine, ni au peroxide de fer. L'amélioration est encore plus frappante chez ceux qui contiennent de la magnésie, parce que cette substance reprend peu à peu son acide carbonique, et cesse d'entrer dans l'agrégat comme corps inerte. La difficulté qu'elle éprouve isolée et à l'état de poudre, pour reprendre cet acide, paraît beaucoup moindre dans cette position. Nos observations du moins nous autorisent à le croire *.

* En terminant cette discussion, nous ne pouvons nous dispenser d'émettre notre opinion sur les deux modes d'immersion employés sur les bétons, savoir : l'un immédiatement après leur gâchage, l'autre au bout de quelques heures. Le premier nous paraît offrir l'avantage de mouler plus parfaitement le mortier sur les surfaces qui le reçoivent, mais il a l'inconvénient de donner lieu à plus de laitance ; le second a le défaut de faciliter les vides, et d'exiger un massivage après la désagrégation, massivage qui peut suffire, mais ne produit jamais un aussi bon résultat; mais il donne lieu à moins de vase ; néanmoins, et en les supposant l'un et l'autre mis en œuvre avec toute la sagacité possible, nous n'hésitons point à préférer le premier. Nous pensons cependant qu'il conviendrait mieux encore de les combiner, c'est-à-dire de rebroyer au bout de douze ou vingt-quatre heures, et d'immerger de suite. La plupart des mortiers de chaux éteinte peuvent être remaniés au bout de quelques heures, souvent même de plusieurs jours, non seulement sans éprouver de détérioration, mais

Il ne s'offre plus à nous aucune question importante, aucun fait saillant à examiner, nous allons donc passer au chapitre IV. Nous terminerons celui-ci par quelques observations isolées, qui sans doute auraient pu être mieux placées, mais auxquelles nous n'avions pas songé.

§ 239. — M. Treussard ayant eu la pensée que l'alumine qui n'aurait jamais éprouvé de calcination pourrait être hydraulique, nous avons eu occasion de vérifier sa conjecture, en extrayant cette substance d'un pséphite non pouzzolanique, où elle se trouvait en quantité suffisante. Mais son inertie a été complète, et elle ne nous a pas même offert la minime pouzzolanéité dont a parlé M. Vicat. Nous ne saurions donc voir dans l'alumine, ainsi du reste que dans les autres oxides métalliques, que des substances inertes. Nous le répéterons encore, pour les mortiers immergés, ou abrités, il n'est de cohésion et d'adhérence qu'avec l'acide silicique; pour les mortiers atmosphériques, il n'est de cohésion et d'adhérence qu'avec l'acide carbonique ou l'acide silicique.

§ 240. — Sans doute des mortiers peuvent être excellents, quoique contenant de l'alumine et d'autres oxides; on trouve bien des carbonates de chaux qui ont une grande dureté, malgré la présence

même en s'améliorant. Cette question mériterait plus de développements, mais nous nous y arrêtons peu, parce que nous pensons qu'à l'aide des ciments romains, on peut se dispenser, dans presque toutes les circonstances, de faire des bétonnements.

d'une forte quantité de ces substances; mais dans l'un comme dans l'autre cas, elles n'ajoutent rien, ou du moins peu de chose, à la résistance.

§ 241. — M. Vicat a soumis pendant plusieurs mois à des massivations réitérées des mortiers à chaux grasse, et il a reconnu que cette opération leur avait été avantageuse. Mais quelle en est la cause? Il est évident à nos yeux que c'est l'absorption de l'acide carbonique, et nullement l'action mécanique. Sans doute la perfection du broyage importe à la bonté des mortiers, mais il n'est heureusement pas nécessaire pour l'obtenir, d'y revenir à tant de fois.

§ 242. — Le même ingénieur a pensé que les ciments n'adhèrent aux matériaux que par des aspérités de surface, c'est-à-dire par l'enchevêtrement qu'elles produisent. C'est aussi notre avis, et nous nous étaierions au besoin de leur puissance dans ce mode d'action, pour donner une idée du pouvoir des gangues ordinaires sur les sables. Les meilleurs mortiers hydrauliques ne réunissent pas les pierres avec autant de force; si donc ils empruntaient leur puissance d'une autre cause, il faudrait le regretter, car cette cause serait moins intense.

§ 243. — Il est des ingénieurs qui pensent que l'emploi des ciments présente de grandes difficultés dans les travaux, en raison de ce qu'ils exigent plus de dextérité et de promptitude. Une expérience de plus de quatre ans nous a démontré que c'est une erreur. Sans doute ils n'admettent pas la même nonchalance, la même absence de précautions que les mortiers ordinaires ; sans doute aussi ils exigent un apprentissage, quel nouveau mode en est exempt? mais il suffit de peu de temps pour apprendre aux ouvriers à surmonter ces difficultés, et on en retire alors de précieux avantages. Quand on emploie les ciments pour enduits, il peut être utile que l'ouvrier qui les met en œuvre soit celui qui gâche ; mais pour une maçonnerie pleine, ou de parements, il est plus expéditif et plus convenable de laisser ce soin à un goujat spécial ; et il n'est pas nécessaire qu'il se borne à agir sur de petites quantités. Excepté pour les ouvrages qui exigent peu de ciment à la fois, nous fesons exécuter le gâchage comme celui du mortier ordinaire. La seule précaution que nous prenions de plus est celle de ne jamais choisir pour aire un enduit terreux, c'est-à-dire qui contienne des hydrosilicates argileux ; mais bien un carrelage, ou une réunion de planches, ou une chaussée de route, ou tout emplacement en un mot qui ne puisse céder à la matière des parties susceptibles de lui nuire.

§ 244. — Les ciments artificiels ont, ainsi que beaucoup de ciments naturels, le défaut de ne pouvoir être immergés qu'au bout de quelques heures, souvent même de plusieurs jours ; ils ont aussi celui d'une certaine marche rétrograde qui leur est commun avec les mortiers hydrauliques, et qui n'a du reste aucun inconvénient ; ils ont enfin celui d'exiger beaucoup plus de temps que certains ciments naturels pour arriver à une grande dureté. Mais ils ont sur eux un avantage précieux dans les grands travaux, c'est qu'un reste de gâchée qui n'a point été employé à temps, et qui a fait prise, n'est jamais perdu. Il suffit, pour en tirer parti, de lui ajouter une petite quantité d'eau et de le regâcher de nouveau: on en obtient alors, non plus un ciment, mais un excellent mortier hydraulique. Il nous est plusieurs fois arrivé d'attendre un jour, et même trente-six heures pour ce réemploi, et d'en obtenir néanmoins de bons effets.

§ 245. — Les ciments naturels de qualité supérieure, c'est-à-dire dont la combinaison se décide et se complète rapidement, ne présentent pas cet avantage; ils en sont d'autant plus éloignés, qu'ils sont plus prompts. Dans cette circonstauce, nous n'entendons pas par promptitude la vîtesse de prise, celle-ci est même généralement plus rapide dans les ciments artificiels; nous voulons parler de la combinaison de la chaux avec les éléments en contact avec elle.

§ 246. — Ceci est un nouvel exemple de ce précepte si vrai, qu'aucune substance ne réunit tous les avantages; que c'est à l'intelligence a étudier les propriétés de chacune et à régler l'ouvrage sur leur nature, et non leur nature sur l'ouvrage. Ce que nous répétons ici des corps à employer, nous le disons d'avance des procédés que nous indiquerons; nous le disons de toute espèce de mesure; nous le dirions des individus, si nous avions à agir sur des individus. Que de fautes sont journellement commises pour le méconnaître.

§ 247. — Quelques constructeurs regardent

comme possible de tirer parti de l'imparfaite cuisson des calcaires pour la formation des ciments, et considèrent même le ciment de Pouilly découvert par M. Lacordaire, comme un exemple de ce procédé. Nous avons fait de nombreuses tentatives dans le sens de cette idée, et elles nous ont convaincu qu'à un très petit nombre d'exceptions, dont encore on ne peut être maître, il n'est aucun calcaire qu'on puisse songer à convertir en ciment romain par cette méthode. Nous devons à l'extrême complaisance de M. Lacordaire, d'avoir pu expérimenter sur un grand nombre d'échantillons de pierres de Pouilly. La plupart nous ont donné d'excellent ciment romain ; mais soit que nous enlevassions complètement l'acide carbonique, soit que nous en laissassions cinq pour cent et même plus, c'était toujours du ciment qu'elles nous donnaient, et jamais de la chaux hydraulique. Nous avons également expérimenté sur le ciment cuit que l'établissement de Pouilly verse dans le commerce *, et comme il contient presque toujours de l'acide carbonique, nous le lui avons enlevé ; nous n'avons constamment obtenu que du ciment. Nous avons fait des tentatives pareilles sur d'autres pierres à ciment, les résultats ont été les mêmes.

Nos essais en ce genre ont été peu multipliés, parce qu'ils ne nous offraient aucun intérêt ; l'issue

* Depuis environ quatre ans, nous employons annuellement au moins vingt mille kilogrammes de ce ciment, pour les travaux de l'administration, et nous ne pouvons qu'en faire le plus grand éloge.

n'en pouvait être douteuse pour nous. Nous ne nou en sommes même occupé que parce que M. Vica avait conjecturé que le ciment de M. Lacordair était dû à une imparfaite cuisson.

§ 248. — Nos tentatives sur les pierres à chau hydraulique ne se sont pas bornées à un si peti nombre d'expériences. Elles ont été variées en mode et en cuissons, mais sans succès. Il y a plus, i nous est souvent arrivé d'obtenir des pierres demi-cuites qui, broyées, puis employées comme ciment, se désagrégeaient même à l'air, bien qu'immergée en morceaux, elles ne s'éteignissent pas.

Ces essais nous ont fait perdre bien du temps, parce que nous conservions sans cesse l'espoir de réussir. Aujourd'hui nous les tenterions à peine, parce que nous sommes plus éclairé.

§ 249. — Il n'est peut-être aucun procédé qu'on puisse absolument et sans exception proscrire. C'est ce qui a lieu pour l'imparfaite cuisson. Nous avons rencontré des calcaires peu denses, donnant de la chaux éminemment hydraulique, dont nous sommes parvenu à obtenir parfois des ciments qui, immergés au bout d'un jour ou deux, se sont bien conduits. Jamais cependant ils n'ont acquis une grande dureté.

Cette exception, et quelques autres plus rares, qui se sont présentées à nous, sont en définitive de si peu d'importance, que si nous avons encore occasion de parler de l'imparfaite cuisson, nous la réputerons toujours pour complètement inefficace.

§ 250. — Nous avons dit ailleurs qu'avec un calcaire quelconque convenablement traité, on peut obtenir du ciment ; on le peut donc aussi avec les pierres à chaux hydraulique ; mais, nous le répétons, ce n'est point par l'imparfaite cuisson.

§ 251. — L'état dans lequel se trouve le peroxide de fer que contiennent les ocres, a donné lieu à une dissidence entre MM. Berzélins et Berthier ; ce dernier est d'avis, avec M. Proust, que cet oxide n'est interposé que mécaniquement entre les molécules de l'argile ; le premier pense qu'il s'y trouve combiné avec la silice. Il nous semble probable que cette divergence est due à ce que dans l'ocre qu'aura analysé M. Berzélins, l'argile se sera trouvée contenir de l'hydrosilicate de peroxide, tandis que dans les expériences de MM. Berthier et Proust, il ne se sera trouvé que de l'hydrosilicate d'alumine. Quoiqu'il en soit, nous pensons, d'après nos essais nombreux sur les substances de ce genre, que le principe colorant des ocres, c'est-à-dire le peroxide ou son hydrate, est constamment isolé et hors de toute combinaison, non seulement dans les ocres, mais encore dans les argiles.

§ 252. — Une chaux hydraulique artificielle, formée de craie et d'ocre calcinés ensemble, n'a donné à M. Berthier que des résultats au dessous du médiocre, et il a conjecturé que cet effet était dû au peroxide de fer. Il nous semble plus probable, d'après l'analyse qu'il en a donnée, que le peroxide de fer étant isolé, et que l'acide silicique ne pouvant provenir que de l'hydrosilicate d'alumine, une partie de la silice trouvée (plus de moitié) était à l'état inerte. L'infériorité de cette chaux aurait donc eu sa cause dans une trop faible quantité d'acide silicique. D'autres circonstances sans doute, et surtout la calcination, peuvent aussi être mises en cause; mais nous croyons le défaut d'acide silicique plus probable. Dans tous les cas, nous devons dire que jamais nous n'avons eu lieu de regarder le peroxide de fer comme nuisible.

§ 253. — Ce que nous avons déja dit de cet oxide nous paraît expliquer les opinions contradictoires auxquelles il a donné lieu dans les pouzzolanes. On conçoit, en effet, que les argiles qui le contiennent en partie à l'état d'hydrosilicate, ont pu donner lieu à l'idée qu'il était favorable à l'hydraulicité, tandis que celles où il se trouve isolé, l'ont fait regarder comme indifférent.

Nous ne nous rappelons pas si nous avons parlé de l'influence de la potasse ou de la soude; mais d'après tout ce que nous avons dit, il est trop facile d'en expliquer les effets, pour que nous devions nous y arrêter.

§ 254. — Nous avons gâché des poudres de ciment avec divers sirops, avec des dissolutions de gélatine, de gomme, et nous avons obtenu des résultats qui, en quelques jours, acquéraient une dureté extraordinaire. Des boules que nous avions formées avec du sirop de guimauve (ce qui équivaut à dire un sirop de sucre cuit quelconque), ont été comparées, au bout de dix jours de gâchage, avec les gobilles de marbre dont s'amusent les enfants, et elles nous ont offert autant de dureté. Abandonnées à leur propre poids d'une hauteur de dix mètres, au-dessus d'une pierre polie, elles ont exigé pour se rompre un plus grand nombre de chutes que la plupart des gobilles. Des boulettes du même ciment, gâchées à l'eau seule, et âgées d'un an, ont moins bien résisté. L'avantage que procurent ces dissolutions s'achète par un défaut, car les mortiers qu'elles donnent, même avec les ciments romains les plus puissants, ne sont plus hydrauliques. Lorsqu'au lieu de sucre, on se sert de gélatine, il y aurait peut-être possibilité d'éviter ce défaut, au moins en partie, à l'aide du tannin; nous n'avons fait aucun essai dans ce but.

Présumant que les mucilages ou les colles, aidées surtout par l'action de l'hydrochlorate de chaux, pourraient empêcher de fendre à l'air les mortiers qui en sont susceptibles, nous avons expérimenté dans ce sens; mais il nous a été impossible, non seulement de réussir, mais d'obtenir la moindre apparence d'effet.

§ 255. — M. Treussard a essayé de faire de la chaux hydraulique artificielle avec des argiles cuites, et il n'a pas réussi; nous devons présumer qu'il aura employé de mauvaises pouzzolanes, ou que la cuisson aura été défectueuse, car nous obtenons aisément avec ces argiles, non seulement des chaux hydrauliques, mais encore des ciments romains.

§ 256. — Le même ingénieur a signalé un fait qui nous semble bien digne d'attention. Il a observé qu'en mélangeant un sirop de chaux et un sirop d'argile, le mélange s'épaissit considérablement. Nous avons répété l'expérience sur diverses argiles, mais toutes les fois qu'elles étaient parfaitement délayées et gâchées depuis un jour ou deux, nous n'avons pu obtenir ce résultat. Néanmoins c'est un fait positif, et reconnu souvent; notre manque de succès ne peut rien contre lui. Il s'agit donc d'en chercher l'explication : nous croyons qu'il ne serait pas difficile de la trouver, mais il faudrait pour cela étudier l'argile qui le fournit. Si, par exemple, elle contenait quelque sulfate décomposable par l'hydrate de chaux, l'épaississement serait évidemment dû à la formation du plâtre.

CHAPITRE IV.

DES APPLICATIONS PRINCIPALES DES MORTIERS ET DES CIMENTS, SOIT DANS LES TRAVAUX PUBLICS, SOIT DANS LES OUVRAGES DES PARTICULIERS.

§ 257. — Ce chapitre, ainsi que son titre semble le demander, sera divisé en deux sections : la première sera relative aux constructions en grand, telles que ponts, écluses, barrages, digues, etc.; la deuxième, aux travaux journaliers, aux emplois accessoires et de détail, qui concernent plus spécialement les particuliers, tels que les enduits, les carrelages, les terrasses, etc.

Celle-ci se réduira à peu de chose, soit en raison de ce que les chapitres précédents renferment déja de nombreuses indications à son sujet, soit parce que la première section de celui-ci comprendra implicitement les observations ou les préceptes qui lui sont propres, et qui manquaient aux autres. Nous l'avons isolée parce que nous avons cru que ce serait ajouter à l'ordre et à la clarté. Sans doute, on ne trouvera pas dans l'ensemble tout ce qu'il serait utile de savoir, mais c'est parce que nous-même ne le savons pas ; ce que nous avons appris d'important, nous tâcherons de ne point l'omettre : en deux mots, nous ferons notre possible pour identifier le lecteur avec nous-même.

SECTION PREMIÈRE.

DES MORTIERS ET DES CIMENTS, DANS LEURS RAPPORTS AVEC LES GRANDS TRAVAUX.

---

§ 258. — Si nous prenions dans toute sa généralité le titre de cette section, nous nous engagerions à une tâche non seulement étendue, mais encore au dessus de nos forces. Les mortiers et les ciments bien préparés nous semblent destinés à envahir le domaine des constructions, à simplifier les méthodes en usage, à en écarter quelques-unes, à en créer de nouvelles ; en deux mots, à former le grand lévier de l'ingénieur, à lui servir de bras droit.

Nous nous occuperons spécialement ici de ce que nous n'avons pas rencontré dans les ouvrages sur l'art de construire, de ce qui nous a paru leur manquer, de ce qui chez eux forme lacune. Ce sera sans doute peu de chose, car ces ouvrages sont le fruit du travail d'hommes supérieurs, d'habiles praticiens, et nous n'avons pas la prétention de les corriger ; nous voulons glaner sur leurs pas.

§ 259. — Ce qu'on sait dans chaque art est si peu de chose, comparé à ce qu'on ne sait pas, qu'il semble difficile de ne pas les regarder tous comme encore dans l'enfance. Ce sont surtout ceux qui tiennent à la chimie qui sont dans ce cas ; cette science étant elle-même dans sa période de rapide croissance, comment auraient-ils pu lui emprunter une puissance qu'elle n'a pas encore ?

Peut-être n'était-il pas nécessaire de ces réflexions pour excuser les voies nouvelles que nous allons bientôt proposer. Mais la prudence et la sagesse prescrivent d'aller pas à pas, mais l'esprit de routine vient souvent accroître leur défiance ; nous devons donc nous attendre à des critiques sévères, nous le devons d'autant mieux, que dans un corps aussi éclairé que le nôtre, les idées, les méditations d'un seul ne sont rien, et ont besoin, pour devenir quelque chose, du secours du plus grand nombre.

Dans cette circonstance, et bien que nous attachions peu d'importance aux vues que nous émettrons, nous avons cru, par prudence aussi de notre côté, devoir prémunir la froide équité contre une défiance sans doute naturelle, mais qui doit avoir ses bornes. Le meilleur moyen d'y parvenir, ce nous semble, était de lui rappeler l'enfance de notre art, et par suite l'indulgence et les encouragements que mérite chaque effort, chaque essai nouveau. Entrons en matière.

§ 260. — Nous nous sommes adressé souvent la question suivante : *Quel rôle jouent les mortiers dans les constructions? comment et à quel degré les améliorent-ils? est-il possible de calculer à priori, du moins approximativement, la résistance que peut offrir à l'écrasement une maçonnerie donnée, dont les matériaux présentent une résistance connue?* Nous ne savons si cette question a été résolue, mais nous ne l'avons vu traitée nulle part. C'est cependant une de celles qui nous semblent offrir le plus d'intérêt, et qui peuvent s'étayer d'assez de faits, pour que les analystes pussent la traiter avec succès.

Notre intention n'est pas d'en essayer la solution; mais bien qu'elle n'ait qu'une liaison éloignée avec le but auquel nous tendons, nous sommes forcé de chercher à l'éclairer, afin de dégager autant que possible notre route de tout vague, de toute incertitude.

§ 261. — Dans les grosses maçonneries, les mortiers ont évidemment pour objet essentiel de donner de la stabilité aux pierres, et dans ce but, de boucher le mieux possible tous les vides. Mais plus un massif se rapproche d'une pierre unique, plus il y a pour lui chance de solidité, de durée; c'est-à-dire que moins il y a de vides à boucher, de mortier à mettre, plus il se trouve dans des dispositions favorables à sa longévité. Dans les constructions peu élevées, dont par conséquent la base reçoit peu de charge, cette stabilité est presque l'unique condition à remplir; les mortiers quels qu'ils soient, ont habituellement assez de résistance pour n'y rien redouter de la pression :

cependant il n'est pas inutile d'en examiner les causes et les conditions.

Une charge de quatre mètres de hauteur de maçonnerie donne rarement à sa base un poids d'un kilogramme par centimètre carré. Or, les mortiers ordinaires de chaux grasse, quand ils ne sont pas plus ou moins carbonatés, et surtout séchés, ne sauraient soutenir cet effort tout faible qu'il soit. Nous avons trouvé dans de vieux massifs des mortiers qui n'ont pu supporter un demi-kilogramme; et il en est à coup sûr beaucoup qui ne résisteraient pas à une charge d'un quart. Comment donc les murs et les massifs ordinaires ont ils une force suffisante?

§ 262. — A mesure qu'une maçonnerie s'élève, le mortier se dessèche plus ou moins. Il n'a pas le temps de se carbonater, mais il perd rapidement assez d'eau pour devenir capable d'acquérir une force de près d'un kilogramme; il est rare qu'il l'atteigne dans l'intérieur d'un massif, mais dans les parements il la dépasse promptement. Si dans le corps de la maçonnerie, les moellons ne se touchaient fréquemment, la charge écraserait donc les mortiers frais, partout où il se trouverait des vides pour en recevoir les débris, ou plutôt la pâte; et ce ne serait à peu près qu'un déplacement. Deux causes contribuent ainsi à créer une résistance suffisante : d'une part le contact direct des moellons sur nombre de points; de l'autre, la présence des parements, qui empêchent le mortier, quelque mou qu'il soit, de s'échapper, le force à rester où il se trouve.

§ 263. — Les murs des maisons ordinaires sont si minces que leur intérieur se ressent toujours beaucoup de la dessication, et que les pierres ne se touchassent-elles pas, les mortiers seraient souvent en état de supporter plusieurs kilogrammes. C'est ici le cas de faire observer que le précepte généralement si vrai de M. Vicat, *mortier ferme et moellon mouillé*, est peu applicable aux agrégats inertes.

Si, au lieu d'une faible charge comme celle que nous venons de considérer, la base en éprouve une considérable, elle peut encore ne pas souffrir, si les pierres sont dures, si elles sont plates, si elles s'enchevêtrent et se croisent parfaitement. Mais avec les matériaux ordinaires, avec la dose de soin habituelle des maçons, en deux mots, avec les circonstances qui président en général aux travaux, la limite de résistance n'est pas indéfinie. Pour éviter les idées vagues, précisons.

§ 264. — Un édifice qui aurait trente mètres de hauteur pèserait rarement sur sa base de plus de huit à dix kilogrammes par centimètre carré. Mais parmi les pierres les plus communes, il en est peu dont la résistance à l'écrasement n'atteigne pas quatre-vingts à cent kilogrammes. Si donc on suppose, avec M. Gauthey, qu'il est sage de ne leur faire supporter que le tiers du poids sous lequel elles s'écrasent, on conçoit qu'il reste encore assez de latitude au constructeur et aux mauvais ouvriers. Il est vrai de dire que dans les édifices les plus hardis, on ne se hasarderait pas à faire porter à des colonnes plus du dixième environ de leur force de résistance; mais pour des murs, et à bien plus forte raison des massifs, il nous semble qu'on peut s'en tenir avec sécurité à la limite du tiers. Quand on voit des maisons en pizé à plusieurs étages, et qu'on sait combien est faible la dureté de cet agrégat, on se trouve disposé à une grande confiance dans la solidité des matériaux, et on est peu porté à croire que cette fixation soit trop faible. Nous citerons d'ailleurs à ce sujet la pyramide en briques crues de quarante-cinq mètres d'élévation, dont on voit encore les restes au delà du grand Caire.

§ 265. — Nous avons dit que dans l'intérieur des massifs, les mortiers inertes n'acquièrent aucune dureté, et n'atteignent pas même un kilogramme; or, comme leur adhérence est également presque nulle, il s'ensuit que c'est la résistance des parements, mais par dessus tout celle du contact des moellons qui constituent la force de la plupart des constructions. Nous avons dit ailleurs que nous avions eu de la peine à concevoir comment des édifices, dont le mortier s'offrait à nos yeux si médiocre, avaient cependant pu braver les siècles; notre étonnement a cessé dès que nous avons eu pris la peine de nous rendre le compte qui précède. Ajoutons encore deux mots.

§ 266. — Si l'on suppose un corps de pompe rempli de pierres et de matières molles, ses parois seront d'autant plus exposées à souffrir d'une pression constante de piston, que la gangue sera moins ferme. Ainsi, avec de l'eau pure (nous admettons que la base du piston ne peut toucher aucune pierre), l'effort sera le maximum de ce qu'il peut être; avec un mortier mou, il ne sera guère moindre; avec un bon ciment, il sera presque nul. Il est aisé de conclure de là que plus le mortier abonde dans une maçonnerie, plus les parements sont exposés, et réciproquement.

Il semblerait résulter de ces observations, que la résistance à l'écrasement du ciment ou du mortier étant connue, ainsi que celle du moellon, et leur quantité mutuelle, on pourrait calculer assez approximativement la résistance totale. Mais le problème n'est malheureusement pas aussi simple, et il y aurait encore à adjoindre à ces données des hypothèses qui pussent cadrer avec l'ensemble général des maçonneries; c'est ce qui ne nous semble pas facile. Au surplus, nous avons trop peu réfléchi à cette question pour en parler.

§ 267. — Nous venons de nous former une idée de quelques-unes des résistances qui sont mises en jeu dans les constructions, mais les faits connus peuvent nous offrir des détails plus nombreux et non moins précis; et nous ne saurions trop les consulter. Nous engagerons donc le lecteur a examiner avec quelque attention le tableau où nous avons réuni les résistances à l'écrasement, non seulement des pierres les plus dures et les plus tendres, et de quelques-unes intermédiaires, mais encore des mortiers atmosphériques les mieux solidifiés, du plâtre le plus ferme, et du ciment de Pouilly.

Le rapprochement qui en résulte, si surtout on le compare aux faibles efforts que les matériaux ont à supporter dans les constructions, donnera déja une idée du parti qu'on peut tirer des ciments; ce n'est toutefois que par quelques exemples que nous parviendrons à en faire voir toute la portée.

§ 268. — Le pont de Neuilly a passé, et passe encore, à juste titre, pour l'une des constructions les plus hardies qui aient été exécutées dans son genre. Cependant la pression qu'y supportent les clefs n'est pas de neuf kilogrammes par centimètre carré : la pierre de Saillancourt dont il est construit, n'a de résistance moyenne que cent vingt kilogrammes, et son banc le plus dur s'écrase sous cent quarante. Des voussoirs en ciment de Pouilly pur auraient donc présenté plus de solidité. Mais remarquons que dans la construction, telle qu'elle a eu lieu, les voussoirs sont loin de porter les uns sur les autres dans toute leur surface ; observons d'ailleurs qu'ils n'ont, pour ainsi dire, de liaison entre eux que par le frottement, et nous concevrons sans peine que des arches absolument pareilles, formées en entier, non pas même de ciment pur, mais d'un béton de pierres dures et de mortier en ciment avec moitié de sable, offriraient indubitablement une résistance aussi grande.

§ 269. — Bien que cette conjecture soit basée sur des faits positifs, elle étonnera sans doute, et avec raison, les personnes qui n'ont pas l'habitude des ciments romains. Toutefois, il ne leur échappera pas qu'une voûte qui serait ainsi construite, ne formant réellement qu'une seule et même pierre, semblerait devoir offrir une résistance, si non égale, au moins peu inférieure. Nous n'avons pas besoin de faire observer qu'au lieu d'un bétonnement, on pourrait se servir de maçonnerie ordinaire en moellon, pourvu qu'elle fût bien faite, et le mortier de ciment peu ménagé; nous ne doutons pas qu'elle ne réussît parfaitement. M. Gauthey, en parlant d'une arche de vingt-six mètres d'ouverture, en moellons de huit à dix centimètres d'épaisseur, exprime l'avis que cet exemple ne doit pas être imité. Il est permis de croire que s'il eût connu les ciments romains, il eût été le premier à conseiller l'usage des petits matériaux, même pour les arches des plus grandes dimensions *.

Fesons remarquer d'ailleurs que des voûtes ainsi exécutées auraient l'avantage d'exercer bien moins de poussée. Leur prise une fois bien décidée, c'est-à-dire au bout de huit mois, un an, elles se conduiraient à peu près comme une seule pierre, et chaque pile, même étroite, ferait fonction de culée.

§ 270. — Les constructeurs qui se refuseraient à croire que des arches surbaissées, de quarante mètres et plus d'ouverture, pourraient être exécutées avec sécurité, en béton ou en maçonnerie de moellons, admettront au moins sans peine, qu'avec des substances aussi puissantes que les mortiers hydrauliques très énergiques, et surtout les ciments romains,

* Le pont de la Sainte-Trinité, à Florence, a ses voûtes en moellons; elles ont jusqu'à trente-deux mètres d'ouverture, avec flèches d'un sixième.

il est possible de construire des édifices beaucoup plus hardis qu'avec de mauvais agrégats qui généralement ont à peine le centième de leur force, et cependant ont suffi à tant de grands ouvrages.

§ 271. — Dans notre opinion, les ciments romains peuvent être d'une grande utilité dans la construction des voûtes, et permettre d'apporter plus de hardiesse et d'économie dans l'établissement des ponts. Ce n'est point toutefois le service le plus essentiel qu'ils nous semblent appelés à rendre; il est même à nos yeux peu de chose en comparaison de celui que nous signalerons bientôt.

§ 272. — Nous avons dit que la pression contre les clefs du pont de Neuilly n'était pas de neuf kilogrammes par centimètre carré; dans le plus grand nombre de ponts elle est beaucoup moindre, et n'atteint souvent pas un kilogramme. Il semble, au premier coup d'œil, qu'elle pourrait être augmentée de beaucoup par une grande affluence de monde; mais il suffit d'examiner la chose, pour voir qu'il n'en est rien. Considérons une foule tellement pressée, tellement agglomérée, que chaque personne n'occupe qu'un carré de $0^{m},25$ (environ neuf pouces) de côté; la charge qui en résultera par centimètre carré, ne sera pas d'un quart de kilogramme: c'est si peu de chose pour un pont en pierre, que ce n'est pas la peine d'en tenir compte *.

* Les ponts suspendus en fer s'essaient sous la minime pression de deux centièmes de kilogramme par centimètre carré.

La charge isolée d'une lourde voiture est beaucoup plus dangereuse ; mais nous verrons plus loin qu'elle se répartit habituellement sur une grande surface, et se réduit à peu de chose.

§ 273. — La pression qui s'exerce à la base des piles est en général beaucoup plus considérable ; chaque pile supportant une arche entière, il en résulte que pour peu qu'elle soit élevée, que sa largeur soit faible, et que l'arche soit lourde, la pression est considérable, surtout à l'aplomb des parapets. Au pont de Neuilly cependant, cette pression est au plus de quinze kilogrammes à la naissance des piles ; de dix, à celle de l'empatement, et de huit au niveau de la plate-forme. Dans la plupart des ponts, elle est beaucoup plus faible.

§ 274. — Rien ne nous semble plus propre à donner des idées exactes et précises des efforts exercés et des résistances qu'on leur oppose, que la comparaison d'évaluations de cette nature avec les tableaux de résistance des matériaux.

§ 275. — M. Vicat a fait remarquer (page 81 de son Résumé sur les mortiers et les ciments calcaires), qu'au pont de Souillac sur la Dordogne, le béton a supporté, après huit mois, deux millions et demi de kilogrammes sur quatre-vingts mètres carrés ; comme il n'est entré dans aucun détail, et que plus d'un de ses lecteurs pourrait tirer de fausses conséquences de ce fait, nous croyons utile de l'analyser.

La pression indiquée équivaut à $3^{k},33$ kilogrammes par centimètre carré ; mais on sait que cet ingénieur estime que les mortiers ont fait prise lorsqu'ils sont en état de supporter un poids de $0^{k},30$, sur une aiguille de bas de $1^{m},20$ millimètres de diamètre. Or, cette pression équivaut à environ 27 kilogrammes par centimètre carré : il semblerait donc que le béton du pont de Souillac aurait pu recevoir la charge qu'on lui a donnée, sans avoir fait prise, ce qui à coup sûr est une erreur.

§ 276. — Pour résoudre cette espèce de difficulté, il faut se reporter à la manière dont les choses se passent. Quand on mesure la résistance des matériaux à l'écrasement, on opère la pression sur leur surface totale, on met en jeu la pièce entiere ; mais quand on essaie la prise des mortiers, on n'agit que sur une partie minime de cette surface, qui d'ailleurs se trouve maintenue en tout sens par les parois des vases. Pour qu'il y eût parité entre les deux effets, il faudrait donc que la charge pesât en entier sur l'échantillon, et que ses faces latérales ne fussent point soutenues ; or, il est clair que si l'on opérait ainsi, on trouverait une grande différence dans les résultats. Nous n'avons fait aucun essai pour apprécier la force de la prise ainsi mesurée, mais nous doutons qu'elle atteignît un kilogramme.

§ 277. — Lorsque le béton est partout entouré de palplanches liées entre elles, et qui ne peuvent s'écarter, il conserve quelque chose des avantages que présente le mode d'essayer la prise, et il peut conséquemment, recevoir assez promptement la charge qu'on lui destine. Quand ses parois sont libres et vont en s'évasant, de sorte que sa surface a plus d'étendue que la maçonnerie, qu'il doit recevoir, quelque chose de semblable se passe encore ; et dans l'un comme dans l'autre cas, on n'a aucune idée de l'accroissement de force que peut lui procurer l'une ou l'autre circonstance, accroissement qui, dans la seconde hypothèse, pourrait être considérable, si le surcroît de surface l'était, mais qui se paierait bien cher.

§ 278. — L'effet, dans ce cas, est le même que quand on élève des constructions sur le sol naturel. Dans des expériences relatives aux routes, nous avons reconnu que des accotements en terre, sans être bien secs ni fortement tassés, peuvent supporter plus de cent kilogrammes par centimètre carré, et que des accotements chargés de détritus calcaires n'éprouvent rien sous cent cinquante et même deux cents kilogrammes *.

Ce genre de pression est celui que les piles de ponts exercent sur le sol naturel ou artificiel qui les reçoit, et il est aisé de concevoir que c'est presque toujours lui qui est le plus énergique ; c'est-à-dire que de toutes les parties des ponts qui sont exposées à des efforts, c'est généralement le sol et non les clefs qui subissent les plus forts. Des expériences sur la résistance du lit des rivières semblent donc,

* Les expériences de ce genre offrent, ainsi qu'il est aisé de le concevoir, une grande latitude, suivant les circonstances dans lesquelles on opère.

d'après cette seule observation, ne pas devoir être dénuées d'intérêt. On verra bientôt qu'elles en offrent plus encore qu'on ne pourrait croire. Nous en avons fait un certain nombre, et nous rendrons compte de quelques-unes.

§ 279. — Lorsque sur une même surface de sable on exerce des pressions variées, le corps qui les transmet pénètre plus ou moins dans son intérieur. La profondeur d'enfoncement dépend de la nature du sable et de la charge qu'il reçoit; abstraction faite de cette dernière, elle est d'autant plus grande que le sable est plus fin, plus léger, plus arrondi, et se rapproche davantage des fluides; elle est d'autant plus faible que les propriétés opposées sont plus manifestes.

Il résulte de là que, toutes choses égales d'ailleurs, et tant que le sous-sol ne donne pas lieu, par sa nature, à des modifications, un édifice est d'autant plus stable sur sa base qu'il s'enfonce davantage dans le sable ou dans la terre. C'est ce qu'on savait déja, et ce dont on tire habituellement parti, en donnant des fondations plus profondes aux constructions qui sont destinées à recevoir de fortes charges. Quand le sous-sol est de qualité inférieure et vaseux, qu'il offre, en un mot, quelque analogie avec les fluides, on s'en tient au contraire le plus éloigné possible et l'on reste à la surface.

Par quelles causes l'enfoncement accroît-il la résistance? Il ne sera pas inutile de chercher à nous en rendre compte. Il en est une qui frappe dès l'abord, c'est celle qui agit dans les fluides et qui constitue leur pression propre. Il suffit, en effet, de savoir que la résistance à l'enfoncement qu'éprouve à sa partie inférieure un corps plongé dans l'eau est proportionnelle à la hauteur *, pour pouvoir apprécier cet accroissement. Cette cause s'exerce dans les terrains vaseux les plus mobiles, comme dans les plus fermes, et elle est d'autant plus puissante que leur pesanteur spécifique est plus considérable, et celle du solide pénétrant plus faible.

Une autre cause agit encore, et peut même être considérable, c'est la cohésion du sol. Il est, en effet, aisé de concevoir qu'une partie de sa substance, un cylindre vertical par exemple, ne peut être soulevée qu'après avoir été détachée de ses parties latérales ; or, le peu de compressibilité ne permet pas qu'il y ait enfoncement, sans que le déplacement qui en résulte soit suppléé ailleurs par un autre déplacement. Le solide qui s'enfonce a donc à vaincre d'abord la cohésion du sol qu'il chasse devant lui, puis celle du sol qui cède sa place à celui-ci, c'est-à-dire un effort à peu près double.

Une troisième cause est mise en jeu, c'est le frottement du corps qui pénètre, et celui de la matière qu'il déplace. Celle-ci nous semble douée de peu d'énergie.

* Nous nous exprimons ainsi pour abréger. Le lecteur ne perdra pas de vue que la forme du corps modifie la quotité de l'effet, et qu'en parlant de proportionnalité, nous avons en vue le cas le plus simple, celui d'un solide cylindrique ou rectangulaire, dont l'axe reste perpendiculaire à la surface de l'eau.

Il en est enfin une quatrième, et à laquelle nous n'aurions pas songé, si nos expériences ne nous l'eussent dévoilée; c'est la diminution de fluidité causée par la pression. Le lecteur ne sera bien à même de l'apprécier, que par les détails qui vont suivre, et l'examen de quelques-unes de nos expériences (voir la planche à la fin de ce mémoire).

§. 280. — Le lit de la Saône en amont du pont de Saint-Laurent à Chalon, est formé partout à sa superficie d'un banc de sable fin et de gravier d'environ cinquante centimètres d'épaisseur, auquel succède un sol vaseux sans consistance, d'une profondeur d'à peu près deux mètres. Ces dimensions, ainsi qu'il est aisé de le concevoir, sont assez variables; cependant les différences paraissent peu considérables. La couche de sable fin est en général de $0^m,15$ à $0^m,25$, et celle de gravier de $0^m,15$ à $0^m,50$.

Une dérivation a été faite dans ce lit, sous M. Gauthey, dans le but d'accroître le débouché des hautes eaux. Le pont de Saint-Laurent ne pouvait leur suffire, et la Saône qui, en amont de Chalon, forme un coude prononcé, eût peut-être déja quitté cette ville, et creusé un lit nouveau sans cette utile opération *. La direction du lit accessoire étant

* Un pont de sept arches, ayant chacune treize mètres d'ouverture a été construit par cet habile ingénieur sur cette dérivation. Il est désigné dans son ouvrage sous le nom de pont des Chavannes : l'ignorance lui a donné le nom de pont de la Folie; digne hommage de l'ignorance à la mémoire du citoyen qui a fondé l'industrie locale, en lui donnant le canal du Centre, et en lui conservant la Saône.

très oblique au lit principal, la vîtesse y est moindre; et dans les eaux moyennes et basses, il s'y fait un dépôt uniforme qui croît rapidement (ce dépôt devrait être enlevé au moins tous les vingt ans). Il est aujourd'hui d'environ $1^{m},50$ au dessus du niveau du radier. A partir de ce niveau, on retrouve le même sol que dans le lit principal, en sorte que la rivière paraît avoir occupé autrefois une étendue beaucoup plus grande. Deux larges ouvertures, l'une en amont du pont des Chavannes, l'autre en aval, ont été faites pour étudier le sol de sable fin, de gravier et de vase. Leurs résultats ont été aussi concordants qu'ils puissent l'être dans des expériences de cette nature; mais ils ont été fort différents (ainsi que le font voir nos essais) de ceux que nous a offerts le lit principal. Il nous semble évident que la seule pression de la couche de terre de $1^{m},50$ a eu pour effet de quadrupler au moins la résistance. On peut, il est vrai, attribuer ce résultat à la couche beaucoup plus épaisse qui a couvert le sable avant l'ouverture de la dérivation; mais une preuve que la majeure partie de l'effet produit n'avait pas besoin de ce surcroît de pression, c'est que la couche excédante de sable fin qui a été amenée dans le premier moment de l'opération, présente un accroissement peu inférieur. Au surplus, il ne s'agirait que du plus ou du moins, et le fait principal n'en serait pas moins constant. On pourrait attribuer l'amélioration à l'infiltration de parties terreuses qui auraient donné de la liaison au sable; mais il n'en est pas ainsi, car dans les deux cas ce sable est égalenent pur (nous doutons d'ailleurs que dans des lits constamment immergés cet effet pût avoir lieu) *.

§ 281. — Il résulte donc, tant de l'inspection et de la comparaison des essais, que de ce que nous venons de dire, 1° que dans un sable fin peu consistant et assez fluide, la résistance est allée toujours en croissant et à raison d'environ un sixième de kilogramme et plus, par chaque centimètre d'enfoncement; que pour la faible hauteur de $0^m,30$, l'accroissement a dépassé six kilogrammes par centimètre carré; 2° que pour le même sable découvert après avoir été chargé pendant plusieurs années d'une couche de terre d'environ $1^m,50$ (qui peut-être eût donné des résultats peu différents, lors même qu'elle eût été moins forte), l'effet a été à peu près triple, et pour une profondeur de $0^m,40$, de vingt-trois kilogrammes par centimètre carré; 3° qu'avec un sable graveleux, passablement ferme, la résistance a été presque quadruple de celle du sable fin; 4° que le même sable débarrassé de la couche de terre et de sable fin qui le recouvrait, a exigé un poids presque sextuple; 5° enfin qu'il semble rationnel de croire que pour des sables peu résistants, tels que le premier essayé, il suffirait

* Si l'action, pendant quelques années, d'une pression si faible, a pu produire un effet aussi appréciable, serait-il impossible que la densité de certaines couches terrestres, se fût accrue par la pression des couches supérieures? La fabrication des briques crues par compression, et d'autres effets du même genre, ne viendraient-ils pas appuyer cette conjecture?

d'un enfoncement d'un mètre, pour obtenir une résistance d'une vingtaine de kilogrammes par centimètre carré.

§ 282. — Ces détails trouveront bientôt leur application; mais avant de nous en occuper, nous devons passer à des considérations d'une autre nature.

Tout le monde connaît ces gros blocs de pierre creusés intérieurement, qu'on nomme généralement auges, et qui ont pour objet de contenir des liquides, ordinairement de l'eau. Représentons-nous une de ces pierres ayant $2^{m},00$ de longueur, $1^{m},00$ de largeur, $1^{m},00$ de hauteur, et creusée sur $1^{m},80$ de longueur, $0^{m},80$ de largeur et $0^{m},90$ de hauteur. Ses faces latérales auront $0^{m},10$ d'épaisseur chacune, ainsi que son plafond ; et leur cube plein sera de $0^{m},704$; Si donc la pesanteur spécifique de la pierre est de 2,50, le poids entier de l'auge sera de 1760 kilogrammes. Supposons qu'on la plonge dans une eau suffisamment profonde, elle ne s'enfoncera que de $0^{m},88$, et pourra par conséquent voguer partout où la profondeur d'eau excédera $0^{m}88$.

Agrandissons notre pierre par la pensée, et donnons-lui $10^{m},00$ de longueur, $3^{m},00$ de largeur, $1,^{m}20$ de hauteur. Portons d'ailleurs l'épaisseur de chacune de ses faces à $0^{m},25$; elle ne s'enfoncera dans l'eau que de $1^{m},12$, et conservera encore en dehors une hauteur de $0^{m},08$. (Si sa résistance était peu considérable, et que la pression qui s'exerce dans le milieu de ses faces pût faire craindre une rupture, on pourrait la garnir intérieurement de petits murs transversaux, sans que leur accroissement de pesanteur pût la faire aller à fond.)

Ce que nous venons de dire d'une auge naturelle d'une seule pièce, s'applique évidemment à une auge en maçonnerie. Mais il faut admettre que le mortier hydraulique qui en lie les briques ou les moellons, ait assez de ténacité, d'imperméabilité et de plasticité pour résister à la pression de l'eau, et ne pas la laisser s'infiltrer. Or, c'est un avantage que nous paraissent avoir les ciments romains, et qu'eux seuls possèdent. S'il ne s'agissait que de la résistance, les mortiers hydrauliques puissants pourraient sans doute suffire, mais leur défaut de plasticité ne saurait présenter de sécurité, et ils donneraient indubitablement lieu à des filtrations.

§ 283. — Le lecteur devine aisément le parti que nous allons proposer de tirer de ces considérations, en les combinant avec celles relatives à la pression des sols. Evitons-lui toutefois la peine de la réflexion, et entrons dans quelques détails.

On voit d'abord que la maçonnerie de l'auge peut être élevée indéfiniment dans son pourtour, sans qu'on ait à craindre que l'eau l'atteigne. La différence de hauteur $0^m,08$ s'accroîtra même constamment, si l'on n'ajoute rien, ou peu de chose à l'épaisseur du fond : ainsi quand la hauteur totale sera de $2^m,00$, cette différence sera égale à $0^m,46$.

§ 284. — Supposons donc qu'on construise sur ce principe une pile de pont évidée, et qu'on la conduise en place, quand on lui aura donné la hauteur convenable. Si le sol a été passablement nivelé, et que comme les rivières non torrentielles, il ne contienne pas de blocs de pierres qui puissent s'opposer à l'échouage et à un enfoncement progressif, il est clair qu'on pourra modifier à son gré les circonstances ultérieures de la construction, et les pressions. Prenons un exemple, ou plutôt continuons celui que nous avons commencé. Admettons que chaque arche doive avoir quinze à vingt mètres d'ouverture. Sa pression par mètre courant en largeur équivaudra rarement au poids de cent mètres cubes d'eau ; mais pour compter en nombre rond, prenons cent mètres.

§ 285. — Deux objets importants doivent surtout nous occuper : ce sont la pression sur le sol, et celle sur la pile. Si le vide de cette dernière devait être rempli de sable, de cailloux, ou de toute autre matière peu résistante, les cent mille kilogrammes de chaque mètre d'arche pèseraient à peu près sur les $0^{m},50$ de largeur des deux parements, et leur occasionneraient une pression de vingt kilogrammes par centimètre carré ; il faudrait y joindre celle provenant de la pile même. Supposons que la hauteur totale de celle-ci, au dessous des naissances, dût être de $10^{m},0$. Le poids total qu'auraient à supporter les matériaux de sa base situés à l'aplomb des parapets, serait, tout compris, de vingt-trois kilogrammes au plus, par centimètre carré. Sans doute, ce serait beaucoup ; mais si l'on se reporte au tableau relatif à la résistance des matériaux, on trouvera qu'elle peut admettre davantage * (d'après M. Gauthey, on pourrait généralement aller jusqu'à cinquante kilogrammes et plus). Voyons maintenant quelle serait la pression exercée sur le sol, et supposons que la hauteur d'eau fût de $6^{m},0$; il est aisé de calculer qu'elle serait à peine de quatre kilogrammes par centimètre carré, et de cinq, ou au plus six, si la pile toute entière était en maçonnerie.

Nous avons pris au hasard, comme on le pense bien, les diverses indications que nous avons adoptées; notre but était seulement de faire entrevoir tout le parti qu'on peut tirer des trois forces que nous avons mises en jeu; or, il nous semble difficile de ne pas admettre qu'en les combinant convenablement, on ne puisse dans les plus mauvais sols établir des ponts sans recourir ni aux pilotages, ni aux bétonnements, etc.

§ 286. — Cette méthode nous semble se recommander à l'attention des constructeurs. Ils lui devraient l'avantage, 1° de pouvoir exécuter, *coram cœlo*, tous leurs ouvrages, sans avoir à craindre, comme pour les bétonnements, les dangers d'un travail qui se fait à tâtons, et hors de leur vue; 2° de n'avoir point à s'inquiéter des sources de fond, qui souvent sont difficiles à maîtriser, et peuvent causer de grands ravages dans les bétons;

* Nous rappellerons que ces données dépassent de beaucoup celles ordinaires de la pratique, et qu'au pont de Neuilly, par exemple, la pression la plus forte n'est pas de quinze kilogrammes.

3° de pouvoir exécuter une partie considérable de la maçonnerie en lieu commode et sûr, pour la transporter en place au moment favorable ; 4° enfin, de faire disparaître les inconvénients si graves de la profondeur d'eau, attendu qu'on peut agir à cent mètres de profondeur comme à deux.

Énumérer ses autres avantages serait sans utilité pour le lecteur, il les embrasse d'un coup d'œil ; parlons plutôt de quelques autres applications.

§ 287. — La plupart des barrages en rivière ont besoin de peu de hauteur, chargent à peine le sol, et n'ont pour ainsi dire à résister qu'à la vîtesse de l'eau et à la charge qui résulte d'un peu plus de hauteur à l'amont, dans certaines circonstances. Si donc on pouvait faire abstraction de ces deux puissances, il suffirait que le sable, mis dans les auges, fît descendre chacune d'elles au niveau du terrain; celui-ci n'éprouverait alors aucune pression. Toute espèce de sol, quelque mauvaise qu'elle fût, serait donc capable de les recevoir. Mais comme il y a nécessité d'opposer à leurs efforts une résistance qu'elles ne puissent atteindre, il devient indispensable de demander à ce sol un appui, et par conséquent de faire pénétrer chaque auge plus ou moins profondément dans son intérieur. Si, d'après sa nature, il y avait danger à ce que la profondeur fût conforme au calcul qu'on aurait fait, on y remédierait en augmentant leur largeur, et parfois en se servant de fort pieux enfoncés profondément de distance en distance. Mais nous croyons rares les cas où la méthode ne se suffirait pas à elle-même.

Les parties de barrages qui seraient plus exposées, comme celles où par leur interruption ils laisseraient des passages à la navigation, exigeraient plus de solidité. Mais il suffirait le plus souvent d'augmenter leur charge, et de les faire descendre plus profondément. Ce résultat se trouverait atteint par la nécessité où l'on serait d'exhausser les têtes de ces passages au dessus des plus hautes eaux, afin que la simple inspection annonçât aux navigateurs leur emplacement.

§ 288. — L'enfoncement de chaque pièce de barrage, de chaque voussoir si l'on veut, se trouvant produit par un corps facile à déplacer (du sable ou des cailloux), il s'ensuit qu'on pourrait à volonté les remettre à flot, en tout ou en partie, et profiter de cette disposition, soit pour changer de place un barrage entier, si les circonstances en indiquaient l'opportunité, soit pour faire des chasses. Nous croyons donc qu'il pourrait être souvent avantageux de ne pas réunir par du ciment chaque pièce à sa voisine; sans doute il en résulterait un peu moins de solidité, et quelques filtrations; mais il nous semble que la différence serait faible, et n'équivaudrait pas aux avantages; il serait d'ailleurs facile d'y remédier par des moyens accessoires, que chaque constructeur serait peu embarrassé de trouver.

Arrêtons-nous un moment, car peut-être nous sommes traité de rêveur; non pas sans doute par des confrères, leur indulgence et leur charité nous en défendent; mais par des lecteurs à la bienveillance desquels nous n'avons aucun droit, aucun titre : disons-leur donc quelques mots.

§ 289. — Loin que l'épithète nous offense, nous croyons sa justesse possible, et notre conviction ne nous aveugle point. De plus habiles que nous ont fait fausse route, et plus qu'eux, nous nous reconnaissons faillible. Mais ce n'est point à une vivacité d'imagination, à un désir d'étendre quelques idées utiles que nous cédons ; nous voyons sans prévention le tableau que nous déroulons, et tout sûr que nous sommes de la solidité des faits sur lesquels il repose, nous ne reconnaissons pas moins qu'il n'est donné à personne d'apercevoir tous les côtés faibles. Que de fois ne suffit-il pas d'un léger obstacle, pour faire verser en beau chemin ! Les personnes qui ont le goût et l'habitude des recherches, éprouvent souvent des mécomptes, et elles s'y attendent ; mais elles peuvent trop aisément se récupérer sur le même sujet, ou sur d'autres, pour se cramponner à une idée, et se naufrager avec elle. Nous acceptons donc le titre, mais nous prions qui nous le donne, de bien peser les faits, d'en calculer la portée, et de ne point se laisser aller à trop d'antipathie pour les innovations. Au surplus, que notre rêve soit ou non de ceux qui se vérifient en tout ou en partie, il faudrait être sévère pour nous blâmer d'y avoir confiance, et refuser de nous suivre dans ses détails : continuons donc, sauf à abréger.

§ 290. — Au lieu d'employer des matériaux solides pour remplir les auges, il pourrait y avoir avantage à se servir de l'eau même de la rivière, et à l'introduire par une ouverture laissée à dessein dans le bas, et qu'on pourrait ouvrir ou fermer à volonté; ce mode aurait ses avantages, mais comme tout autre aussi, ses inconvénients.

Il en serait de même de la construction des différentes parties du barrage; elle serait susceptible d'être exécutée, ou en basses eaux sur un terrain sec et découvert, où le flot les prendrait plus tard, comme aussi sur des planchers solidement établis, sur des radeaux. On conçoit que pour les détails, nous ne pouvons donner que des indications brèves et superficielles. Ce n'est que sur les idées mères que nous devons nous arrêter.

§ 291. — La première de ces idées a pour objet de mettre à profit l'accroissement de résistance qui naît de la pénétration d'un corps solide dans un sol quelconque; la seconde, d'utiliser la perte de poids qu'éprouve l'immersion de toute matière, soit dans le but d'alléger la pression sur le terrain, soit surtout et essentiellement pour donner le moyen d'établir les chantiers à découvert, et dans les rivières mêmes, sans avoir besoin d'accessoirs pour maintenir à flot ces caissons de nouvelle fabrique; caissons qui ne sont, à vrai dire, que des bateaux appropriés à une destination différente. L'une et l'autre ont pour auxiliaire ou pour moyen d'exécution les ciments romains; et nous croyons que s'ils eussent été connus plus tôt, et surtout plus répandus, nous n'eussions pas été les premiers à en avoir l'idée.

§ 292. — La méthode du pilotage ne nous semble

en général qu'un des cas particuliers de la nôtre Sans doute, elle va chercher souvent un terrai plus solide ; mais que de fois elle n'y parvient pa et conduit à un résultat contraire ! Dans tous le cas, combien le mouton ne perd-il pas de sa forc à vaincre les résistances que nous avons examinées Pour remplacer, à ce sujet, une présomptio vague par une idée positive, nous avons pris un tige de fer, ayant à sa base douze centimètres carrés c'est-à-dire le cinquantième environ d'un pilo ordinaire, et nous l'avons fait enfoncer à coups d maillet dans le gravier dont nous avons parlé. L'ou vrier a dû produire, proportionnellement au moins autant d'effet que chaque tireur de sonnette ; le cho produit par lui sur les douze centimètres a donc ét double de celui qu'auraient donné vingt-cinq homme sur un pilot de soixante centimètres ; il lui a cepen dant été impossible de produire un enfoncement d plus de vingt-sept centimètres. Nous aurions pu pré voir à l'avance ce résultat, car lorsque M. Gauthey a fait construire le pont des Chavannes, il ne s'est serv que de petits pilots, et n'a pu les faire enfonce qu'à une faible profondeur *. Si, au lieu du pilotage qui a été employé à ce pont et à celui de St-Laurent, on se fût servi de notre méthode, croit-on qu'on n'eût pas obtenu un résultat aussi bon ? Il

* On sait qu'il est des pays où la mauvaise qualité du sous-sol force les habitants à construire sur le sol même et sans fondations. Nul doute que le fond des rivières ne puisse présenter des circonstances pareilles, et où le pilotage ne soit susceptible de faire plus de mal que de bien.

eût à coup sûr été beaucoup plus économique. Le lecteur ne perdra sans doute pas de vue que le terrain sur lequel nous avons expérimenté, était peu favorable, en raison de l'épaisse couche de vase du sous-sol.

§ 293. — Les pilots vont donc chercher leur résistance où nous prenons la nôtre; mais comme ils sont espacés entre eux, et qu'ils n'utilisent qu'une partie des couches supérieures, ils ont besoin de pénétrer plus profondément; il n'en faudrait pas davantage, ce nous semble, pour faire préférer la méthode sans pilots.

Celle-ci, comme il est aisé de le prévoir, aurait aussi ses inconvénients; quel mode n'en a pas? C'en serait déja un que la difficulté de charger une pile d'un poids sensiblement plus lourd que l'arche qu'elle serait destinée à supporter *. Dans notre opinion, toutefois, les cas sont rares où elle ne devrait pas mériter la préférence. Au pont de Westminster on s'est trouvé, par nécessité, forcé de charger ainsi une des piles, et on s'en est bien trouvé. L'exécution des deux demi-arches voisines l'ayant fait enfoncer d'environ trente centimètres, on parvint, en la chargeant de poids temporaires, à accroître le tassement de treize à quatorze centimètres. Ce qu'a fait faire la nécessité, pourquoi ne

* Pour des ponts en bois ou en fer, de même que pour ceux en pierre à petites arches, ce serait peu de chose. On pourrait d'ailleurs souvent alléger la charge, en remplaçant les parapets par des gardes-fous, en fesant les voûtes plus minces, etc., etc.

le ferait-on pas par calcul, puisqu'on s'en est bie[n] trouvé? N'est-ce pas souvent à la nécessité qu'o[n] doit les plus utiles découvertes?

§ 294. — Au lieu donc de faire des sondage[s] coûteux dans l'emplacement des piles, nous croi[-] rions plus convenable d'essayer simplement par l[a] pression sur un grand nombre de points, combie[n] des poids variés produiraient d'enfoncement dan[s] le terrain. La connaissance préliminaire et prompte[-] ment acquise de cet élément, nous semblerait pou[r-] voir suffire, pour cette partie de la question, [à] la détermination des bases principales d'un projet[.] Elle nous semblerait du moins l'élément le plu[s] utile. Quand on veut construire un pont, et qu'i[l] n'y a aucun inconvénient à lui chercher des appui[s] dans le lit de la rivière, il semble que la premièr[e] chose à faire est d'essayer en petit ce qu'on fera e[n] grand, c'est-à-dire la pression. Sans doute, il peu[t] être utile de connaître la nature du sol et du sous[-] sol; mais cette connaissance n'apprend rien d[e] positif sur la résistance, elle ne fait naître que de[s] idées vagues, et beaucoup moins approximative[s] que des résultats de pression. Nous demanderons, par exemple, si les tableaux que nous avons donnés sur le lit de la Saône ne seraient pas plus instruc[-] tifs, sauf extension, pour la construction d'u[n] pont, que des sondages.

§ 295. — D'après ce que nous avons dit, il nous semble qu'une écluse, quelque grande qu'elle fût, pourrait être construite ailleurs que dans son empla-cement, et y être conduite ensuite de toute pièce, sauf à laisser jusqu'à complet achèvement les deux murs qui auraient été exécutés à l'amont et à l'aval pour unir les bajoyers et former auge.

§ 296. — Ne pourrait-on admettre, par les mêmes motifs, l'existence d'une maison flottante? Si jamais ni bateau ni vaisseau n'eussent existé, qui pourrait se faire une idée d'un vaisseau? Sans doute la rigidité, le peu de flexibilité des maçonneries disposent à l'incrédulité; mais il ne faut pas perdre de vue, ni leur plus grande épaisseur, ni l'énergie des ciments romains, ni la faiblesse des pressions. Sous ce dernier rapport, une colonne ou un puits, un massif quelconque, qui serait descendu dans la mer à quatre cents mètres de profondeur, n'éprouverait pas à sa base plus de cent kilogrammes de pression par centimètre carré. Beaucoup de matériaux lui résisteraient donc, et bien des sols n'auraient pas besoin d'être pénétrés d'un à deux mètres pour les supporter.

§ 297. — L'utilité des ciments romains, pour les travaux neufs, peut s'étendre fort loin; la grande quantité de substance hydraulisante et énergique qu'ils contiennent, permet de les mêler à des mortiers faibles en chaux, et de former des agrégats qui réussissent très bien dans les massifs. Nous employons ainsi, depuis plusieurs années, celui de Pouilly, dans la construction de petits ponts et d'aqueducs, et nous lui avons de grandes obligations. Le transport des chaux hydrauliques sur une foule de points plus ou moins éloignés de leur gîtes ou des fours, serait beaucoup plus dispendieux.

Sans doute un même poids de pouzzolane peut renfermer plus d'acide silicique que les meilleurs ciments romains; mais aussi une plus grande quantité de cet acide y fait fonction de sable, et, à égalité de force employée pour le broyage, il en sera toujours ainsi, parce qu'un mélange argileux cuit à point, est généralement plus dur qu'un mélange calcaire. Il y a d'ailleurs avantage évident à fabriquer des ciments romains de préférence aux pouzzolanes, partout ou le carbonate de chaux en poudre est peu coûteux, c'est-à-dire dans presque tous les pays calcaires.

Les pouzzolanes qui proviennent des débris de briques ou de tuileaux, sont ordinairement moins dispendieuses que celles qu'on fabrique de toute pièce, parce que leur ramassage et leur transport au moulin, coûtent moins que la préparation de l'argile et surtout sa cuisson; mais elles sont généralement moins bonnes, et souvent ne valent rien. Elles contiennent d'ailleurs habituellement beaucoup plus de silice inerte, et à tant faire que de transporter autre chose que des éléments électro-négatifs, il vaut mieux que ce soit de la chaux que de la silice *.

* Le mélange des ciments hydrauliques aux mortiers paraît dispendieux, si l'on prend pour type celui de Pouilly, qui est fort cher; mais il est généralement si facile d'en préparer qui ne reviennent pas à moitié, souvent même au quart, que cet inconvénient disparaît. Au surplus, dans notre arrondissement même où la délicatesse nous interdit d'employer celui qui se fabrique dans notre établissement,

§ 298. — Les ciments romains ont un autre avantage, en apparence assez faible, et cependant en définitive d'une importance majeure ; nous allons le développer. Un travail quelconque s'exécute avec d'autant plus de facilité et de simplicité, que les matières et les instruments qu'il exige sont moins nombreux, plus simples, et mieux en rapport avec d'autres habitudes. Le constructeur veut-il que quelque partie de maçonnerie soit promptement solidifiée et assez résistante, il emploie le ciment pur, ou en forte proportion. N'a-t-il besoin que de peu de force, redoute-t-il peu l'humidité, il en met à peine. Doit-il éviter des fendillements, comme dans les enduits, il l'utilise sans mélange. En peu de mots, c'est toujours la même matière qu'il met en œuvre avec son mortier habituel de sable et de chaux grasse; il modifie seulement ses proportions. Les pouzzolanes et les chaux hydrauliques convenablement traitées, mais non comme ciments, se prêtent aussi sans doute, quoique avec moins de commodité, aux mêmes modifications; mais soit pour la promptitude de prise, soit pour l'absence des fendillements, on ne peut compter sur elles. Ces deux qualités n'appartiennent qu'aux ciments. Si donc le constructeur est forcé d'adjoindre à sa chaux grasse ordinaire, une nouvelle substance, n'est-il pas utile qu'elle puisse remplir toutes les

nous trouvons encore avantage à faire usage de celui de Pouilly. Nous ne conseillons cependant pas ce mélange pour les enduits, même pour les joints : pour les uns comme pour les autres, les ciments doivent être purs.

destinations, et le dispenser de recourir à une troisième, ou à une quatrième ?

Nous parlons en thèse générale, car nous l'avons répété souvent, il n'existe de bonté absolue pour rien. Les matériaux comme les procédés ont entre eux des différences, et ce sont précisément ces différences qui doivent décider du choix. Ce qui est une qualité dans un cas, est un défaut dans un autre, et réciproquement. Il est donc des circonstances où l'on doit préférer les chaux hydrauliques, comme il en est où l'on doit choisir les pouzzolanes ou les ciments.

Une objection ici se présente, et le lecteur peut nous dire : Nous admettons avec vous que tout est relatif, mais vous n'en posez pas moins comme règle générale que les ciments romains sont supérieurs aux chaux hydrauliques et aux pouzzolanes. Or, d'une part, M. Vicat a conseillé les premières, de l'autre M. Treussard penche pour les secondes ; pourquoi vous donnerait-on la préférence? Notre réponse sera facile.

Nous ferons d'abord remarquer que ces judicieux observateurs ont peu opéré sur les ciments, et qu'ils les connaissent à peine; que par conséquent il serait possible qu'eux-mêmes fussent de notre avis. Nous ajouterons ensuite que ce n'est jamais par notre opinion que nous prétendons faire autorité, mais par des raisons. Nous avons employé tous nos efforts pour découvrir et expliquer le pour et le contre de chaque méthode, et après mur examen, nous avons donné notre avis. Mais bien loin de chercher à l'imposer, nous conseillons la défiance, parce que nous n'ignorons pas que tout père est aveugle.

Dans les grands travaux, où les enduits, comme l'absence des retraits, sont de médiocre importance, et où d'ailleurs on agit spécialement sur des masses, nos motifs de préférence peuvent être moins importants; mais dans les ouvrages qui sont presque tout surface, tout extérieurs, il n'en peut être de même, et il nous semble impossible d'y méconnaître la grande supériorité des ciments. Il y a plus, nous pensons que dans l'état actuel des choses, leur absence fait lacune. Sans doute la place est remplie par le plâtre; mais elle l'est fort mal, partout où il y a à craindre l'humidité, ou les chocs, ou les frottements. Dans les grands travaux mêmes, nous croyons que jamais les jointoiements ne devraient être exécutés autrement qu'en ciment romain. Ce serait la seule manière d'assurer aux massifs toute la solidité dont ils sont susceptibles. Nous n'excluons pas même les maçonneries à mortier de chaux grasse et sable, bien qu'elles gagnent à perdre leur humidité, et par conséquent à n'avoir pas de joints. Au bout de peu de mois il y a toujours avantage à leur en donner. Elles n'ont plus à gagner que par l'absorption de l'acide carbonique; or, celle-ci est si lente, qu'il est préférable de ne pas chercher à en profiter, et de mettre les parements à l'abri des gelées, des insectes, et des excroissances végétales.

§ 299. — Si les ouvrages neufs peuvent trouver

dans l'emploi des ciments romains un puissant auxiliaire, à combien plus forte raison n'en est-il pas ainsi des vieilles constructions, des édifices menaçant ruine. Avant d'en donner la raison, citons un exemple.

Nous avions dans notre arrondissement trois grands ponts, dont deux sur la Saône, entièrement délabrés. L'un d'eux avait même donné lieu à un rapport d'ingénieur en chef, ayant pour objet son instante démolition. Ce rapport, que nous avons sous les yeux, était aussi pressant qu'il fût possible. Les deux autres avaient été condamnés ou à peu près. Tous trois sont maintenant réparés, et grace au ciment de Pouilly, non seulement hors de danger, mais encore en état de braver les siècles. Encore quelques menus travaux, et ils offriront en apparence comme en réalité, une solidité à toute épreuve.

Nous pouvons nous tromper, mais dans notre opinion, une foule d'anathèmes semblables aux précédents peuvent être levés, et grand nombre d'ouvrages en ruine, recevoir une prolongation d'existence presque indéfinie. Les ciments romains sont pour eux une vraie fontaine de Jouvence : la raison en est facile à comprendre. Il existe beaucoup de constructions qui sont destinées à agir spécialement par leur masse, et qui, surtout en raison des mauvais mortiers dont elles sont généralement formées, ne résistent que par leurs parements, par leur force d'inertie, et par le peu d'efforts qu'elles ont à supporter. Une foule de voûtes, de murs de soutènement, d'écluses, etc., etc., sont dans ce cas. Leur intérieur, construit avec les mauvais mortiers de chaux grasse et sable, est sans liaison; souvent il a perdu la majeure partie de sa chaux, et vaut encore moins que lors de sa nouveauté, ce qui est beaucoup dire. Cet intérieur ne reçoit ordinairement que peu de solidité de cette substance, et n'est utile à l'ouvrage que par des causes qui lui sont étrangères. A de telles constructions, il suffit d'un habit neuf, et elles sont rajeunies.

Un grand nombre de travaux existants, de ceux surtout vieillis avant l'âge, ne sont donc malades que par leurs parements; or, à l'aide des ciments romains, ceux-ci peuvent être repris en sous œuvre, et refaits presque en entier, pièce à pièce, sans, pour ainsi dire, que la force primitive soit diminuée. Ce résultat est dû, non seulement à la bonté du mortier, mais aussi au peu d'efforts qu'ont généralement à supporter les ouvrages même les plus hardis.

Il y a presque toujours une économie si grande à réparer les grandes masses plutôt qu'à les refaire, que tout moyen qui tend à en accroître la facilité ne peut être trop préconisé.

§ 300. — Il arrive souvent que les pierres dont nos prédécesseurs se sont servi étaient gelisses, et que leurs œuvres peuvent à peine atteindre trente ou quarante ans. Nous en avons eu plusieurs exemples, et un entre autres assez frappant dans le pont de sept arches que nous avons déja cité. Il avait à peine une quarantaine d'années, quand nous avons commencé sa réparation, et cependant d'un bout à l'autre, ses deux têtes étaient gelées presque au cœur, et ont dû être renouvelées à peu près en entier. Lorsqu'on se trouve forcé d'employer des pierres de cette nature, nous pensons qu'on peut les préserver de la gelée, à l'aide des corps gras ou résineux ; mais ces substances sont chères, et nous sommes porté à croire qu'elles pourraient être remplacées avec succès, par un simple lait de chaux silicée ; nous n'avons pas besoin de dire que la première condition de réussite est la siccité de la pierre.

Un autre moyen qui, dans quelques cas peut-être, serait susceptible d'applications, est son chauffage gradué ; mais pour de gros blocs, il serait difficile à mettre en œuvre sans qu'ils en souffrissent. Nous avons fait subir une faible cuisson à des pierres de la plus mauvaise qualité, même à des marnes, et non seulement elles ont acquis plus de dureté, mais n'ont plus craint la gelée.

L'emploi d'un lait de chaux plus ou moins épais pourrait, ce nous semble, donner lieu à des améliorations d'un autre genre ; citons un exemple. M. l'ingénieur en chef Minard, en parlant des grès pouzzolaniques de Picardie, annonce que ceux qui sont moyennement durs, s'emploient comme pierres dans les constructions. Ne serait-il pas possible, non seulement de les améliorer en les trempant dans un lait clair, mais encore de remplacer leur surface rugueuse par un parement poli, à l'aide d'une faible couche de pâte qui, en remplissant tous les vides, se combinerait avec la partie argileuse ?

§ 301. — Ce grès nous donne occasion de faire ici une remarque que nous croyons avoir omise. M. Vicat a reconnu et annoncé le premier que les substances pouzzolaniques possèdent à un degré plus ou moins éminent, la propriété de neutraliser l'eau de chaux, ou plutôt de s'emparer, en la précipitant, de la chaux qu'elle contient. Il avait conjecturé que le degré d'intensité de cette faculté pourrait offrir la mesure relative de leur bonté ; mais le passage suivant d'une notice publiée en 1827 par M. Minard, est venu infirmer à tel point cette présomption, qu'à moins de le considérer comme exceptionnel, il n'était plus possible de l'admettre. Notre propre expérience s'est trouvée d'accord avec ce passage, qui est ainsi conçu : « Une « partie pondérale de grès décompose une partie « et demie d'eau de chaux en dix heures, tandis « que dans les mêmes proportions, la pouzzolane « d'Italie plus énergique que ce grès n'avait pas « encore décomposé l'eau de chaux au bout de « trois mois. » Nous ne conseillerons donc à personne de s'en rapporter à cette mesure ; ce qui se passe dans cette absorption de chaux nous semble assez facile à deviner ; mais comme nous n'avons fait aucune expérience pour nous en assurer, nous ne nous y arrêterons pas. Cependant, pour rendre raison du peu de confiance que nous accordons à ce procédé, nous ferons encore observer qu'il représente une action bien minime, car une partie d'eau de chaux ne contient qu'environ un cinq centième de son poids de cette substance ; or, comme la neutralisation des éléments électro-négatifs exige une forte dose de chaux, il s'ensuit qu'une partie de cette eau décomposée n'indique la mise en jeu que d'une très minime quantité de ces éléments. Cette seule observation nous semble suffire , et il est évident pour nous que l'acide hydrochlorique , et l'hydrate de potasse , bien que chacun insuffisant , offriraient une mesure plus juste ; toutefois , nous ne les conseillons pas davantage.

On emploie souvent , non pas comme mesure, mais comme indication approximative , un langage sur lequel il est bon de s'entendre. Ainsi , pour donner une idée de la bonté de certains mortiers , on dit que pour démolir la maçonnerie il a fallu employer le pic et la pince , ou encore qu'on a pu rouler sur eux de gros blocs de pierres de taille sans qu'ils cédassent , etc., etc. Loin de nous de rien trouver à blâmer à ces expressions ! elles sont aussi bonnes , aussi justes que d'autres ; mais nous croyons devoir prémunir contre le sens qu'on est disposé à y attacher ; car elles s'adaptent fort bien, ainsi que nous l'avons remarqué souvent , à des mortiers très médiocres. Dans les temps secs , un simple accotement de route, et à bien plus forte raison une chaussée, en sont également susceptibles; mais qu'on en soumette des fragments à des essais plus précis , comme par exemple à l'écrasement , et on s'en fera une toute autre idée. Nous ne pouvons mieux comparer le langage dont il s'agit, qu'à celui qui concerne la prise des mortiers. Nous avons vu que l'essai par une pointe chargée, représente une pression assez forte; et cependant un mortier qui n'en est qu'à sa prise, est sans la moindre dureté.

§ 302. — Il est une observation qui nous a échappé, et que nous croyons utile de consigner pendant qu'elle s'offre à nous; elle pourra être utile aux personnes qui se livrent à des essais. Dans nos premières recherches sur l'alumine, nous avons souvent été disposé à la croire pouzzolanique, parce que souvent nous la retirions de l'alun, à l'aide du procédé indiqué dans la plupart des ouvrages de chimie, ou parce que nous la prenions toute préparée chez des pharmaciens; mais nous n'avons pas tardé à reconnaître la cause des anomalies qui s'offraient à nous. L'alumine obtenue de cette manière contient toujours de l'acide sulfurique, et même en proportion notable; il en résulte que quand on la gâche avec de la pâte de chaux, il se forme du plâtre, et qu'il y a réellement prise; or, nous avons reconnu que cette substance peut donner des mortiers qui se maintiennent en bon état sous l'eau, non seulement plusieurs jours, mais un mois, et quelquefois deux. Il n'était donc pas surprenant que nous fussions induit en erreur. Nous conseillons à ceux qui expérimentent sur les mortiers d'extraire leur alumine de substances qui ne contiennent point d'acide sulfurique. Dans le cas où elles voudraient la retirer de l'alun, elles devraient se servir du procédé décrit par M. Berzélius, et encore devraient-elles prendre bien des précautions, car celle que nous avons obtenue par son aide en renfermait encore.

Quelques ingénieurs pensent qu'à l'aide du temps, des mortiers médiocrement hydrauliques, c'est-à-dire faibles en acide silicique, finissent par acquérir, sous l'eau comme à l'air, une dureté, une résistance presque aussi grande que des mortiers très hydrauliques. C'est une grave erreur; il n'y a de bons mortiers sous l'eau que par une forte dose de cet acide.

Il serait superflu de revenir sur les bétonnements. Nous avons dit qu'on doit les éviter autant que possible, en raison des défauts très graves qu'on leur connaît, et surtout celui d'être à l'abri de la surveillance du constructeur; cependant, il est des cas où ils peuvent être utiles, et nous en citerons un. Si l'on voulait faire échouer, puis enfoncer un massif, dans un sol qui renfermât plus ou moins de grosses pierres trop coûteuses à extirper, il est clair qu'il y aurait convenance à former d'abord un sol factice; il en serait de même si le sol naturel était un rocher inégal très dur. Dans ces circonstances, il semble que ce qu'il y aurait de mieux à faire serait généralement un bétonnement de peu d'épaisseur, sur lequel on poserait le massif avant la prise, mais avec l'attention de ne pas continuer l'ouvrage avant un durcissement convenable.

Il ne faut pas perdre de vue que si on voulait, pour cette opération, se servir de ciments artificiels, ou de certains ciments naturels, on ne devrait les utiliser que comme mortiers, c'est-à-dire qu'il faudrait les gâcher avec une plus grande quantité d'eau, et ne les immerger qu'environ vingt-quatre heures après cette extinction, et un second gâchage. Les ciments naturels supérieurs, tels que celui de Pouilly, n'auraient pas besoin de cette précaution et ne pourraient même s'en arranger.

§ 303. — Nous avons annoncé que la pression des voitures, indépendamment même des secousses ou forces vives qu'elles produisent, était généralement plus dangereuse pour les ponts, qu'une foule nombreuse; mais qu'elle était répartie sur une assez grande surface pour être, en définitive, réduite à peu de chose. Pour comparer les deux effets, il y a nécessité de faire entrer en ligne de compte, et le poids des voitures les plus lourdes, et l'espèce de chaussée qui transmet son action à la voûte.

Une charrette de six mille kilogrammes et un charriot de dix mille, sont à peu près les plus lourdes voitures qu'on rencontre sur nos routes; avec ces poids elles voyagent en contravention aux lois, mais enfin elles voyagent; or, c'est ce qui est, non ce qui pourrait être, que nous examinons. Elles équivalent, la première au poids d'au moins quatre-vingts personnes; la deuxième à celui d'au moins cent trente. L'une comme l'autre, mais surtout la première, ont leurs roues grandement exposées, et quelque solides qu'elles soient, elles durent peu, et éprouvent souvent des accidents. On doit considérer leur charge à peu près comme un maximum. Chaque roue étant supposée également chargée, porte avec la première 3,000^{k}, avec la seconde 2,500^{k}. Si la chaussée est en pavés plats d'environ 0^{m},20 sur 0^{m},20, la plus forte pression que supporte chacun est de 7,50 kilogrammes par centimètre carré ; on conçoit donc aisément qu'il puisse y résister, même abstraction faite de l'aide de ses voisins. Si elle est en cailloux roulés, et surtout de petit échantillon, le poids peut aller jusqu'à soixante kilogrammes par centimètre ; mais ces cailloux peuvent résister à une charge décuple, ils ne craignent donc rien pour eux-mêmes. C'est, au surplus, ce que démontre l'expérience journalière, même pour des chaussées en empierrement, dont chaque fragment emprunte pourtant beaucoup aux faibles détritus qui les unissent.

Si les voûtes sont en briques ou en moellons, et que les 3,000^{k} de chaque roue soient reportés sur elles immédiatement et sans intermédiaire, il y aura danger, quand la voûte sera très mince et les mortiers très mauvais. Et encore ce danger ne pourra-t-il provenir que d'un long usage et d'une foule de pressions semblables réitérées ; si même il n'y avait jamais choc, jamais force vive, il faudrait que l'épaisseur fût bien faible et les matériaux très défectueux, pour qu'il y eût chance d'écrasement. Ceci nous conduit à dire qu'une chaussée en empierrement bien entretenue serait, sous ce rapport, plus avantageuse qu'un pavage quelconque, qui donne constamment lieu à des chocs.

Il est rare que les chaussées reposent immédiatement sur les voûtes, même à l'aplomb des clefs, car à moins d'un excès de force considérable, qui souvent a lieu il est vrai, il serait peu sage de les construire ainsi. Ce cas n'étant qu'exceptionnel, ce n'est pas celui auquel nous devons nous arrêter. Un corps intermédiaire, ordinairement du sable, est toujours placé comme matelas, entre la pierre dure qui reçoit la charge, et la pierre dure qui la supporte. Il s'agit donc d'apprécier comment la répartition se fait, soit dans le cas d'un pavage, soit dans celui d'une chaussée en empierrement.

§ 304. — Considérons une pyramide de boulets triangulaire, et supposons qu'à son sommet, on exerce une pression; le premier boulet la transmettra aux trois qui le soutiennent, et chacun de ceux-ci à la couche inférieure. La distribution se fera donc ainsi de proche en proche, et toujours en s'étendant; à tel point, que même à une faible profondeur, elle se trouvera réduite à peu de chose pour chaque boulet. Si la pyramide était isolée, une charge peu puissante suffirait pour la détruire, et chasser latéralement tous ses éléments. Lors donc qu'elle ne l'est pas, les corps qui empêchent cette chasse participent aussi à la résistance, et il en résulte que l'effort exercé au sommet se subdivise considérablement, et partant s'amoindrit. Cette comparaison qui, dans le fait, est peu de chose, est cependant pour les routes un objet capital, et elle suffit, comme nous le dirons ailleurs, pour jeter une vive lumière sur les conditions fondamentales de leur construction et de leur entretien. Sans insister sur ses développements et ses conséquences, parce que ce n'est pas ici le lieu, nous dirons en peu de mots : 1° que dans une chaussée ordinaire les choses se passent absolument comme dans une pyramide de boulets, et que chaque roue, en comprimant fortement un point isolé de la surface, n'agit plus qu'avec une grande faiblesse, même à quelques décimètres de profondeur ; 2° qu'on peut s'expliquer aisément de cette manière, la résistance que présentent certains terrains dont le sous-sol est sans consistance ; 3° que Mac-Adam a eu raison de dire que tout terrain qui peut supporter le poids d'un homme est en état de recevoir une chaussée, et de résister à un roulage actif ; que tout dépend de l'épaisseur de l'empierrement, et que cette épaisseur n'a pas besoin d'être considérable ; 4° enfin, que la comparaison peut être poussée plus loin, en disant que tout sol qui ne cède pas sous le poids d'un chien, peut servir de base à une route ; qu'il ne serait même pas nécessaire, rigoureusement parlant, que l'épaisseur de cette route fût de plus de cinquante centimètres.

Ce peu de mots suffit pour faire comprendre que la pression sur les voûtes se distribue de manière à donner lieu à toute sécurité ; que, par conséquent, c'est toujours en définitive le propre poids des arches qui constitue leur ennemi le plus dangereux, et que sans renoncer absolument à tenir compte des influences accessoires, on doit les regarder comme aussi peu importantes dans ces circonstances, que dignes d'attention quand il s'agit de ponts en bois ou en fer. En dernière analyse, et malgré l'inconvénient d'augmenter la charge générale par un matelas de sable, il y a presque toujours avantage à le faire, surtout quand les voûtes sont faibles et que la chaussée est pavée, ce qui, dans les villes, est une nécessité *.

Ces considérations sont étrangères aux chances de rupture, telles qu'on les considère ordinairement, et elles ne dispensent pas le constructeur des calculs qui leur sont relatifs. Nous pensons toutefois que l'adhérence et la solidité des ciments doivent singulièrement améliorer les conditions qui leur servent de base.

L'exemple de la pyramide de boulets nous explique encore la manière d'agir des enrochements à pierres perdues. Les anciens ont établi sur eux de grands ouvrages qui ont très bien résisté, et il est facile d'en deviner la cause : le poids de ces ouvrages s'est trouvé distribué ainsi sur de vastes surfaces, et n'a pas atteint souvent un kilogramme par centimètre carré; mais lorsqu'on n'agit que par sentiment, et sans se rendre compte positivement, on est exposé à errer et à faire, en pure perte, d'énormes dépenses. Les rapprochements que nous avons faits, et les indications qui les ont suivies, ont pour objet de mettre à même de les éviter.

* Les chaussées en pierres cassées donnent trop de boue en hiver, et trop de poussière en été, pour qu'il puisse convenir de les employer dans les endroits populeux.

SECTION DEUXIÈME.

DES MORTIERS ET DES CIMENTS DANS LEURS RAPPORTS AVEC LES BESOINS USUELS.

---

§ 305. — Dans les grands travaux, les fondations ont de tout temps attiré l'attention spéciale des constructeurs; mais de nos jours, où s'exécutent en si grand nombre des ouvrages hydrauliques, cette attention est devenue une nécessité qui a dominé toutes les autres. Aussi la plupart des ingénieurs en ont-ils fait l'objet de leurs méditations, et ont-ils amélioré à un haut degré les méthodes anciennes. L'une d'elles surtout, se présentait à eux pleine d'avenir, et ils ne le lui ont pas fait attendre; c'est celle des bétonnements. MM. Vicat et Treussard sont surtout ceux qui en ont le mieux assuré le succès, en la prenant, en l'étudiant à sa base : car la fabrication des bons mortiers hydrauliques en était la pierre fondamentale, la condition de rigueur.

Les recherches de ces laborieux constructeurs ont attiré tous les regards sur les mortiers. Mais ce qui importait si fort aux travaux publics, ce qui leur devenait si utile, était peu de chose pour les édifices particuliers; aussi n'ont-ils participé que peu jusqu'à ce jour aux avantages qu'elles ont créés. La raison en est simple : l'hydraulicité proprement dite, c'est-à-dire avec immersion, n'intéresse que faiblement nos habitations. Il en est de même de la solidité intérieure des maçonneries; les faibles efforts qu'elles ont à soutenir s'arrangent assez bien des mauvais mortiers, pour n'avoir pas besoin d'améliorations qui coûtent cher; la moindre augmentation de prix, ou même un simple changement dans les habitudes, ne pouvaient leur convenir. Que demandent depuis long-temps les édifices particuliers? Un moyen peu coûteux d'assainir leurs parties basses, de rendre les rez-de-chaussée, les caves même, habitables, sinon constamment, au moins une partie de la journée. Que demandent-ils encore? Une substance plastique qui se prête comme le plâtre aux besoins, même aux caprices du maçon, du mouleur, et qui n'ait pas comme lui l'inconvénient de redouter la simple humidité.

§ 306. — La Société d'Encouragement toujours si clairvoyante, toujours si empressée d'améliorer notre industrie, avait depuis long-temps reconnu ces besoins, et en avait fait le sujet d'un prix. Nous ignorons s'il a été remporté, mais nous savons qu'elle a adjugé une médaille d'or à M. Vicat, et à coup sûr, jamais médaille ne fut mieux méritée.

Passons succintement en revue les procédés qui approchent plus ou moins du but. Ils se bornent, ce nous semble, à peu près à trois, savoir: les mastics à l'huile; le plâtre imbibé à chaud de mélanges de résine et d'huile; enfin, les mortiers hydrauliques. Nous les avons employés tous trois sur de grandes échelles, en terrasses, en carrelages, en enduits et en corniches, et nous nous en sommes assez mal trouvé. Voici, en peu de mots, les réflexions qu'ils nous suggèrent.

Mastics à l'huile. — Les mastics de Dihl, de Dreux, et d'autres supérieurs, fabriqués par des procédés qui nous sont propres, nous ont souvent donné de bons résultats; mais ils ont des défauts très graves. Tous, quelle que soit l'ancienneté de leur mise en œuvre, se ramollissent dans l'eau, et se laissent pénétrer, gonfler par elle. En terrasses, même fortement inclinées, ils se conduisent mal aux alternatives de sécheresse et d'humidité. Ils peuvent, sans doute, se mouler en statues et résister aux intempéries, mais ils souffrent partout où l'eau séjourne sur eux (l'huile les ramollit davantage encore). Dans l'intérieur des édifices, ils nous ont mieux réussi; nous avons raccommodé avec eux des marches d'escalier, collé des pierres, fait des scellements, des joints, etc.; et dans tous ces cas, ils nous ont offert une force d'adhérence remarquable. Ils ont donc, comme tout procédé, comme toute substance, leur bon et leur mauvais côté; mais le bon ne se rencontre pas avec l'humidité. D'ailleurs, l'huile et la litharge qu'ils mettent en œuvre les rendent d'un emploi trop dispendieux.

Plâtre enduit de substances grasses. — Le procédé que nous avons spécialement en vue, est celui de MM. Thenard et d'Arcet; il nous paraît le meilleur de ceux du même genre. Mais outre qu'il est lui-même dispendieux, il ne nous semble d'une application commode et facile, que pour de petits objets qu'on peut aisément transporter et chauffer tout d'une pièce, dans un four ou ailleurs. Nous sommes loin de prétendre qu'il ne puisse recevoir d'autres applications ; les savants qui l'ont imaginé l'ont employé à des enduits, et probablement à des ouvrages d'une autre nature. Peut-être réussit-il toujours et parfaitement entre des mains habiles et exercées ; mais bien que nous nous soyons servi d'artistes italiens très adroits, et que nous l'ayons nous-même essayé à plusieurs reprises, nous n'avons jamais réussi qu'imparfaitement sur des objets fixes. Bien d'autres, à notre connaissance, ont complètement échoué. Nous conseillons donc aux personnes qui voudront le mettre en œuvre, de s'adresser à des ouvriers exercés, et non à d'autres, quelle que soit d'ailleurs leur adresse et leur habileté.

Dans tous les cas, ce procédé n'améliore que quelques millimètres de la surface, rarement plus de quatre à cinq ; il est donc de nécessité restreint dans ses applications.

Mortiers hydrauliques.—Il semble difficile de croire que jamais on puisse trouver de substance plastique plus économique que celle-ci. La chaux, l'argile et l'eau sont les matières qui la composent : quels corps seront jamais meilleur marché ? Mais l'économie n'est pas le seul avantage des mortiers hydrauliques : la facilité de les fabriquer partout, la commodité de leur emploi, et de leur remaniement par les plus mauvais maçons, la dureté qu'ils finissent par acquérir, leur imperméabitité, en font des matières de la plus grande utilité. Mais à côté de ces importantes qualités se trouvent, comme nous l'avons dit, de graves défauts ; et pour les travaux usuels, ceux-ci l'emportent sur les premières. Ces défauts sont : une grande lenteur de durcissement, une solubilité prolongée dans l'eau, et une faculté de retrait considérable ; c'est surtout celle-ci qui leur nuit dans les ouvrages journaliers ; elle les en exclut pour ainsi dire. Sans elle, une foule d'applications leur conviendraient encore, et souffriraient peu de la lenteur de solidification, nullement de la solubilité ; mais les fentes multipliées qu'elle produit, n'en permettent pas l'emploi dans le plus grand nombre de cas.

Nous avons essayé de la combattre par une foule d'expédients ; nous n'avons pu réussir. La propriété qu'a le plâtre d'augmenter de volume, nous avait fait espérer de trouver en lui un puissant auxiliaire ; mais il n'a pu que diminuer les fentes, quelle qu'ait été son abondance ; il a eu d'ailleurs constamment le défaut d'enlever aux mortiers leur qualité principale, celle de ne pas craindre l'eau.

§ 307. — Les personnes qui ont expérimenté jusqu'à ce jour sur les mortiers, étaient et devaient être beaucoup trop préoccupées de l'hydraulicité et de la dureté, pour apporter une grande attention à l'absence du retrait, à la plasticité complète ; celle-ci d'ailleurs ne semblait qu'un minime accessoire pour les grands travaux ; et elle devait d'autant moins frapper, que les mortiers immergés ou enfouis la possèdent, et que les petites briques d'essai laissées à l'air, se rapprochant en masse, ne décèlent aucun retrait.

Ce défaut si grave du retrait, les ciments ne l'ont pas, du moins ceux qui sont préparés convenablement, ainsi que certains ciments naturels; et ceux qui l'ont en sont beaucoup moins affectés que les mortiers ; à tel point qu'ils peuvent encore servir à une foule d'usages, même à des enduits, sans de grands inconvénients. Ceux qui sont hydrauliques ont d'ailleurs l'avantage d'un durcissement moins lent, et d'une prompte insolubilité ; ils deviennent également susceptibles d'une plus grande résistance.

Voilà le beau côté des ciments, mais ils doivent en avoir un mauvais ; car pour tout il en est ainsi: c'est la loi qui souffre le moins d'exceptions. Il faut donc le rechercher, l'étudier, pour ne pas se fourvoyer, pour les employer quand ils conviennent, les rejeter quand ils ne conviennent pas.

Les ciments naturels de qualité supérieure, tels que celui de Pouilly, peuvent être immergés sans inconvénient, immédiatement après leur gâchage ; leur prise a lieu presque aussitôt, s'ils ne sont pas éventés, c'est-à-dire s'ils n'ont pas déja absorbé à l'état de poudre une certaine dose d'humidité. Ils parcourent rapidement la période de leur plus grande solidification : un ou deux mois leur suffisent. Ce sont des qualités précieuses dans certaines circonstanees, mais peu utiles dans d'autres, parfois même gênantes. Leurs défauts sont la conséquence même de ces qualités, c'est-à-dire qu'à peine éventés ils ne valent presque plus rien, et que si on ne les emploie pas de suite après leur gâchage, on n'obtient plus d'eux que de mauvais mortiers. Ces indications suffisent pour faire voir dans quels cas ils doivent être préférés. Il est facile d'en conclure que dans les besoins journaliers, ils ont peu de supériorité, et parfois même du désavantage sur les suivants.

§ 308. — Les ciments artificiels, et un grand nombre de ciments naturels, font comme les précédents leur prise en quelques instants : d'une minute à un quart d'heure. Ils ont pour principal défaut de ne pouvoir généralement être mis sous l'eau qu'au bout de quelques heures, parfois même, quand leur préparation a été médiocre, au bout de plusieurs jours. Ce défaut est d'autant plus prononcé, qu'ils sont plus frais, est d'autant moins, qu'ils sont plus éventés. Si l'on veut passer outre et n'en tenir compte, ils peuvent se conduire médiocrement ou mal, suivant leur destination : ils se conduisent mal si leurs parements ne sont pas soutenus, car alors ils se désagrégent ; ils se comportent passablement, si leurs parois sont appuyées.

Ces mêmes ciments ont fréquemment encore un autre défaut, en ce que peu de temps après leur emploi, ils laissent former à leur surface de très petits points blanchâtres, qui sont de la chaux isolée. Cette défectuosité mérite à peine d'occuper l'attention ; mais si l'on tient à un poli soigné, il faut, au bout de quelques heures, les frotter légèrement avec une truelle, un rouleau, ou tout autre corps poli, quelle que soit sa nature.

Ces désavantages sont, jusqu'à un certain point, compensés par une qualité; car les mortiers, même après leur prise complète, peuvent être regâchés à l'aide d'une addition d'eau, et fournir, non plus des ciments, mais de bons mortiers hydrauliques. Il en résulte que le constructeur est rarement dans le cas de perdre, même les plus petites fractions de gâchées, ce qui arrive assez souvent avec les premiers.

La période de durcissement considérable est également plus lente dans la seconde classe de ciments; elle varie suivant les diverses conditions de leur fabrication, et se prolonge ordinairement de deux à quatre mois, quelquefois même cinq à six; le besoin d'eau ou d'humidité est aussi plus impérieux pour eux.

Malgré ce revers de médaille, il est aisé de concevoir que presque toutes les applications usuelles peuvent s'arranger aussi bien des seconds que des premiers. Si cependant l'époque des gelées approchait ou était arrivée, et que le travail à faire dût être exposé à une grande humidité, en même temps qu'à leur action, comme par exemple des enduits peu éloignés du sol, on devrait préférer les premiers, en raison de leur marche plus rapide; c'est une conséquence de ce que nous avons dit.

§ 309. — Une troisième espèce de ciments doit encore être signalée, c'est celle où l'on fait entrer des chaux éteintes; elle est inférieure aux précédentes, non seulement par la moindre dureté des mortiers, mais surtout par sa plus grande propension au retrait. Sur trois cents et quelques essais que nous avons faits avec elle, nous en avons eu très peu qui n'aient pas fini par fendre plus ou moins, et aucun qui ait atteint la dureté des autres. Cette espèce a l'avantage d'être plus légère et moins dense ; elle serait peut-être préférable pour des plafonds, ou pour quelques autres ouvrages.

Tous les ciments, quels qu'ils soient, ont besoin de plus d'activité et d'adresse dans leur emploi que les mortiers ordinaires ; et c'est là un vice inhérent aux services mêmes qu'on leur demande.

§ 310. — Précisons maintenant quelques applications. Les rez-de-chaussée ont généralement leurs murs et leurs pavés fort humides, et ils sont par suite, préjudiciables à la santé de ceux qui les habitent, souvent même aux objets qu'ils renferment. Un moyen simple, et qui nous réussit très bien, même quand le pourtour des murs est surmonté en dehors par des amas de terre, consiste à dégrader intérieurement les joints, le plus profondément possible, à bien nettoyer le moellon, puis à remplir avec soin tous les vides avec du mortier de ciment, ou simplement du mortier hydraulique (le premier cependant est préférable) ; enfin, à recouvrir le tout d'un enduit en ciment, au fur et à mesure que l'on remplit les vides. Le pavé est encore plus facile à assainir : après avoir enlevé les carreaux, ainsi qu'une couche de terre de trois à cinq centimètres (un à deux pouces), on fait un béton avec un mortier de sable et ciment, et du gros gravier, ou des recoupes de pierres, et on l'emploie immédiatement. Si l'on ne tient pas à avoir des carreaux, on polit l'ouvrage, au fur et à mesure de son exécution, on le dresse bien, et pendant trois semaines, un mois, on évite de marcher dessus; ou si on ne peut s'en dispenser, on le couvre de paille, puis ensuite de planches. Un pavage semblable nous paraît supérieur de beaucoup à tous les carrelages possibles. Il est probable que bien solidifié et convenablement desséché, il serait susceptible de recevoir l'encaustique; nous n'en avons pas fait l'essai.

Avec des ciments de couleurs diverses, on pourrait apporter une grande variété à ce genre d'ouvrages. On conçoit, sans que nous le disions, que partout et même dans des caves, on peut employer les mêmes moyens. Ce n'est pas de sitôt, sans doute, qu'on cherchera à donner à ces dernières, l'utilité dont elles sont susceptibles; mais nous n'en devons pas moins faire observer qu'elles se prêtent aux mêmes améliorations. Ces moyens ne leur donneront, à coup sûr, ni de la lumière, ni un air sec; mais aussi nous ne prétendons pas qu'on en puisse faire des salons: l'air sec d'ailleurs ne peut convenir aux tonneaux. Si l'on devait leur donner une destination autre que celle d'usage, l'air en serait facilement, et sans beaucoup de frais, amélioré par des cheminées d'appel.

Les cours qui ne reçoivent pas de voitures peuvent être pavées de la même manière; celles qui sont exposées à leurs dégradations, mais qui ont des voûtes susceptibles d'infiltrations, peuvent l'être aussi, mais seulement en guise de chape. Nous avons fait cimenter une arrière-cour extrêmement humide; au bout de quinze jours, elle était rendue à sa destination et assainie.

Dans les ouvrages de cette nature, le mortier ayant toujours des points d'appui solides, peut recevoir, sans inconvénient, plus de sable qu'il n'est d'usage; c'est au constructeur à coordonner le travail avec sa destination. On pourrait croire que dans nombre de cas, les mortiers hydrauliques ordinaires, abrités ou enfouis pendant quelques mois, pourraient suffire; nous ne le pensons pas. Nous avons découvert des surfaces abritées pendant huit mois, et bien que le mortier en fût puissant, leur mise à découvert a donné lieu à des fendillements: ceux-ci sont d'autant moins nombreux et d'autant plus étroits, que l'enfouissement a été plus long, le mortier meilleur, et le passage au grand air mieux ménagé. Mais il paraît qu'il faut le plus souvent un temps fort long, plus d'un an peut-être, pour qu'ils ne soient plus à redouter. Les parements des maçonneries, leur intérieur même, jusqu'à trente centimètres et plus, nous ont paru offrir aussi des retraits sensibles de mortiers, toutes les fois que les joints n'en avaient pas été parfaitement soignés et lissés.

§ 311. — Les enchevêtrements sont en général un des meilleurs moyens d'empêcher les retraits, et nous sommes parvenu, par leur aide, à les annuler dans des ciments romains, qui les éprouvaient habituellement d'une façon assez sensible. Où le sable, même mélangé, n'a pu souvent suffire, l'addition de gros gravier ou de recoupes y est parvenue. Il arrive parfois, que même sous ce rapport, l'emploi du sable est nuisible; ainsi, dans des expériences sur des ciments plus ou moins éventés, nous avons été fréquemment à même d'observer que les fendillements étaient plus considérables avec du sable que sans sable; que parfois même, ils existaient dans le premier cas, et pas dans le second. Nous en avons cherché la cause, sans avoir encore pu la découvrir.

Cette utilité des enchevêtrements fait voir combien il importe de ne jamais faire par bandes réglées les enduits ou les pavages, et même toute espèce d'ouvrages. Nous avons éprouvé de graves mécomptes pour avoir ignoré toute l'importance de ce précepte; tant il est vrai que le succès dépend souvent de peu de chose, et tient comme on dit à un fil.

C'est surtout pour l'exécution des terrasses qu'il y a nécessité de s'y conformer; nous ne croyons pas leur réussite possible si on s'en écarte. Des enchevêtrements à l'aide de pierres cassées, ou de recoupes, ou de gros gravier, une irrégularité très grande dans la marche du travail, sont les deux accessoires les plus importants. Nous croyons utile également que les planches puissent jouer quelque peu dans leur rainures, afin que les alternatives de sécheresse ou d'humidité aient moins d'action sur le corps qui les sépare du béton (cette précaution est moins nécessaire quand on plafonne en dessous).

Les platrâs ou terres sablonneuses qui servent de matelas, doivent recevoir d'abord une légère couche (d'un à deux centimètres) de mortier de ciment, qui fait fonction de sentinelle perdue : c'est sur elle qu'on étend et qu'on polit le béton. Au bout de quelques heures, d'un jour au plus, celui-ci doit être recouvert de sable, à une épaisseur de quatre à cinq centimètres, qu'il est sage d'arroser de temps à autre, le soir et le matin, pendant les chaleurs. Une autre recommandation que nous croyons utile, a pour objet la direction des eaux. D'après notre avis, elles devraient toujours être éloignées des murailles, et tendre à s'écouler par des pentes convenables, suivant les diagonales des terrasses.

§ 312. — L'espèce d'ouvrage qui nous occupe n'est rien moins que sans difficulté, et elle a donné lieu à une foule d'essais infructueux. Les ciments romains nous semblent destinés à assurer son succès; mais il ne faut pas s'abuser sur les obstacles. Sur des voûtes en maçonnerie, la réussite est facile ; mais sur des planchers, elle a contre elle l'élasticité des bois, leurs effets hygrométriques, et la compressibilité du matelas poudreux qui les recouvre. Une charpente un peu plus forte que d'ordinaire, l'attention d'éviter le travail des bois par un plafonnage ou par d'autres précautions, nous semble la première des conditions à remplir. Après elle, vient le choix du corps intermédiaire qui doit être doux, légèrement souple et flexible, mais peu compressible. Des plâtras, des boues de routes faiblement humides et abondantes en parties sableuses, des débris de carrières suffisamment pourvus de parties fines, nous paraissent être les matières les plus convenables. Après elles, viennent les terres sableuses et légères, surtout celles peu abondantes en hydrosilicates; leur épaisseur nous semble devoir varier de cinq à douze centimètres (deux à cinq pouces). Nous conseillons de ne pas les employer trop sèches, et de les battre à mesure qu'on règle leur surface parallèlement à celle que doit offrir le béton; leur destination est de se prêter aux légers mouvements que doivent subir les bois et le mortier, soit par les vibrations de l'air dans les temps d'orages, soit par l'effet des alternatives de sécheresse et d'humidité. Ces mouvements sont eux-mêmes amoindris, soit en dessous par un plafonnage, soit en dessus par une couche de sable; celle-ci a de plus l'avantage de maintenir le béton dans l'humidité permanente qui lui est si favorable.

Sans doute, il peut ne pas être nécessaire d'user de tant de précautions; mais il nous est avis qu'on sera d'autant plus sûr du succès, qu'on les aura mieux réunies, mieux observées.

§ 313. — Le plâtre, quelque ferme qu'il soit gâché, a le défaut de se rayer facilement même à l'ongle; il se casse également sans peine. Il nous semble que les parties des édifices exposées aux chocs, aux frottements, celles surtout qui n'ont rien à craindre de la chaleur, gagneraient beaucoup à être exécutées en ciments; ceux-ci n'ont pas seulement l'avantage de devenir beaucoup plu[s] durs, ils ont celui d'adhérer plus solidement à la pierre; ils ne salissent pas non plus les vêtements frottés contre eux.

Nous avons dit que l'addition du plâtre aux ciments romains susceptibles de fendre, ne leur ôte pas ce défaut et leur donne celui de craindre l'humidité; on aurait peut-être tort d'en conclure que son mélange à de bons ciments ne peut être utile. Nous serions disposé à croire que le plâtre peut être amélioré par eux dans les endroits secs; nous n'avons fait aucune expérience à ce sujet.

§ 314. — Il est en France quelques localités où l'on fabrique, avec de la chaux hydraulique éteinte, des pavés-ciments d'une grande dureté : la force de retrait joue un grand rôle dans leur solidification. On conçoit que les ciments romains se prêtent plus facilement encore au même genre d'industrie; mais nous croyons généralement préférable de faire le pavage sur place. On pourrait cependant trouver quelque avantage à réunir les deux méthodes; la facilité du quadrillage et des desseins y gagnerait. Les chaux dont il s'agit ont, comme tous les objets utiles, attiré l'attention de la Société d'Encouragement, et elle a chargé M. Payen d'analyser deux de leurs échantillons, que lui avait procurés M. le baron Costaz. D'après la composition de l'un d'eux, celui de *Richard Ménil*, il nous semble probable que la pierre crue serait pouzzolane, et que son mélange avec sa propre chaux, améliorerait les pavés.

CHAPITRE V.

DE L'ENSEMBLE DES QUESTIONS QUI SE RATTACHENT A LA PRATIQUE ET A LA THÉORIE DES MORTIERS.

§ 315. — Tous les arts sont frères, toutes les sciences sont sœurs ; et quand ils sont en âge, une foule de liens les unissent. L'art des mortiers est, comme nous l'avons vu, intimement lié à la chimie, et c'était chose aisée à prévoir ; ses rapports avec la mécanique ne sont pas non plus difficiles à concevoir. Mais avec les routes, il fallait y être conduit pour les admettre, et encore jusqu'à ce jour, la liaison est-elle peu intime. Cependant, on ne peut méconnaître que les circonstances nous ont conduit à des considérations qui leur sont communes. Ainsi, les pressions qu'ils exercent ou qu'ils supportent ; ainsi, les détritus ou boues qui, nécessaires aux unes, peuvent être utiles aux autres ; ainsi, la fabrication des ciments à l'aide de ces mêmes boues; ainsi, l'étanchement possible, même de maçonneries, par leur secours ; ainsi, les circonstances du retrait et ses causes, etc., etc. Nul doute qu'il n'en existe d'autres, mais ce que nous savons sur les routes est encore si peu de chose, qu'on ne les prévoit pas; elles naissent d'ailleurs le plus souvent d'elles-mêmes, et dans l'état actuel des choses, il s'en présente peu.

L'étude des argiles devant former la base de la science, comme de l'art des mortiers, il est probable que les connaissances qui ont à lui emprunter quelque chose, doivent avoir des points de contact avec eux; ce sera donc encore une cause de rapprochement avec les routes; c'en peut être déja une avec l'agriculture.

§ 316. — Pour bien étudier un pays, il faut varier ses points de vue, souvent même se placer au loin. Que de fois un simple éclairci en fait découvrir les parties les plus intéressantes! Voyons si la manière dont les argiles se comportent avec les végétaux ne pourrait pas jeter quelques lumières sur le sujet, et en recevoir quelque clarté. Procédons, comme il est toujours sage, par la méthode de Bacon; observons les faits.

1° Il résulte des expériences de M. Berthier, que les végétaux desséchés à l'air ne contiennent, en général, à peu près que de deux à quatre pour cent de leur poids de cendres; que ces cendres ne renferment moyennement qu'un cinquième environ de parties solubles; que chez les arbres et les arbrisseaux, c'est le carbonate de chaux, ainsi que l'avait reconnu M. de Saussure, qui en forme, à beaucoup près, la plus grande partie; que la paille de froment, et probablement aussi celle des autres graminées, en est au contraire privée, mais contient abondamment de silice ou d'acide silicique (cette substance forme plus de la moitié du poids des cendres) ; enfin, que l'alumine est complètement étrangère aux végétaux, et qu'ils n'en contiennent pas même de traces *.

2° Les argiles pures sont complètement infertiles ou à peu près, tant qu'elles n'ont pas été exposées quelque temps au contact de l'air et de la lumière. Elles deviennent, au contraire, par ce contact très favorables à la végétation ; et les meilleures terres à blé sont celles qu'on nomme terres fortes, c'est-à-dire où l'argile domine. Si par un coup de charrue un peu profond, on ramène à la surface de la terre grasse, même dans un sol où elle fait faute, sa présence est plus nuisible qu'utile pendant un ou deux ans ; mais en définitive, elle produt une amélioration remarquable.

3° La craie pure est infertile, ou du moins ne convient qu'à un petit nombre de plantes, qui encore y végètent mal. Il en est de même de la marne qui n'a pas reçu le contact de l'air et de la lumière, comme aussi de celle qui l'ayant eu, n'est pas susceptible de se résoudre dans l'eau, de se réduire en poudre ; celle qui avec la craie ne contient que de la silice proprement dite, c'est-à-dire du sable siliceux, quelque fin qu'il soit, est également dans ce cas ; ce qui n'empêche pas qu'elle ne puisse améliorer à un haut degré certains sols, et surtout ceux éminemment argileux.

* Le lycopode paraît être, jusqu'à ce jour, le seul végétal connu qui renferme cet oxide.

4° Beaucoup de personnes regardent la marne comme complètement infertile par elle-même, et comme seulement susceptible de bonifier les terrains qui n'en contiennent point. Presque tous les agronomes ne la considèrent d'ailleurs que comme amendement, et pas comme un aliment.

5° Nous avons rencontré et analysé des terrains d'une grande fécondité, qui sont absolument marneux, qui contiennent à peine quelques fragments sableux, et sont composés uniquement de trois quarts de craie et d'un quart d'argile, parfaitement mélangées et très fines.

Dans le but d'améliorer un jardin en sol argileux qui nous appartient, nous l'avions fait recouvrir d'une couche d'environ trois centimètres de marne, qui avait été ensuite parfaitement mélangée au sol; depuis cinq ans que cette opération est exécutée, nous n'avons pas aperçu le moindre effet, et cependant notre terrain ne contenait pas auparavant un atome de calcaire, et cependant nous lui donnons du fumier en abondance. Nous nous sommes rendu compte de cette apparente anomalie, en examinant la nature de la marne employée par nous; elle ne se réduit à l'air et dans l'eau qu'en très petits grains, mais jamais en poudre ténue. Or, presque toutes les plantes, même la paille des graminées *, renferment de la chaux en proportion très appré-

* Leurs fruits, mais surtout le froment, donnent des cendres qui contiennent plus d'un tiers de phosphate de chaux.

ciable. Il n'est donc pas étonnant que leur ayant donné cette substance, à l'état de carbonate, mais en grains et non en poudre, les racines n'aient pu se l'assimiler et l'introduire dans le corps de la plante.

6° Depuis un temps fort ancien on se sert de la chaux pour rendre les sols plus productifs, et dans les pays où l'agriculture a déja fait quelques progrès, comme dans quelques comtés de l'Angleterre, on en fait un fréquent usage.

7° Depuis quelques années, un Anglais, le major Beatson, a préconisé l'emploi de l'argile brûlée, comme susceptible d'accroître les récoltes dans une forte proportion, et bien que le temps n'ait pu apprendre encore d'une manière positive si les avantages dépassent ou non les frais, il semble difficile de révoquer en doute l'efficacité du procédé. Sera-t-il, ne sera-t-il pas économique, c'est évidemment la question essentielle; mais comme point de théorie, ce n'est pas ce qui importe, c'est l'effet ou l'inertie.

8° L'écobuage (brulis des terres) a quelque analogie avec le procédé ci-dessus, et il a été fortement vanté par un grand nombre d'agriculteurs; mais il a été déprécié par d'autres, et il semble rationnel d'en conclure que, si dans certains cas il est utile, il est préjudiciable dans d'autres.

§ 317. — Ces faits ne sont pas les seuls qui aient des relations avec notre sujet; mais ils suffisent à l'objet que nous avons en vue; d'ailleurs, comme ils lui empruntent plus qu'ils ne lui donnent, nous devons nous montrer réservé sur leur nombre.

On pense, en général, que les substances dont les végétaux se nourrissent, ne peuvent s'infiltrer dans leurs canaux, s'élever jusqu'aux plus hautes branches, circuler librement dans toutes leurs parties, qu'à l'état de dissolution, et cette manière de voir est aussi naturelle que satisfesante. Mais en l'examinant de près, elle peut sembler susceptible d'objections, du moins en ce qui concerne la silice. La supériorité des sols argileux pour le froment et la plupart des graminées paraît annoncer que la grande quantité de cette terre que contiennent leurs tiges, provient des hydrosilicates, et s'y trouve par le fait, en majeure partie à l'état d'acide hydrosilicique. Cet acide a sans doute une grande ténuité; mais comme nous l'avons vu, il peut ne pas être soluble même dans l'hydrate de potasse concentré et à chaud. En invoquant le principe de vie dont à coup sûr la puissance est grande, rien de plus facile que de créer cette solubilité, avec ou sans fluide dissolvant approprié; mais ne serait-ce pas sauter à pied joint sur la difficulté? M. de Saussure a nourri, pendant un mois, des plantes avec de l'eau distillée, tenant en suspension, à l'aide d'un peu de sucre, de la silice très fine, et il n'a pas reconnu qu'il y eût une proportion sensible de cette terre absorbée. Mais si l'on se rappelle ce que nous avons dit de la grande différence qui existe entre la silice et l'acide silicique; si surtout, on n'a pas oublié que le dernier, même en grains, est susceptible de combinaison, tandis que la première en est incapable dans sa plus grande finesse, on s'étonnera peu de ce résultat. Il se peut d'ailleurs que l'addition du sucre ait contrarié l'absorption ; car, comme l'a reconnu M. de Saussure lui-même, la viscosité lui est nuisible. Au surplus, quand bien même toute la poudre siliceuse eût été prise par la plante, ce n'eût pas été une preuve en faveur de la nourriture solide, attendu que cette poudre aurait pu être dissoute au fur et à mesure de la succion. L'expérience nous semble d'ailleurs incomplète, car les plantes ne prenant de silice que lorsque leur développement est avancé, il eût fallu prolonger l'expérience. Le sujet nous semble comporter deux questions, savoir : 1° quelle est l'espèce de silice qui pénètre par les racines? 2° quel est son état au moment de l'absorption, et pendant la circulation? L'infertilité des sables purs semble résoudre la première, et annoncer qu'il n'y a de sucé, du moins en général, que de l'acide silicique; mais des expériences spéciales ne seraient pas sans intérêt sur ce sujet, et elles nous paraissent offrir peu de difficultés. Quant à la seconde, elle n'est pas aisée à résoudre, et elle peut ne donner lieu qu'à une solution négative. Si, à l'aide de la sève ou d'un véhicule approprié, on pouvait dissoudre dans la tige non incinérée, une forte proportion de la silice qu'elle contient, il y aurait tout à croire qu'elle a penétré dans les racines à l'état de dissolution; et encore faudrait-il que le véhicule fût de ceux qui peuvent exister ou se former dans les circonstances où l'absorption se fait. Mais si par aucun moyen, par aucun dissolvant on ne peut obtenir cette silice à l'état de fluide, comment s'assurer qu'elle n'a pas été prise à l'état solide? N'est-il même pas rationnel de croire que c'est ainsi qu'elle a pénétré? Supposer qu'elle s'est infiltrée dissoute, et que cependant on ne puisse l'obtenir telle, n'est-ce pas supposer de la part de la plante un genre d'action possible sans doute, mais plus incompréhensible, plus obscur, que ne serait l'hypothèse de l'absorption sans solubilité.

En admettant que la nourriture ne puisse pénétrer que dissoute, et que la dissolution soit insaisissable, on ne fait que déplacer la difficulté sans y rien gagner; car il est tout aussi facile de concevoir l'infiltration à l'état ténu, mais non soluble, qu'une dissolution introuvable, inimitable. Quand on en est réduit aux hypothèses, on doit adopter celle qui s'éloigne le moins des faits connus et des probabilités qu'ils admettent : or, il nous semble que le choix ne saurait être douteux. Des substances solides, bien moins ténues que l'acide hydrosilicique, parviennent à traverser des corps que ni l'eau ni l'air ne pénètrent; qu'y aurait-il d'étonnant à ce que les canaux des plantes laissassent cheminer dans leur intérieur, avec les fluides qui les parcourent, des aliments solides d'une finesse peut-être atomique? Mais s'il en est ainsi pour l'acide silicique, il en peut être de même pour les carbonate, phosphate, et silicate de chaux, comme pour d'autres corps insolubles; et il ne serait pas nécessaire d'admettre, comme dans la première hypothèse, ou une dissolution différente pour chacun d'eux, ou un fluide commun qui les dissolve tous. Rappelons à ce sujet, que l'acide silicique soluble dans les agents chimiques, se combine bien avec la chaux, la magnésie ou d'autres oxides, sans cesser d'être attaquable par les mêmes agents; et que le même acide insoluble, se combine également bien avec les mêmes principes, sans cesser d'être inattaquable; qu'il forme même avec eux dans certains mortiers des filaments analogues à une foule d'excroissances végétales.

Il nous semble d'autant plus judicieux de croire à l'alimentation solide, que les feuilles et les tiges reçoivent constamment de l'air des poudres diverses, dont elles s'assimilent une partie et entre autres la silice; et que dans l'hypothèse de la dissolubilité, il faudrait supposer le fluide dissolvant placé partout pour les saisir, et les porter dans la circulation.

Cette hypothèse nous semble donc aussi obscure que les faits qu'elle tend à expliquer: l'autre, au contraire, nous paraît simple, facile à comprendre, et d'accord avec une foule de faits. Nous ne verrions même rien d'impossible à ce que les tubes nourriciers de certains végétaux, fussent susceptibles de laisser voyager, pour leur propre avantage, comme par fois à leur détriment, non seulement des snbstances de la plus grande ténuité, mais même des poudres appréciables.

La grande quantité d'acétate de chaux que contient la sève, semble annoncer que les sels calcaires se forment dans l'intérieur des végétaux, et que par conséquent la craie ou la marne sont d'abord décomposées à leur entrée. Mais en est-il ainsi de la totalité de ces sels? C'est ce qu'il n'est pas facile de deviner.

Les arbres contiennent proportionnellement beaucoup moins de silice que les plantes qui végètent à la surface du sol; quelle en peut être la cause? La nature même paraît nous l'indiquer. Les terres qui n'ont point été aérées ne se prêtent pas à la culture des graminées : or, pourquoi cette incompatibilité? Nous avons vu que la décomposition des hydrosilicates était singulièrement facilitée par le contact de l'air ; ne serait - elle donc pas due à la difficulté qu'éprouvent ces plantes pour se procurer l'acide silicique dont elles ont besoin? Si l'explication est juste, on concevra sans peine pourquoi des racines profondes ne peuvent y parvenir. Sans doute, c'est la sagesse du Créateur qui a voulu que les grands végétaux n'eussent pas besoin, pour nourriture spéciale, du même aliment que les petits ; et ce serait la véritable cause de la moindre quantité de silice absorbée ; mais cette cause est aussi celle de tous les phénomènes de la nature, et ce n'est pas un motif pour ne pas rechercher les moyens qu'elle met en œuvre; si non ce serait chose superflue que de se livrer à son étude.

Si notre conjecture est exacte, il est présumable que les arbres qui ont de nombreuses racines traçantes doivent le plus ordinairement contenir une plus forte proportion de silice.

§ 318. — Une circonstance qui nous semble propre à augmenter l'obscurité des phénomènes de la végétation, est l'impuissance de l'eau sur une partie des sels alcalins contenus dans les plantes. Ces sels ordinairement si solubles dans ce liquide, ont cessé de l'être. Cette circonstance ne pourrait-elle pas s'expliquer par les propriétés que nous avons reconnues à l'acide silicique?

Non seulement une petite quantité de cet acide, restée quelques jours à l'air après son gâchage avec la chaux, rend celle-ci insoluble; mais s'il se trouve dans le mélange des matières colorantes, même les plus ténues, l'eau ne leur peut rien. Nous n'avons point essayé s'il en serait de même des sels alcalins, mais le fait n'aurait rien d'étonnant. Or, tous les végétaux contiennent de l'acide silicique et de la chaux, qui paraît généralement en excès par rapport à l'acide carbonique *; n'est-il donc pas probable, qu'une portion de cette chaux est à l'état de silicate, et que la combinaison y agit, comme elle le fait dans les mortiers?

§ 319. — On sait que l'argile calcinée est plus attaquable par les agents chimiques que l'argile crue, et qu'une partie de l'acide silicique y est plus facile à isoler. Il semble donc qu'elle doit être un bon engrais, au moins pour les graminées, puisqu'elle met à leur disposition une substance qui leur est indispensable, et quelles ne

* On admet que cet acide ne fait défaut que parce qu'il a été chassé par l'action du feu, mais il nous semble que l'incénération est rarement assez forte pour produire cet effet. Il ne faut rien moins qu'une faible chaleur, pour enlever aux calcaires même une faible partie de leur acide.

peuvent sans peine arracher à l'argile crue. Nous nous servons du mot engrais, bien qu'en général on ne regarde les substances minérales que comme des amendements; mais nous croyons que c'est par erreur, du moins le plus souvent. Les végétaux ayant besoin de silice ou d'acide silicique et de chaux, il nous semble que la craie, la marne, la chaux, l'argile brûlée, etc., qui les leur fournissent, agissent comme engrais. Nul doute qu'elles n'opèrent aussi comme amendements, en divisant les hydrosilicates, en diminuant leur viscosité, leur propriété de retrait, en facilitant l'introduction de l'air, etc., etc.; mais il nous semble peu probable qu'elles agissent comme dissolvants sur les matières animales et végétales contenues dans les sols. (Peut-être conviendrait-il d'en excepter la chaux; mais il nous semble que les faits connus ne sont pas suffisants pour décider la question.)

Disons en passant que si les argiles cuites ou les pouzzolanes sont un bon engrais, c'est une nouvelle présomption en faveur de l'absorption de l'acide silicique à l'état solide. La solubilité de cet acide dans les agents chimiques, ne serait donc pas plus indispensable aux plantes qu'aux mortiers. Dans les expériences de M. Berthier, cette solubilité a eu lieu, en partie; mais il ne nous semblerait pas impossible que la présence de la potasse et de la soude, aidée par l'incinération eût pu y contribuer. Au surplus, l'acide silicique soluble peut bien se rencontrer dans les plantes sans que l'acte de la végétation ait contribué à sa solubilité.

§ 320. — L'absence de l'alumine dans les cendres, signalée par M. Berthier, nous semble un des faits les plus saillants qui aient été observés sur ce sujet. Ce célèbre académicien conjecture qu'elle est due « à ce que cette terre est insoluble dans « l'eau, et à ce qu'elle n'a que des affinités très « faibles, qui ne lui permettent pas de se combiner « aux acides végétaux en présence de bases fortes, « telles que la chaux, la magnésie et le protoxide « de fer et de manganèse. » Son opinion est pour nous une loi; mais nous ne lui en soumettrons pas moins, et avec une déférence profonde, quelques observations :

1° Si parfois on trouve de l'acide silicique soluble dans l'eau, ce n'est pas un cas à beaucoup près général, et il est plus que douteux qu'il se rencontre comme fait principal dans l'acte de nutrition des végétaux.

2° Quand on soumet les argiles aux actions chimiques, l'alumine se montre généralement plus attaquable que la silice; et si l'on devait décider à priori laquelle de ces deux terres doit être prise par les plantes, il nous semble qu'on devrait se prononcer pour l'alumine.

3° L'acide silicique étant en excès dans certaines plantes, et, entre autres, dans la tige des graminées, comment se fait-il qu'elles ne laissent pas pénétrer avec lui l'alumine, pour laquelle il a tant d'affinité? comment se fait-il qu'elles n'en souffrent pas même un atome? Cette espèce d'antipathie ne semblerait-elle pas pouvoir être envisagée sous un point de vue spécialement philosophique? Si, comme tout semble l'annoncer, la famille des graminées est indispensable à nos besoins; si la conservation et le maintien de l'espèce humaine sont même liés à elle, il est permis d'assigner à l'alumine une haute mission. La chance, pour les espèces vivantes, de se perpétuer ou de finir, d'être ou de ne pas être, n'a pu être confiée par l'Auteur de toute chose à la sagesse et à la prudence des individus : trop aventuré eût été leur sort. Serait-il donc extraordinaire que le rôle, que la destination spéciale de l'alumine, fût de retenir l'acide silicique pour ne le céder que peu à peu aux plantes, à mesure qu'elle acidifie des molécules de silice inerte destinées à le remplacer? L'expérience démontre que, malgré l'abondance des engrais, les céréales, plus encore que les autres plantes, ne peuvent généralement prospérer plusieurs années consécutives sur le même sol. Ce fait ne viendrait-il pas à l'appui de notre conjecture? Sans doute on peut admettre aussi que les hydrosilicates seraient susceptibles de jouer eux-mêmes ce rôle, et de rendre, aidés du principe de vie, la silice active, sans au préalable être décomposés; mais cette hypothèse nous semblerait moins vraisemblable. Rien ne nous autorise à penser que les hydrosilicates puissent avoir quelque action sur la silice, tandis que tout nous porte à croire que la grande affinité de l'alumine pour elle n'a besoin que d'un faible secours pour lui ôter son inertie.

Si les graminées pouvaient enlever aisément au

sol la forte proportion d'acide silicique qui forme leur charpente, le cultivateur n'aurait cesse de les cultiver jusqu'à son épuisement; et l'avenir des espèces serait à la merci de leur présent. Ne se pourrait-il pas que l'alumine agît comme force modératrice, que même il en fût ainsi, jusqu'à un certain point, du peroxide de fer (cet oxide paraît aussi fort peu abondant dans les végétaux)?

Un esprit judicieux ne peut se refuser d'admettre que tout dans la nature a sa place, sa mission; que rien n'est inutile. Le rôle en apparence passif d'un corps aussi abondant que l'alumine, quel est-il? est-ce celui que nous venons de lui supposer, et se borne-t-il là? est-ce tout autre? c'est ce qu'il est difficile de deviner dans l'état actuel des connaissances. Mieux vaut toujours toutefois prendre un point de mire pour étudier, que de ne s'appuyer sur rien, que de se maintenir dans le vague.

L'idée que nous venons d'émettre, est une idée comme toute autre, et elle ne nous semble pas sortir du domaine de la vraisemblance. Elle a pour base trois faits que nous croyons aussi vrais que saillants, savoir : 1° l'absence de l'alumine dans presque tous les végétaux abondants *; 2° la nécessité des graminées pour la conservation d'un certain nombre

* M. de Saussure, dans ses analyses, parait également n'en avoir trouvé que des traces, qui encore, d'après les recherches de M. Berthier, devaient être étrangères aux plantes.

de races vivantes, et spécialement de l'espèce humaine; 3° enfin la grande quantité de silice contenue dans cette famille de plantes. C'est peu de chose sans doute que ces faits pour appuyer une hypothèse; mais ce sera beaucoup, si rien ne vient l'infirmer.

§ 321. — On peut nous dire que nos craintes sont chimériques, que rien ne se perd dans la nature, et que l'acide silicique enlevé au sol finit toujours, d'une façon ou d'autre, par lui revenir. A cela nous répondrons : que ce retour ne peut avoir lieu qu'en partie, et à coup sûr très inégalement; que si diverses causes, la paille des engrais surtout, y contribuent, elles n'y parviennent qu'imparfaitement; qu'il est d'ailleurs possible que cet acide, après avoir rempli le rôle qui lui est assigné, ne soit plus en état, de long-temps du moins, de le remplir de nouveau; que la partie combinée avec la chaux est probablement dans ce cas, et que nous en avons pour exemple la presque inertie des mortiers hydrauliques recalcinés.

§ 322. — On pourra nous objecter encore que l'Auteur de la nature n'a pas eu besoin de porter sa prévoyance aussi loin, et qu'il a d'avance pourvu à tout, en donnant aux diverses substances le pouvoir de se changer les unes dans les autres : à la silice, par exemple, la faculté de devenir chaux ou alumine, ou tout autre corps; que des graines semées dans du soufre, dans des oxides de plomb ou dans d'autres poudres de composition bien connue, et arrosées avec de l'eau distillée, ont donné des végétaux contenant des substances absolument différentes; qu'ainsi il y a eu conversion des unes dans les autres, et que rien n'empêche que les choses ne se passent ainsi constamment. Ce langage donnerait lieu de notre part aux observations suivantes :

Sans doute il est possible que tous les corps réputés simples jusqu'à ce jour ne le soient pas, et que la vie végétale ou animale ait le don de les décomposer, d'en remanier les éléments et de les transformer les uns dans les autres. Mais si la chose est possible dans les circonstances les plus désavantageuses, telles que celles dont on cite des exemples, à plus forte raison doit-elle l'être dans celles qui sont mieux favorisées. Pourquoi donc aucune plante ne peut-elle végéter toujours et constamment dans le même sol? pourquoi l'indispensable nécessité des assolements? pourquoi la convenance de tel engrais, de tel amendement plutôt que de tel autre? pourquoi tels et tels sols infertiles? Le principe de vie animal est plus puissant encore sans doute que le principe végétal : pourquoi donc certaines substances alimentaires ne peuvent-elles suffire à l'entretenir? pourquoi du sucre et de l'eau distillée, par exemple, feraient-ils périr, en moins d'un mois, celui qui s'en nourrirait exclusivement?

Ce qu'on nomme instinct chez les animaux, il est difficile de le méconnaître dans bien des occasions chez les végétaux. Pourquoi donc, s'il leur est si facile de modifier la nature des substances pour les approprier à leurs besoins, s'empoisonnent-ils avec la plus grande facilité par toutes les substances délétères qu'on met à leur portée? quand on ne leur donne que du soufre, ils le changent en silice, parce qu'ils ont besoin de silice, et quand on leur donne des sels de cuivre, de l'opium, de la noix vomique ou d'autres poisons, ils ne savent plus user du même pouvoir! A côté de ces mêmes substances se trouvent pourtant dans le sol celles qu'ils appètent, et ils n'ont pas le pouvoir de les choisir, de se les assimiler!

Tout cela sans doute est possible, mais à coup sûr peu vraisemblable : ce serait mieux et plus fort que l'alchimie. Sans doute on ne peut révoquer en doute l'habileté des expérimentateurs qui ont fondé cette doctrine; mais ils nous semblent avoir négligé une circonstance qui, à nos yeux, rend leurs résultats illusoires. Nous voulons parler de l'intervention des substances solides suspendues dans l'air. Dans la chambre la mieux fermée, où existe le repos le plus absolu, il n'est pas besoin d'une semaine, et, à plus forte raison, de plusieurs, pour avoir à recueillir un dépôt de poussière appréciable, souvent même assez prononcé. Les corps dont il se compose sont probablement de la silice, du carbonate de chaux, des hydrosilicates terreux et des matières végétales et animales, parce que ces corps sont ceux qui se rencontrent partout autour de nous. Veut-on se faire une idée plus nette de leur abondance et de leur ténuïté, on observera un faisceau lumineux pénétrant dans une chambre obscure; on les y verra nager et se mouvoir en tout sens avec une profusion qui étonne. Qu'on se représente donc une plante venant à poindre et à végéter au milieu de ce faisceau ; on concevra sans peine qu'elle puisse lui prendre tout ce dont elle a besoin, et y puiser à son gré comme à une source sans cesse renaissante, sans cesse alimentée par l'air ambiant. Sans doute ce pourra être une faible ressource pour des plantes nombreuses et feuillées croissant dans un petit espace, ou pour toute une récolte vivant en plein air; mais c'est beaucoup pour une tige isolée qui, pendant des semaines, même des mois, peut en user. Serait-il étonnant que ce fût là tout le secret de la nature, toute son alchimie? Il nous est plusieurs fois arrivé d'examiner ces faisceaux, et jamais nous ne l'avons fait sans demeurer convaincu que l'atmosphère renferme une immense quantité de matières solides en suspension. Si la vue simple peut en reconnaître une partie, qu'est-ce donc de celles qui lui échappent? c'est un champ non encore cultivé; en faut-il davantage pour qu'il puisse donner de brillantes récoltes.

Nous attachons peu d'importance à ces réflexions : n'en ayant fait l'objet d'aucune expérience, nous ne saurions leur accorder qu'une confiance précaire; mais le phénomène qu'elles combattent serait si extraordinaire, qu'on pensera peut-être avec nous qu'elles méritent examen. M. Berzélins, dans son *Traité de Chimie* (tom. II, p. 268, année 1830), paraît adopter l'opinion du changement des éléments les uns dans les autres; mais il est facile de voir qu'il ne le fait que par résignation, et que s'il se présente quelque chance de ne pas l'admettre, il sera peu éloigné de la saisir. On nous pardonnera donc notre incrédulité, et les observations qui ont pour objet de la justifier.

§ 323. — Nous avons dit que l'écobnage avait été et est encore préconisé par des agronomes et déprécié par d'autres. Cette contradiction nous paraît facile à expliquer, en suivant les vues que nous avons émises. Un terrain pauvre en alumine, s'il est brûlé, pourra donner pendant un ou deux ans des récoltes plus belles; mais il nous semble probable qu'il aura été fortement épuisé pour l'avenir, et que de long-temps il ne contiendra plus d'acide silicique, l'alumine ayant passé en partie à un autre état qui ne lui permet plus la même action sur la silice. Un terrain abondant en hydrosilicates nous semble au contraire devoir gagner, et la raison en est facile à saisir. Sans doute la quantité de matière végétale ou d'humus contenue dans le sol ne joue point un rôle passif, mais elle nous paraît étrangère au phénomène principal.

Le procédé du major Beatson nous semble venir à l'appui de ces vues; et il en est de même du fait avéré, que les cendres des volcans sont un excellent engrais. Dans ce dernier cas sans doute, on peut attribuer l'accroissement de fertilité à la potasse, à la soude ou à la chaux que renferment les fragments poudreux de feldspath ou de pyroxène contenus souvent dans ces cendres; mais il ne paraît pas que leur effet donne lieu de faire une distinction prononcée entre celles qui n'en renferment pas, et celles qui en contiennent. Il semble donc probable que c'est à l'action de l'acide silicique qu'est dû le principal effet, et c'est pour nous un nouveau motif de croire à l'existence de la nutrition solide : on sait combien cet acide calciné est rebelle à toute dissolution.

§ 324. — Nous avons dit dans le cours de ce mémoire, que les argiles ne nous semblent pas devoir contenir l'alumine à l'état isolé. Nous avions alors en vue le pouvoir que nous croyons à cette terre d'acidifier à la longue la silice ténue, pour se combiner avec elle, pouvoir qui ne serait pas plus extraordinaire que celui de l'acide silicique sur la chaux. Cette opinion n'est relative qu'aux argiles non cultivées ; car il se pourrait que parmi celles qui le sont, il s'en rencontrât qui eussent laissé prendre aux racines une partie de leur acide silicique, et que, par conséquent, tout le peroxide de fer, et même une partie de l'alumine, se trouvassent isolés. Un sol aéré, perméable, suffisamment abondant en calcaire, ainsi qu'en humus, et où les plantes trouvent tout ce dont elles peuvent avoir besoin, nous paraîtrait, plus qu'aucun autre, dans le cas de donner lieu à cet isolement.

L'art agricole et celui des mortiers se trouveront d'autant plus de points de contact, qu'ils se perfectionneront davantage ; mais ils nous paraissent déja liés à leur base, en ce sens que l'un et l'autre ont, pour ainsi dire, l'acide silicique pour pivot.

Arrivé au terme de notre course, il ne nous reste plus à faire que des réflexions d'ensemble.

Le champ que nous venons de parcourir, n'a été exploré que par un petit nombre d'observateurs; c'est un sol encore vierge. A peine y avions-nous fait quelque progrès, il y a peu d'années, que nous nous persuadâmes le bien connaître ; mais notre erreur ne fut pas longue. Aujourd'hui, nous l'avouerons sans peine, à chaque pas que nous faisons, le but semble s'éloigner de nous : pour quelques difficultés vaincues, pour quelques parcelles défrichées, que d'obstacles restent encore, que d'étendues incultes ! Les connaissances les plus cultivées sont encore dans l'enfance. Que penser donc d'un art qui compte à peine quelques adeptes ?

On peut établir comme axiome, que tout progrès est en raison directe du nombre des travailleurs et du temps consacré. La puissance même du génie disparaît devant le nombre : en vain il marche à pas de géant, en vain il double, il triple les étapes ; qu'est l'espace qu'il parcourt auprès de celui des masses ? Aussi, combien ce que nous savons sur les mortiers, est-il peu de chose auprès de ce que nous ignorons ! Le jour où nos confrères seront pénétrés de cette vérité, l'époque des progrès ne sera pas loin, parce qu'un plus grand nombre se livrera aux recherches. La pire des erreurs est celle qui consiste à croire qu'il ne reste rien à trouver ; le *nihil novum sub sole* est certainement de toutes les maximes la plus fausse : c'est l'adage de l'ignorance et de la paresse ; puisse-t-il avoir bientôt passé sur la France !

§ 325. — Les jeunes ingénieurs français nous paraissent aujourd'hui dans une position brillante. Notre art, quoique au berceau, a été dégagé de ses langes par leurs devanciers ; les tâches pénibles, ou sans attrait comme sans relief, ont été remplies : il ne leur reste, pour ainsi dire, en théorie comme en pratique, que de la science à faire ou à appliquer. Grace à l'école Polytechnique, quels avantages n'ont-ils pas sur ceux des autres peuples ! leur avenir est brillant, mais il a besoin d'être compris.

Si, au sortir des bancs, ils se laissent entraîner par les idées de théorie, et qu'au lieu d'expérimenter par eux-mêmes long-temps et longuement, ils se bornent à mettre du noir sur du papier, à réunir les faits connus, à les lier par l'analyse, à en faire un corps, ils manqueront le but. Ce n'est pas la science qui manque aux faits, ce sont les faits qui manquent à la science. Ce travail, qui leur aura coûté beaucoup, nos savants l'eussent entrepris, et à coup sûr exécuté mieux ; mais ils en connaissaient tout le vide. Sans doute, la première chose à faire, quand on veut étudier un sujet, c'est de rassembler les faits épars, c'est de méditer les écrits qui y ont trait, surtout ceux des praticiens ; mais ce n'est là que le prélude. Consacrer ses moyens de tout genre à rechercher de nouveaux faits, et après eux d'autres encore, voilà le travail important, voilà la tâche difficile, mais vraiment fructueuse, celle à partir de laquelle seule l'utilité commence, celle seule dont le public puisse et doive tenir compte. A chacun selon ses œuvres, dit l'adage : celui qui met sur un bon pied la chose à lui confiée, qui l'établit ou la maintient dans un état de progrès, et non de décroissance ; celui là remplit ses devoirs, paie sa dette, mais il ne fait qu'un échange avec la rétribution qu'il reçoit : il est quitte avec la nation, et elle avec lui. S'il veut devenir son créancier, il doit faire plus, il doit lui apprendre quelque chose, lui trouver les moyens de faire mieux. C'est tâche peu facile sans doute, surtout au milieu d'un corps éminemment instruit ; mais il est un talisman sûr pour réussir, c'est le *labor improbus :* par son aide, il n'est pas de capacités au milieu desquelles on ne puisse devenir spécialité.

Lorsque, dans un genre d'étude quelconque, on a dépassé de quelque peu les connaissances acquises, on se croit possesseur d'un trésor, on se pense en mesure de suffire à tout ; craignant de se voir devancer, on se presse, on se hâte, et au lieu d'un fruit mûr, qu'avec un peu de patience on eût obtenu, on ne cueille qu'un fruit avorté, on n'offre au public qu'une ébauche. C'est pour avoir payé notre tribut à ce défaut, que nous en sentons l'inconvénient, que nous le signalons à nos jeunes confrères. Ils n'ont que trop d'occasions de juger par ce qui se passe autour d'eux, combien l'impatience et la précipitation sont fécondes en erreurs, en tristes résultats.

Qui dit avec Bâcon : *observation*, *expérience et*

calcul, dit tacitement *patience*. Nous les engageons donc à observer, à expérimenter patiemment et longuement. Avant de se livrer au calcul, il faut en avoir rassemblé, multiplié les éléments. Or, nous ne saurions le leur répéter trop, ce sont ces éléments qui font défaut.

Bon nombre d'ingénieurs sont disposés à croire que la science des mortiers est à son apogée. Puisse un langage de conviction les détromper! ce n'est point ici une conjecture, c'est un fait matériel; ce qu'on sait sur eux, n'est rien auprès de ce qu'on ignore. Que de nouveaux expérimentateurs viennent donc se joindre à MM. Berthier, Vicat, Treussard, Minard, Rancourt, Girard, etc., etc., et chaque jour, on verra surgir de nouvelles vérités, de nouveaux faits, qui eux-mêmes conduiront à d'autres!

§ 326. — Nous entendons souvent citer le mot *expérience* dans un sens qu'il peut être utile de définir, tout au moins d'isoler. De quoi qu'il s'agisse, il arrive parfois à chacun de s'étayer de son expérience, de l'invoquer à l'appui de son opinion. C'est ajouter sans doute à son poids; mais ce n'est plus agir par conviction, par raison, c'est opérer par force, c'est-à-dire par la pire des méthodes. Que celui qui, sur un sujet, a acquis une spécialité reconnue, incontestable, use de ce mode, quand des faits précis, des preuves positives ne se présentent pas à son esprit, on peut s'en contenter : l'ensemble de ses vues fait et doit faire autorité; mais, hors ce cas, l'expérience ainsi comprise est, pour l'homme judicieux, un mot vide de sens. Ce n'est point ainsi que nous l'employons ; ce n'est jamais de l'expérience en masse que nous voulons parler, mais d'expériences isolées, distinctes, bien dessinées ; des faits en deux mots, et non de leur ombre.

§ 327. — Nous avons dit aux jeunes ingénieurs nos compatriotes, qu'ils sont dans une position plus belle que ceux des autres pays ; la raison en est simple : celui qui n'a pour observer et expérimenter que ses yeux et ses mains, ne va ni vite ni loin : il est arrêté à chaque pas ; il va et vient vingt fois sur lui-même, et souvent encore fait fausse route. Celui qui, à l'école des savants, a employé sa jeunesse à se créer des moyens d'action, à s'instruire sur la nature des substances, sur la marche des phénomènes, à méditer sur les causes ; celui-là, au lieu de deux organes, en a cent. Où le premier n'a rien aperçu, il découvre des faits intéressants ; où le premier ne rencontre qu'obstacles, il marche dégagé et sans entraves : il y a entre eux la différence du pauvre au riche.

Cette différence est faible, quand les circonstances viennent à l'encontre, quand il faut, pour ainsi dire, consacrer tout son temps à un travail de manœuvre. Mais ces circonstances, leurs anciens les ont subies ; plus de peine leur fut dévolue, et cependant moins de gloire sera leur lot. Qu'étaient, il y a trente ans, en France, les routes et les travaux d'art, et que sont-ils aujourd'hui ? Pour faire la part de nos prédécesseurs, il n'y a qu'à prendre la différence. Partout il leur a fallu créer ponts, canaux, digues, routes neuves, etc., etc. ; partout ils ont eu à former des entrepreneurs, des conducteurs, des ouvriers, à imaginer des machines, des outils, etc., etc. ; en peu de mots, tous les moyens d'action ; car partout ils manquaient. Voilà pourtant les hommes que tant d'ignorance et de passions ont dénigrés ! voilà ceux que la presse a si fort attaqués naguères !........ Forcés de donner tout leur temps à d'immenses travaux, souvent même de négliger des détails importants pour assurer l'ensemble, comment auraient-ils pu en réserver pour ces études, longues et souvent fastidieuses, qui demandent tant de suite, et qui seules cependant peuvent donner la clé des phénomènes, et conduire aux voies de perfectionnement, à une marche toujours calculée, toujours rationelle ?

§ 328. — Ce temps qui leur a fait faute, ces moyens d'action qui n'existaient pas, nous les avons aujourd'hui, mettons-les à profit ; mais tout d'abord commençons par être justes, si ce n'est par devoir, si ce n'est par loyauté, au moins par intérêt. C'est le moyen qu'ils le soient à notre égard, c'est le moyen que nos successeurs le soient pour nous. D'après la loi du temps, nous devons dépasser les uns, être dépassés par les autres : chacun son tour. Aujourd'hui nos chefs applaudissent à nos efforts ; demain nous applaudirons à d'autres. Mais, loin de nous ces humeurs chagrines disposées à blâmer, à déprécier ! loin de nous le défaut d'élever autel contre autel, de chercher des froissements !

Les premiers efforts, ceux qui souvent ont le plus besoin d'être soutenus, et exigent le plus de peine, ont pour objet de détruire des erreurs, de démontrer, si nous pouvons ainsi dire, des vérités stériles. Nous en avons eu plus d'une de ce genre à examiner dans ce mémoire : elles coûtent souvent beaucoup, et rapportent peu ; mais elles ont cela d'utile, que, lors même qu'elles feraient rétrograder, elles éclairent. M. Vicat a dû consacrer une grande partie de son beau travail à l'examen de l'une d'elles, celle des divers procédés d'extinction. Quel a été à peu près le résultat de ses nombreuses expériences ? de prouver que ce n'est pas dans le choix de ces procédés, qu'il faut chercher l'amélioration des mortiers. Ce résultat, qui, d'après les lois de la chimie, paraît si simple, que de temps, que de peines n'a-t-il pas demandés ? et dans peu, qu'en restera-t-il ? Que restera-t-il également de tout ce que nous avons dit depuis plus de trois cents pages ? à peine un souvenir. Les essais de notre confrère, les nôtres, seront-ils donc perdus ? auront-ils passé sans utilité ? certainement non : indépendamment de ces vérités stériles, qui, nous le répétons, ont un bon côté, quelques idées importantes survivront, et sur elles se grefferont de nouveaux progrès.

Aujourd'hui, qu'un certain nombre d'éclaireurs ont débarrassé la route, la marche est plus facile ; cependant elle n'est pas sans obstacles ; quel mérite, il est vrai, s'il en était ainsi ?

§ 329. — Persuadé que les expériences de chimie doivent puissamment contribuer à l'avancement de la science, et convaincu que si elles étaient moins dispendieuses, le nombre de ceux qui s'y livrent s'accroîtrait, nous avons dirigé quelques recherches de ce côté, et ce sont elles qui nous ont conduit aux modes de pesage * et de filtration dont nous avons parlé et dont nous nous trouvons si bien. A notre premier moment de loisir, nous nous ferons un plaisir de les indiquer, et nous espérons que nos confrères y trouveront un motif de plus pour s'adonner à un genre d'étude peu coûteux et plein d'attraits.

Il est peu de jeunes gens qui ne puissent consacrer au moins douze à quinze heures par jour au travail. Lors même que leurs devoirs en emploieraient les trois quarts, il leur en resterait assez pour entreprendre et conduire à bien une foule d'essais. Celui qui pâlit jour et nuit sur un sujet, qui ne lui laisse point de répit, qui le poursuit comme son ombre, des mois, des années, est toujours sûr, trouvât-il un Protée, de le forcer à s'ouvrir. Veut-on rendre ses succès encore moins douteux, il faut mettre à profit la maxime de Bichat : *Tout le secret*, a-t-il dit, *pour devenir supérieur dans un genre, est de rester médiocre, nul même dans les autres.* Sans doute on ne le prendra pas à la lettre, ce se-

* Les balances que nous exécutons nous-même, ne sont guère sensibles qu'à un vingtième de milligramme ; mais nous ne serions pas surpris qu'un ouvrier habile pût aller jusqu'à un cinquantième, peut-être à un centième.

rait le mal comprendre. Il savait aussi bien que personne que toutes les connaissances se prêtent appui ; mais son précepte n'en est pas moins profond, n'en est pas moins la clé de toutes les spécialités ; et comme c'est à être spécial, que chacun doit viser dans son intérêt, dans celui du public, il nous semble qu'on ne saurait trop s'en pénétrer.

§. 330. — Nous avons dit ailleurs qu'il est une partie de notre art plus arriérée que les mortiers, et que c'est celle de l'entretien des routes, même de leur construction. Ici en effet, il n'y a, pour ainsi dire, que des opinions, et qui encore se croisent ou se heurtent ; mais des principes démontrés, pas un. Il y a des controverses, de l'analyse, mais point d'observations, peu d'expériences : celles-ci se bornent à peu près aux essais sur l'écrasage des pierres. Aussi, toutes les fois qu'il est question de routes, est-on à peu près sûr de voir revenir sans cesse la dureté, et par occasion, ou comme conséquence, les excès de charge du roulage. Lorsque nous publiâmes, il y a trois ans, nos deux ébauches sur les routes, nous sentions déja tout le vide, tout le défectueux de cette position. Nous nous rappelions d'ailleurs que toutes les sciences ont eu leur époque stationnaire, qui a été celle des discussions, et qu'elles n'ont commencé à croître que quand celles-ci ont été remplacées par l'observation. La marche évidemment la plus judicieuse nous était donc tracée ; mais il n'était pas aussi facile de la mettre en pratique, car, qu'observer ? sur quoi expérimenter ?

§ 331. — Une première question nous frappa, c'était celle de l'exhaussement ou de l'abaissement des routes. Nous la voyions tous les ans apparaître à la tribune nationale, et tous les ans se résoudre en abaissement. Une opinion vague, résultat de l'ensemble de notre pratique, nous disposait à l'incrédulité; mais qu'est-ce qu'une opinion, surtout pour combattre des assertions venues de haut? Nous brûlions de nous éclairer; mais comment faire? placer de distance en distance des bornes ou des repères? mais il eût fallu dix ans et plus d'observations pour reconnaître, et encore avec incertitude, de minimes changements. D'ailleurs, que de causes d'anomalies! Ce problème nous était sans cesse présent, et pendant plus d'un an, il n'est pas un jour où il ne nous ait occupé. Enfin, dans une nuit d'insomnie, sa solution s'offrit à nous : notre joie, nous ne craignons pas de l'avouer, fut grande, et nous eussions volontiers couru, comme Archimède, en criant : *Je l'ai trouvé!* Cette solution était d'autant plus satisfaisante, qu'elle embrassait le présent et le passé, et pouvait s'appliquer partout et à l'instant, sans étude, sans préparation et, pour ainsi dire, sans frais. Elle nous était d'autant plus chère, qu'elle nous avait coûté plus de peine *, et qu'elle démontrait l'exhaussement de la manière la plus formelle. On l'a vue dans notre seconde brochure, nous n'y reviendrons pas.

* Nous nous sommes livré à bien d'autres recherches; aucune ne nous a tenu si long-temps.

D'autres questions, importantes aussi, quoique à un moindre degré, furent également traitées par nous; mais nous n'étions point assez avancé, et il nous fut impossible de les dégager toutes d'opinions plus ou moins fautives : aussi avons-nous commis des erreurs, et nous ne manquerons pas de les rectifier. Depuis cette époque, nous avons sans cesse observé et étudié. Les mortiers et les routes, les routes et les mortiers, voilà quelles ont été constamment nos occupations, notre délassement. Aujourd'hui, nous pensons n'avoir plus besoin d'opinions pour établir sur des bases solides les principes qui doivent guider dans la construction comme dans l'entretien des routes. Nous dirons plus, nous croyons que le calcul leur est déja applicable; qu'il est même des questions aujourd'hui implicitement abandonnées au hasard, qui ne peuvent s'en passer. Nos devanciers l'ont déja utilisé pour les formes géométriques, pour le tracé, les pentes en long et en travers, etc.... C'est à leurs successeurs à poursuivre l'œuvre; mais, nous le répétons, car il est des choses qu'on ne peut trop dire, ce n'est qu'en rentrant dans la route véritable, celle de l'observation, qu'on s'en créera les moyens : avant de construire, il faut rassembler des matériaux. Nous croyons pouvoir le prédire, à peine aura-t-on consacré quelques années à cette méthode, qu'on regardera comme à l'a, b, c, les personnes qui pivoteront encore autour de la dureté des matériaux, des excès de charge, etc, etc. Nous pouvons nous tromper, mais quand nous voyons quelqu'un en être là, il nous semble voir un architecte qui ne pourrait construire d'édifice élevé qu'avec du porphyre ou du granit, et qui, avec les matériaux communs, ne saurait dépasser un étage.

§ 332. — On aurait tort de s'étonner de l'état arriéré de nos connaissances en ce genre ; cet état n'est qu'une suite des événements. On serait aussi injuste d'en accuser le corps, que de gronder un enfant de ce qu'il n'a pas la force d'un jeune homme, que de gourmander le jeune *homme* de ce qu'il n'a pas la raison de l'âge mur. Indépendamment de ce qu'il ne date que d'une trentaine d'années, indépendamment de ce qu'il a eu, comme nous l'avons dit, des difficultés nombreuses, des obstacles de tout genre à vaincre, comment aurait-il pu prévoir les effets d'une industrie qui n'existait pas *, et trouver des moyens qui lui fussent appropriés ? Il les eût connus, qu'il aurait eu tort de les employer, parce qu'ils sont plus dispendieux. Rarement le présent tient compte de la position du passé ; rarement aussi est-il équitable envers lui. Mis à sa place, il n'eût pas fait mieux. L'avenir, par qui à son tour il sera blâmé,

* Quand on compare l'état actuel del'industrie des transports avec ce qu'elle était il y a seulement vingt ans, on ne peut s'empêcher d'éprouver quelque surprise. La partie de route la plus fréquentée de France voyait à peine passer cent cinquante chevaux par jour ; elle en reçoit peut-être aujourd'hui quatre et cinq fois autant.

serait aujourd'hui aussi emprunté que lui ; il ne s'instruit qu'en le voyant passer.

On doit toujours admettre en principe, que les sociétés comme les générations, qui ont consacré leur temps au travail, ont rempli leur tâche et ne méritent que des éloges. Le travail est et sera toujours le père de l'industrie, le créateur du bon et du bien ; l'oisiveté, toujours la mère de l'ignorance et des vices, le principe du mal. Voyez ce jeune journaliste, si pétillant d'esprit, si faible de jugement, qui déverse le blâme à longs traits et avec tant de légèreté ; il donne quatre heures par jour à l'étude. L'homme laborieux qu'il vient de gourmander, en consacre quinze. L'un nuit, l'autre est utile ; chacun a rempli sa tâche : l'un, d'oisiveté ; l'autre, de travail.

§ 333. — A mesure qu'une observation nouvelle, qu'un fait inaperçu sont signalés, chacun en cherche naturellement l'application. Ainsi, dans le temps où l'on était spécialement occupé des formes géométriques, on cherchait à accroître la pente en travers, pour faciliter l'écoulement des eaux. Cette méthode ayant été reconnue, sinon plus nuisible qu'utile, au moins peu avantageuse, il a fallu chercher ailleurs. On a alors attaché de plus en plus de l'importance au choix des matériaux, et l'on y était d'autant plus porté, qu'on avait un point de mire dans les expériences sur l'écrasage. L'accroissement et la pesanteur des transports s'étant accrus, et ce choix étant insuffisant pour maintenir la viabilité, on n'a plus trouvé où se prendre, et force a été d'attaquer le roulage et de gêner son industrie. C'est à peu près où nous en sommes. Les procédés de Mac-Adam étaient venus dans l'intervalle offrir aux regards de nouveaux points de vue, tels que l'imperméabilité, l'élasticité du sol, la petitesse des matériaux, etc., etc.; mais, étayés d'idées théoriques annonçant un défaut de connaissance des plus simples lois de la physique, ils ne pouvaient être accueillis qu'avec défiance par des hommes instruits de ces lois. L'expérience leur démontrait chaque jour que, même avec les meilleurs mortiers hydrauliques, on a de la peine à obtenir l'imperméabilité; comment auraient-ils pu l'admettre dans une réunion de pierres simplement juxtaposées, n'ayant d'autre liaison que leurs propres détritus? Un grand nombre des pierres employées sont plus ou moins perméables, et toutes le deviennent pour peu qu'elles soient fendues. Les carrières les plus compactes laissent elles-mêmes suinter, pénétrer l'eau : quand, au milieu des sécheresses, on fait des ouvertures dans la chaussée la mieux construite, la moins épaisse, la plus favorablement située, on peut souvent trouver sec le sol sur lequel elle repose; mais si l'on fait la même opération dans la saison pluvieuse, à quelque époque que ce puisse être, on ne trouve de siccité nulle part; l'imperméabilité a disparu. Que l'empierrement soit ou non sur un sol graveleux, qu'il occupe ou non toute la largeur de la route, il n'y a de différence que du plus au moins. Devant des faits aussi patents, comment croire à l'imperméabilité et aux doctrines de qui la soutient ?

§ 334. — S'agit-il de l'élasticité? Mais quelles expériences, quelles observations nous éclairent sur son mode d'action, sur sa mesure, sur ses relations, si même elle en a d'appréciables, avec le plus ou moins de résistance ou d'usure des routes ? Dira-t-on que sur un sol mobile et très élastique, il a fallu moins de matériaux que sur un autre, ferme et inébranlable? Mais les objections se présentent si multipliées, qu'on ne sait plus auxquelles s'arrêter. La quantité de pierres employée sur une route dépend de tant de circonstances variables, elle est si intimement liée à la proportion de la main d'œuvre, au plus ou moins de perfection qu'on a voulu donner à l'entretien pendant toute l'année, ou à certaines époques plutôt qu'à d'autres, à la fréquence et aux époques du roulage, à des pluies ou à des orages survenus dans un instant plutôt que dans un autre, à la nature de la pierre, à son emploi plus ou moins judicieux, etc., etc., qu'il semble on ne peut plus difficile d'établir sous ce rapport un point de comparaison entre deux portions de routes soumises à peu près à la même fatigue, au même mode de traitement, aux mêmes causes de dégradation. Que l'élasticité puisse être un motif de différence, c'est possible; mais tant d'autres motifs qui paraissent aussi et plus influents, se présentent en même temps, qu'il nous semble impossible d'isoler et d'apprécier son effet. Peut-être en viendra-t-on à bout, quand on sera plus instruit ; mais, même à cette époque, nous croyons qu'on ne le pourra que par une suite d'observations spéciales, et point par un simple aperçu, comme celui qui y a donné lieu.

§ 335. — S'adresse-t-on enfin à la petitesse des matériaux ? Mais on ne voit pas jusqu'où s'étend son influence, comment elle agit, pourquoi elle doit être portée à trois ou à quatre centimètres, par exemple, plutôt qu'à cinq et à six, pourquoi cette fixation serait générale plutôt que variable, etc., etc.

Or, une méthode qu'on ne peut comprendre, coûte beaucoup à adopter ; on ne saurait l'accueillir que comme empirique, et les moyens empiriques donnent toujours lieu de craindre des mécomptes *, lors même qu'ils sont dirigés par leur auteur. Bien loin donc que le public soit en droit de blâmer l'administration de sa réserve à adopter le Mac-Adamisme, il ne lui doit que des éloges.

§ 336. — Cette incertitude sur les meilleurs procédés de l'art, est le fait de son enfance, et n'est la faute de personne. Elle est un mal comme toute incertitude, comme toute ignorance ; mais il n'est donné qu'au temps de le guérir ; ce n'est pas d'ailleurs avec des récriminations, avec des paroles ou des actes désobligeants pour les individus, qu'on peut y mettre un terme. Ce qu'il y a en elle de plus fâcheux, à notre avis, c'est la réaction inévitable

* Nous verrons ailleurs que c'est précisément ce qui a eu lieu dans l'application de la méthode de Mac-Adam.

sur les réglements législatifs qui la concernent. Ainsi l'opinion générale est si fortement prononcée contre les charges du roulage, qu'il semble impossible de ne pas la satisfaire, et qu'il est probable qu'une loi, plus restrictive encore que le décret du 23 juin 1806, sera rendue dans la session qui commence. Sera-t-elle mieux exécutée? nous ne le pensons pas. Dans notre opinion, et elle est basée sur des faits et des démonstrations que nous croyons difficiles de combattre, il n'y a pas de moyens coërcitifs, tels dispendieux fussent-ils, qui parvinssent à empêcher les surcharges; et c'est un bonheur qu'il en soit ainsi, parce qu'on en reviendra plus tôt et plus facilement au principe le plus simple, et, à notre avis, le plus vrai: la liberté illimitée des surcharges, telle qu'elle a lieu en fait aujourd'hui, malgré tous les réglements et tous les efforts.

Ce n'est pas toutefois des seules erreurs de l'art, que les dispositions réglementaires peuvent pâtir. Elles ont aussi des causes d'imperfection inhérentes à leur destination, et qui en sont indépendantes. Il n'est donné à personne, pas même aux réunions les plus distinguées, les plus spéciales, d'être infaillible. Citons un exemple.

§ 337. — Les articles 1 et 2 du décret du 23 juin 1806, sont ainsi conçus:

« *Article* 1er. Au 20 juin 1807 et en consé-
« quence de l'article 4 de la loi du 7 ventose an
« 12 et du décret du 4 prairial an 13, toute voi-
« ture de roulage dont la circulation est interdite

« par la loi du 7 ventose an 12, et par le présent « décret, sera arrêtée au premier pont à bascule « où la contravention sera constatée, ou par le « premier officier de police.

« Si ce pont est placé, ou si la voiture est ar-« rêtée aux portes d'une ville, les roues seront « brisées, d'après un arrêté pris à cet effet par le « sous-préfet de l'arrondissement, et le voiturier « paiera les dommages stipulés dans l'article 3 de « cette loi, et dans l'article 27 du présent décret.

« *Article* 2. Dans le cas où le pont à bascule se-« rait placé, ou la voiture arrêtée dans un lieu isolé, « le voiturier pris en contravention pourra consigner « les dommages entre les mains du préposé saisis-« sant et continuer sa route, mais seulement jus-« qu'à la ville la plus voisine qui lui sera dési-« gnée par un passe-avant délivré par ledit pré-« posé; dans cette ville ses roues seront brisées, « conformément à ce qui a été dit ci-dessus. »

Or, d'après la loi du 7 ventose an 12, les voitures à jantes au dessous de onze centimètres sont interdites, quand elles sont attelées de plus d'un cheval; il en résulte que des roues non prohibées, et qui avec une seule bête peuvent circuler partout, se trouvent dans le cas d'être brisées par le seul fait de l'addition d'un cheval. Mais puisque c'est cette addition qui constitue la contravention, ne semble-t-il pas que, pour être conséquent, ce serait le cheval, et non les roues, qu'il faudrait détruire? Dans tous les cas, n'est-ce pas une faute que d'anéantir une valeur? la confisquer et la vendre, passe encore; mais la détruire, n'est-ce pas du vandalisme * ? Peut-être cette mesure est généralement abandonnée; nous l'ignorons. Cependant nous devons dire qu'il y a peu de temps encore, nous avons vu y avoir recours.

Il en est des routes comme de la politique; tout le monde en parle. Cependant elles nous semblent admettre des raisonnements plus justes, moins fautifs, même de la part de ceux qui n'en font pas leur occupation par état. Il n'est donc personne qui ne puisse donner à leur égard un bon conseil; les chances toutefois sont d'autant moindres, qu'on les a moins étudiées. L'adage dit que ce n'est qu'à force de forger qu'on devient forgeron; cet adage est celui de tous les métiers, de tous les arts, de tous les genres d'études quels qu'ils soient.

§ 338. — Ces réflexions ont pour objet une attaque, peut-être un peu vive, dirigée contre le corps des ponts-et-chaussées dans la dernière session (voir le *Moniteur* du 25 novembre, au deuxième supplément, page 2207).

* La loi du 7 ventose voulait que la voiture elle-même fût brisée. Deux ans plus tard, on arrivait déja à des idées plus saines. Aujourd'hui l'opinion publique appelle à grands cris une loi restrictive des chargements. Avant dix ans peut-être, elle traitera cette restriction de vandalisme; et, suivant nous, ce sera avec plus de raison encore que nous ne l'avons fait. Nous nous sommes déja étendu longuement sur ce sujet, dans notre seconde brochure sur les routes; nous y reviendrons.

Un député (M. de Lameth), dont le caractère personnel a pu rendre l'opinion encore plus influente, s'y est exprimé ainsi :

« . . . .

« . . . .

« Le temps est venu où nous ne pourrons nous « défendre du devoir de rechercher les abus. Je « n'en connais pas de plus grand dans aucune ad- « ministration que dans celle des ponts-et-chaus- « sées.

« Qu'on jette les yeux sur ses devis, et l'on verra « que c'est un abyme où se perdent les finances de « l'état. Je n'entrerai pas ici dans des détails, je les « réserve pour la discusson du budget.

« Je dirai seulement que dans la dernière réunion « du conseil général à Versailles, il y a peu de « jours, on s'est occupé de cet objet. Dans ce con- « seil, il s'est trouvé des personnes fort zélées, « fort instruites en cette matière; il y avait, entre « autres, deux maires qui étaient membres de ce « conseil, et qui avaient fait le calcul de ce que « coûteraient les travaux de certaines portions de « chemins départementaux, dont le devis devait « être soumis à l'administration des ponts-et-chaus- « sées.

« Ce sont deux hommes très éclairés; un d'eux « même appartient à un corps militaire dont la base « est l'étude des sciences exactes. Ils ont fait, avec « le plus grand soin et de la manière la plus large, « le calcul de ce que devaient coûter des portions « données de routes départementales. L'un a trouvé

« pour sa portion 16,000 fr., et l'administration « des ponts-et-chaussées l'a portée à 33,000 fr.; « l'autre avait évalué le prix de l'autre route à « 12,500 fr., et l'administration l'a porté à 61,000 fr. « Vous voyez, Messieurs, quelle immense différence « entre ces diverses estimations !

« Nous sommes partout frappés des abus nom- « breux que présente l'administration des ponts-et- « chaussées. Par exemple, les rapports des ingé- « nieurs avec les préfets et les sous-préfets ne sont « pas ce qu'ils devraient être; il importerait pour- « tant que les préfets et les sous-préfets pussent se « servir des moyens que ces ingénieurs ont à leur « disposition. Ils ne rendent aucun compte aux sous- « préfets; ils ne s'entretiennent pas avec eux des « travaux publics : cependant le sous-préfet est « l'œil du préfet, et le préfet est l'ame de l'admi- « nistration.

« Vous conviendrez qu'il existe ici un abus des- « tructif des routes tout-à-fait ridicule.

« Je n'entrerai pas cette fois dans le détail de la « confection des routes; cela nous mènerait trop « loin; ce n'est pas le moment de vous présenter « mes réflexions à ce sujet. Mais à l'époque de la « discussion du budget, je me propose de vous « parler de la manière dont on construit les routes « pavées, et de vous faire voir que c'est une ruine « pour l'état. »

§ 339. — Bien que le blâme porté par M. de Lameth soit spécialisé par un exemple, il a été promené sur la masse, et il rejaillit sur tous.

Serions-nous coupables de chercher à nous justifier? l'honorable auteur de l'attaque serait, à coup sûr, le premier à nous y convier, et nous sommes persuadés qu'il nous écouterait avec d'autant plus d'indulgence qu'il a été plus sévère. Depuis vingt ans que nous sommes dans le corps des ponts-et-chaussées, nous y avons acquis quelque expérience, et peut-être pourrons-nous, au moins à quelques égards, ébranler sa conviction.

Ce sont les ingénieurs qui dressent les projets, qui rédigent les devis : l'administration est donc hors de cause dans l'exemple cité. Nous faisons cette observation, non seulement pour être équitable, mais afin de dessiner nettement les positions : une foule d'erreurs n'ont pas d'autre cause que l'idée inexacte qu'on s'en fait.

La critique du projet des ingénieurs a été fournie à M. de Lameth, et par lui résumée à la chambre. Mais a-t-elle été communiquée à ces ingénieurs? mais ont-ils eu la faculté d'y répondre? son silence à cet égard ne l'annonce pas. Or, n'eût-il pas été possible que quelques explications, souvent même des plus simples, eussent fait cesser toute dissidence? est-ce chose rare que des malentendus, souvent même des plus saillants, entre personnes habituées au même idiôme, aux mêmes calculs, et, à bien plus forte raison, entre celles d'états différents? Quand on se rend, comme partie désintéressée (c'est le rôle de tout député), l'organe d'une attaque, n'y a-t-il pas équité à l'être aussi de la défense? Quel juge ferait pencher sa balance sur le dire d'une des parties? Avant de déverser sur des masses un blâme isolément encouru, n'est-ce pas une nécessité, un besoin que de s'assurer de sa justesse? et quand celle-ci est reconnue, est-il sage de la généraliser? est-ce sage, surtout quand il s'agit d'un corps entier, quand il s'agit d'un corps voué, dès l'enfance, au travail, d'un corps qui a couvert la France de monuments, qui lui a donné plus d'une de ses illustrations, dont l'étranger chaque jour admire les travaux?

§ 340. — Dira-t-on que la défense pouvait être prise par qui de droit? mais on répondrait d'abord, que ne pas commencer par s'enquérir soi-même, si cette défense est possible, c'est encourir une grave responsabilité; c'est s'exposer à une défaite d'autant plus pénible, qu'on ne compromet jamais sans nécessité la position sociale, l'avenir d'un honnête homme; c'est s'y exposer d'autant plus sûrement, que, quand on attaque un individu dans sa spécialité, presque toujours on succombe. On ajouterait ensuite que, pour dénier ou expliquer à l'instant des faits, il faudrait les avoir connus; que s'il faut attendre pour recourir à des informations, l'occasion peut ne plus se présenter, et que, dans tous les cas, bien du mal peut avoir été produit. Quelle ne serait pas la douleur d'un député qui, après avoir ainsi plus ou moins froissé des existences et créé des inimitiés, apprendrait qu'il a été induit en erreur! Une rétractation différée d'un jour équivaut-elle jamais à l'attaque? est-il beaucoup de taches qui disparaissent sans laisser de traces?

§ 341. — Admettons au surplus, ce qui est possible, qu'il n'y a pas eu malentendu, et qu'il n'y a erreur ni de la part de la défense, qui est spécialité, ni de celle de l'attaque, qui ne l'est pas. En faudra-t-il conclure que la spécialité a tort ? ce serait, ce nous semble, peu judicieux. Sur dix questions de personnalité, il en est neuf qui peuvent aboutir, en fait, à des questions de choses ; et quand on a la sagesse et le sang-froid de les examiner sous ce point de vue, on est sûr d'en trouver la solution ; elle eût fui devant les personnalités. Le fait cité, nous n'en doutons pas, en est un exemple. Il y a, comme chacun sait, ouvrage et ouvrage, et tel projet s'élève à soixante mille francs, qui est plus économique que tel autre à dix mille. Qui sera juge entre les deux ? seront-ce des amateurs ou des spécialités ?

Notre pratique nous a fait rencontrer, ainsi qu'à nombre d'ingénieurs, une foule d'ouvrages à bon marché qui ont été ou sont on ne peut plus préjudiciables à l'état. Nous dirions donc à M. de Lameth : Ce qu'on veut vous faire pour douze mille cinq cents francs, nous le ferions certainement à meilleur marché et aussi bien, par la raison que nous sommes spécialité. Qui veut un acte de propriété, s'adresse au notaire ; une consultation de santé, au médecin ; un avis sur un procès, à l'avocat ; un habit, au tailleur ; une chaussure, au bottier ; qui veut de chaque objet à bon marché, se prend à l'amateur ou au praticien le moins achalandé.

§ 342. — Nous rendons, lui dirons-nous encore, pleine justice aux personnes que vous avez consultées ; elles sont éclairées, fort instruites, mais elles ne peuvent connaître un état comme celui qui l'exerce journellement : *expérience passe science*. Peut-être ne nous refuserez-vous pas à nous-mêmes quelques connaissances, au moins dans l'espèce. Par quelle fatalité donc, l'avis le moins bon viendrait-il de nous, qui, outre les connaissances, avons la pratique ? Vous voyez ce chemin vicinal qui se dessine à quelques pas de nous, il coûte trois mille francs. Nous eussions conseillé par économie de lui en donner douze ; mais c'eût été chose impossible pour la commune. Le problème à résoudre n'était donc pas de faire le mieux possible, mais d'utiliser les mille écus de la manière la plus fructueuse. M. le maire l'a résolu d'une manière ; nous l'eussions fait d'une autre. Nous reconnaissons cependant à ce magistrat infiniment de talent et de mérite ; nous n'hésiterions pas à le prendre pour guide dans tout ce qui forme sa spécialité : en agriculture, par exemple, ou en botanique, en minéralogie.

Bien que nous n'ayons pas le don d'enseigner en quelques mots toute une partie de notre art, vous allez nous comprendre :

On a donné à la chaussée trente-deux centimètres d'épaisseur (environ un pied), et l'on a choisi la pierre dans la carrière A, pour l'avoir plus dure ; mais en raison de ce que cette carrière est moins rapprochée que celle B, le prix du mètre cube s'est accru de cinquante centimes pour le transport, et de dix centimes pour le cassage, tout imparfait qu'il soit. On a donné des bordures à cette chaussée, et l'on aurait dû les supprimer, vu surtout leur cherté et la nature gelisse de la pierre. Analysons en peu de mots les fautes principales qui ont été commises :

1° Le cassage est tellement grossier, la surface si raboteuse, que de long-temps la circulation ne sera commode. Nos cultivateurs voitureront à peine trois pièces de vin par cheval ; leurs chars de gerbes ou de fumier ne pourront recevoir que trois quarts de charge ; les secousses et les cahots non seulement feront perdre du vin, des grains, de la paille, du fumier, mais ils détérioreront les attelages, fatigueront et blesseront les bêtes. Quand le chemin était en terre, nous avions pendant l'hiver quelques mauvais pas ; mais dans la saison des transports, nos voitures roulaient doucement, librement et presque sans soubresaut. Sous ce rapport nous avons donc perdu, et cependant nous n'avons plus nos mille écus. Au lieu de briser assez médiocrement toute l'épaisseur de la chaussée, il eût été plus sage, à égalité de dépense, de casser grossièrement le dessous, et très bien le dessus.

2° La pierre est plus dure, mais comme elle est granitique et à gros grains, elle usera beaucoup les bandes de nos roues et les fers de nos chevaux ; elle fournira des détritus grenus qui aideront à cette usure, mais elle ne donnera point de poudre liante, susceptible de faire corps par une légère humidité, de former une espèce de matelas, de remplir les parties vides, à l'intérieur comme au dehors, d'une pâte assez résistante. En deux mots, notre chaussée sera toujours et à jamais raboteuse, comme la partie de route royale comprise entre les hameaux P et Q, dont les riverains se plaignent depuis si long-temps.

3° La pierre est en état de résister à trois cents kilogrammes par centimètre carré ; mais à quoi bon ? les plus lourdes charges qu'elle aura jamais à supporter, ne seront pas de trente, et habituellement elles seront au dessous de dix. Voulez-vous un exemple de la facilité avec laquelle résistent les matériaux, regardez cette énorme charrette arrêtée sur le petit pavé en cailloux que nous foulons : les plus faibles d'entre eux en éprouvent-ils la moindre chose ? elle est cependant chargée au double de ce que permet le décret de 1806. Voyez encore ce char de fumier que l'on conduit dans cette terre fraîchement labourée ; observez combien peu il enfonce. La pierre de la carrière B est tendre et ne supporterait pas cent vingt kilogrammes ; cependant elle eût été préférable, même à égalité de prix ; sa durée eût été moindre, mais au bout de six mois nous eussions eu un chemin excellent, d'un entretien plus facile, moins coûteux, et qui, en ménageant nos attelages, nos bêtes, nos denrées et nous-mêmes, eût économisé par an plus de dix francs à chaque chef de famille, partant plus de mille à la commune. Croyez-vous qu'à ce prix il ne vaille pas mieux user le chemin que d'être usé par lui. Le granit de M. le maire sera pour nous comme des morceaux de fer ou comme les débris de cailloux de la route-royale, qui ne donnent presque point de détritus, et qui laissent si peu de durée aux fers des chevaux. Nous lui ferons peu de mal, mais il nous en fera beaucoup et long-temps.

4° On a donné à la chaussée de trois à quatre mètres de largeur (neuf à douze pieds), mais c'est trop pour une seule voiture et pas assez pour deux. Quand deux attelages se rencontreront pendant l'hiver, celui qui sera forcé de mettre une roue sur la terre, courra gros risque de verser. Il eût été préférable de lui donner cinq mètres (quinze à seize pieds), et de diminuer son épaisseur, qui est beaucoup trop forte, surtout avec l'usage sagement adopté par notre maire d'un entretien journalier.

5° Cet usage, dont on ne peut trop le féliciter, lui permettait de réduire l'épaisseur à quinze centimètres, et, par conséquent, de faire neuf cents mètres courants de chemin sur cinq mètres de largeur, au lieu de six cents sur trois à quatre.

§ 343. — Nous n'en finirions pas, si nous voulions passer en revue les erreurs qui se commettent journellement dans la confection des chemins. Une loi bien simple en rend raison : cette loi qui domine l'industrie, qui maîtrise les moindres actions, qui un jour doit tout régir, est celle des spécialités. De quelque difficulté, de quelque question qu'il s'agisse, n'est-ce pas aux spécialités qu'on s'adresse ? S'il s'agit de littérature, va-t-on consulter le médecin ? si de médecine, le littérateur ? n'en est-il pas ainsi de tout au monde ? L'art de bien gouverner, de bien remplir un emploi, une mission quelconque, est-il autre chose qu'une question de spécialité ? le commissionnaire qui a une charge lourde à faire porter, ne va-t-il pas au porte-faix le plus fort ? dans un travail qui demande de l'adresse, de l'intelligence, regarde-t-il à la largeur des épaules ? n'est-ce pas à saisir le genre de talents, l'espèce de forces, la capacité de chacun, que le bon sens, que la raison s'appliquent ? Pourquoi la jeunesse est-elle si mauvaise conseillère en politique ? n'est-ce pas parce que ses qualités mêmes y sont un défaut ? ce qui exige de la patience, du calme, du sang-froid, va-t-il au sang bouillant ? Celui qui connaît peu les événements récents, qui n'a pas été en contact avec eux (il n'était pas né), celui qui ne sait ni les hommes, ni les obstacles influents, de tel côté ou de tel autre *, qui ne s'inquiète pas des exis-

* La jeunesse, ivre de loyauté et d'honneur, est aussi inhabile aux actes de finesse et de ruse qu'à ceux de patience. Qu'un malfaiteur l'attaque par derrière, elle sera de force à ne se défendre qu'après lui avoir crié de se mettre en garde. Ce n'est pas que ces belles et nobles qualités, que cette loyauté chevaleresque n'aient reçu de nos jours un triste échec; mais il est des égarements qui ne sont qu'éphémères; et le moment approche sans doute, où tout ce qui a une ame honnête et délicate, rougissant de nuire dans l'ombre, laissera aux preux du chaudron ou aux mal-

tences froissées ou détruites, qui tient pour rien les illusions ou les mécomptes, qui ne voit que ce qu'il désire, jamais ce qui se peut; celui enfin qui, plein de vigueur et de force, ne sait jamais céder, comment y serait-il spécialité? Pour conduire un navire au milieu des récifs, prend-on le pilote qui ne les a jamais vus, qui ne sait aller que droit son chemin? Si vous voulez trancher un nœud gordien, donnez-le à la jeunesse; mais si, doutant du succès ou du bon droit, vous voulez patiemment le dénouer ou attendre l'occasion favorable, gardez-vous d'elle.

Les proverbes sont la sagesse des nations, et quelque trivialité qu'ils puissent avoir, nous ne nous ferons faute de les citer; nous dirons donc: *A chacun son métier, les vaches seront mieux gardées*.

§ 344. — M. de Lameth se proposait d'entretenir la chambre des *détails de la confection des routes*, et spécialement *de celles pavées*; il nous semble que c'eût été déja beaucoup *de l'ensemble*, et que la tâche n'eût été ni courte ni facile. Nous doutons d'ailleurs que beaucoup de ses collègues fussent spécialités en ce genre, et que le plus grand nombre se fût arrangé de voir la tribune législative érigée en chaire de professorat. *Ensemble* ou *détail*, nous ne voyons pas quelle utilité en fût ressortie; car, à coup sûr, les ingénieurs qui

faiteurs, le monopole et la honte des injures, des attaques nocturnes.

font partie de la chambre, n'eussent pas trouvé convenable de faire parade de leur savoir, en dépréciant celui de leur collègue. Nous pensons donc, sauf meilleur avis, que pour produire un effet utile, ce à quoi chacun doit viser, surtout un législateur, les détails dont il s'agit eussent été mieux placés dans un traité *ex professo*, ou à l'école des Ponts-et-Chaussées; mais dans une séance de la chambre! bien des voix eussent crié: *Non est hic locus* *.

Il est certain que l'auteur du discours que nous réfutons, ne s'est point avancé comme il l'a fait, sans avoir sur les routes des connaissances approfondies, et qui pourraient nous être d'autant plus utiles, que l'ingénieur le plus habile, le plus spécial en cette matière, est, il en faut convenir, encore bien emprunté. Toutefois, comme il n'a pas pour lui la pratique, l'expérience, nous nous croyons le doute permis; nous pensons même que s'il se rendait sur un atelier avec un ingénieur pour guider les ouvriers, l'ingénieur ne serait pas le plus embarrassé. Au surplus, nous voyons si souvent le plus habile se fourvoyer, quand il quitte

* Depuis le commencement de ce mémoire, le lecteur a souvent été dans le cas de nous faire le même reproche; mais nous le prierons de remarquer que personne n'est forcé de nous écouter ou de nous lire; que d'ailleurs l'idée ne s'en fût pas présentée à lui, si nous eussions choisi un titre plus général; ce que nous n'avons pas fait par antipathie pour les spécifications trop étendues ou indécises.

sa spécialité, que personne ne s'étonnera de notre scepticisme.

§ 345. — Si M. de Lameth nous semble dans l'erreur au sujet de la partie d'art, il ne nous paraît pas davantage dans le vrai en ce qui concerne les relations des ingénieurs avec MM. les préfets et les sous-préfets.

Ici, sans doute, il peut approcher davantage de la spécialité ; mais l'a-t-il fait, mais l'a-t-il pu ? c'est ce que nous allons examiner. Ennemi déclaré de toute personnalité, de tout propos désobligeant, quand nous ne sommes pas poussé à bout, nous ferons observer que nous combattons une doctrine, non une personne, que par conséquent nous serions désolés qu'on pût interpréter à mal aucun de nos raisonnements. Ayant besoin d'indulgence autant que qui qué ce soit, nous faisons sur nous-même assez souvent retour, pour n'être pas tenté d'attaquer. Mais notre amour du vrai, notre avidité de savoir, notre indépendance de caractère, nous portent à nous attacher aux questions de choses comme à notre ombre, et sans songer aux noms qui s'y lient.

On conviendra d'abord que dans une question de cette nature, les ingénieurs aussi ont le droit d'être entendus ; que même il est impossible de la juger, si l'on ne connaît leur opinion, leur dire, aussi bien que ceux de MM. les préfets et sous-préfets.

Qu'on me passe encore un proverbe ! mais, *qui n'entend qu'une cloche, n'entend qu'un son.*

§ 346. — Avant d'entrer dans le fond du sujet, il est indispensable de dessiner nettement les positions. Les hautes fonctions de MM. les préfets et sous-préfets les mettent en contact journalier avec toutes les capacités, avec toutes les supériorités sociales de chaque localité. Leur opinion sur un sujet quelconque a donc d'autant plus aisément occasion et facilité de s'infiltrer, que leur habitude du monde, l'influence de leurs talents et de leur emploi, font les trois quarts des frais de conviction.

Les ingénieurs sont des industriels qui, d'abord par état, et ensuite par goût acquis, vivent en général éloignés du monde, ou ne le voient que rarement; ils jouissent de la considération qu'on accorde aux connaissances et à l'instruction, mais ils ont peu d'influence; personne ne s'inquiète de leur opinion sur ce qui est étranger aux arts et aux sciences; et ils ne cherchent à l'inculquer à personne.

Ajoutons enfin, que les événements politiques ou d'autres circonstances ont fait rentrer dans la vie privée un grand nombre de préfets et de sous-préfets.

On concevra donc sans peine que toute question qui aurait pour objet les relations mutuelles de ces divers fonctionnaires, se présenterait dans l'opinion sous le patronage de l'une des parties, et le silence de l'autre. M. de Lameth lui-même n'en serait-il pas un exemple? Il semble présumable que, comme supériorité sociale, il aura été fréquemment en contact avec MM. les préfets et sous-préfets, et rarement avec les ingénieurs. Or, s'il a été dans le cas de s'entretenir des rapports de ces fonctionnaires entre eux, est-il probable que ce soit avec ces derniers? nous ne le pensons pas; or, s'il en est ainsi, sa position serait celle d'un juge qui n'aurait entendu qu'une des parties. Cette position est-elle la plus sûre pour prononcer avec équité?

§ 347. — Dans une discussion quelconque, c'est la moindre des choses, que de s'expliquer avec bonne foi; il faut encore savoir se dépouiller de toute espèce d'influence. C'est ce à quoi nous avons assez l'habitude d'employer nos efforts pour espérer d'y réussir.

Esquissons maintenant le type du caractère général de ces fonctions, abstraction faite des idiosyncrasies particulières.

Revêtus de la première magistrature d'un département et d'un arrondissement, un préfet et un sous-préfet ont droit, dans l'exercice de leurs fonctions, aux respects; hors de cet exercice, à la déférence et aux égards. Quel que soit leur caractère individuel, peu de personnes les leur refusent, parce que leur caractère public prédomine. Leur position est donc celle des individus qui ont l'habitude de voir tout fléchir, tout plier sous eux; serait-il possible qu'ils n'en prissent pas plus ou moins le tempérament?

Forcés d'embrasser des connaissances variées, dont la plupart souvent leur étaient étrangères avant leur arrivée au pouvoir, ils ne peuvent être des hommes spéciaux, du moins en ce sens qu'un ensemble étendu ne permet de profondeur, sur un ou plusieurs points, que comme exception.

§ 348. — Un ingénieur est un homme à peu près étranger au monde. Livré de bonne heure à l'étude et aux travaux, il ne se trouve à l'aise qu'au milieu des livres ou des chantiers. Plus instrui que le commun des hommes, il se sent sur eux un genre de supériorité que la civilisation apprécie et honore chaque jour davantage, celui du mérite personnel. Peu soucieux des formes d'urbanité, qu'il n'a jamais cultivées et que souvent il regarde comme voisines de la fausseté, il a toujours quelque âpreté, quelque rudesse dans ses contacts, et ce n'est pas dans son cabinet ou avec les ouvriers, qu'il peut les perdre. Essentiellement industriel et spécial, causant peu, pensant beaucoup, il a, comme toute supériorité, le sentiment de sa force, sentiment qui souvent s'irrite de la voir peu appréciée. Son type le rapproche des savants, et lui en donne les qualités et les défauts.

Il a vu des préfets et des sous-préfets d'un mérite éminent, mais il en a connu de médiocres, même de faibles, presque toujours poussés au pouvoir par la faveur, se succédant souvent avec rapidité, n'ayant jamais le temps d'acquérir les connaissances de leur emploi, pas même celle de la localité, il les a vus dans une dépendance forcée des chefs de bureau, ne se conduire souvent que par leurs yeux.

Porté à ne rendre hommage qu'aux supériorités

personnelles, à celles du talent, il oublie parfois que la société n'est pas une arène de science, qu'elle reconnaît beaucoup de notabilités, et que les divers emplois, la fortune, la famille, les services, toutes les influences sont de ce nombre. Il a peu l'expérience de la vie, des usages, des forces sociales; celle-ci n'est pas de sa spécialité, et il est difficile que ses relations ne s'en ressentent; que de fois aussi, ayant raison sur le fond, il se donne tort sur la forme!

§ 349. — De ces aperçus de position et d'état passons aux faits. Nous pourrions citer de nombreux exemples, soit de ceux que nous avons recueillis en différentes localités, soit de ceux observés par nos confrères. Mais, malgré la facilité qu'on éprouve à donner le change, en se taisant sur les lieux et les personnes, nous croyons plus digne des convenances de n'en rien faire. Les faits généraux nous semblent parler assez haut, pour n'avoir pas besoin d'applications.

En vertu de l'article 25 du décret du 16 décembre 1811, les réceptions des travaux des routes départementales ne doivent être faites qu'en présence d'une commission composée de notabilités locales. Cet article, ainsi qu'une grande partie du décret, est tombé en désuétude et reste inexécuté dans la plupart des départements, mais il est en vigueur dans quelques-uns. Messieurs les sous-préfets sont ordinairement membres et présidents des commissions. Faisons assister le lecteur à l'une de ces réceptions, pour lui en donner une idée;

choisissons à dessein l'espèce d'ouvrage la plus simple, celle qui exige le moins de spécialité, une fourniture de pierres cassées.

Le sous-préfet avec qui elle se fait, est un homme de mérite, consciencieux, excellent administrateur, et l'un des plus habiles qui se puissent trouver.

« Le devis, dit-il, défend les dessus de carrière; or voilà des fragments qui sont en partie recouverts de lichen, et qui, à coup sûr, ne proviennent pas des bancs intérieurs; ils ne peuvent donc être reçus. — Je pense, reprend l'ingénieur, que la majeure partie de la fourniture n'est pas recevable, mais la section où nous sommes, me paraît l'être. Ces pierres, il est vrai, ont été ramassées à la surface du sol, mais elles ont été exposées longtemps au soleil, à la pluie, à la gelée, et comme elles leur ont résisté, elles présentent une garantie que n'offrent pas les autres; leur grain d'ailleurs est de la meilleure qualité. Nous en verrons plus loin du même genre, qui semblent moins satisfaisantes, et qui cependant sont encore supérieures. — Ces raisons sont plausibles, réplique M. le sous-préfet; mais ne seriez-vous pas dans l'erreur sur leur portée? dans nos murailles, même en mortier, les maçons n'emploient jamais cette espèce de pierre; ils ont à coup sûr leurs raisons. — Sans doute, Monsieur le sous-préfet, et les voici: La première, c'est que la surface en est inégale et ne se prête pas à la pose, à l'assiette qu'exige toute maçonnerie; la seconde, c'est qu'elle n'a point assez de queue ; la troisième, qu'elle est généralement trop petite. Comme ces circonstances ne se présentent pas dans une des sections suivantes, et que la même objection pourrait s'offrir à votre esprit, je vous ferai d'avance observer que la pierre que nous y trouverons, a toujours peu d'épaisseur, et que, son emploi dans la maçonnerie exigeant plus de main-d'œuvre, une même quantité d'ouvrage reviendrait beaucoup plus cher. Dans une prochaine réception sur la route A, j'aurai à vous faire sur le même sujet des observations d'un autre genre, mais ce n'est pas le moment. — Je me rends à ces motifs, et j'en conclus que cette pierre devrait être exclusivement prescrite dans les devis ; que celle des bancs intérieurs, qui peut servir utilement pour la maçonnerie, devrait être défendue, et que c'est à tort qu'on proscrit les dessus de carrière. — Je crois, Monsieur le Sous-préfet, que c'est une erreur, et je vais vous en indiquer les motifs. Cette pierre que vous préférez, est peu abondante ; elle provient en grande partie du travail des cultivateurs qui, dans les moments perdus, les réunissent en tas pour en débarrasser le sol ; dans une année favorable, ils peuvent en ramasser beaucoup, dans une autre peu. L'enlèvement ne peut d'ailleurs s'en faire qu'après la vendange, attendu qu'il faut passer à travers les vignes. Cette époque ne cadrant pas avec celle des réceptions, il faut des lieux de dépôt, et ils ne sont pas communs ; ces circonstances rendraient l'approvisionnement si précaire, qu'il serait peu sage de se mettre à leur merci. Quant aux dessus de carrière, qui sont toujours plus ou moins terreux, souvent effeuillés par la gelée, et presque constamment défectueux, ils sont d'une qualité trop inférieure pour être employés avec succès sur une route aussi fatiguée. Leur économie peut les faire accepter sans distinction sur d'autres routes, et vous en verrez dans peu de jours un exemple ; mais ce ne serait pas ici leur place. D'autres objections s'offrent peut-être à votre esprit, et appelleraient d'autres explications, mais nous arrivons sur un point que vous trouverez, je pense, plus digne de votre attention.

« La pierre que vous voyez ici, ne provient pas des carrières indiquées au devis. Elle sort en partie des démolitions du château de B, en partie d'une carrière de pierre de taille nouvellement ouverte, en partie enfin, de caves profondes qui viennent d'être creusées à une centaine de mètres de la route. L'entrepreneur s'est permis de son plein gré cette modification à son marché, et, en fait, il est dans son tort ; on peut donc à la rigueur, refuser toute sa fourniture, et on le peut d'autant mieux, que je l'ai prévenu à temps, et qu'il n'a tenu aucun compte de mon avertissement. Mais une partie est supérieure à celle qu'il devait fournir, et je pense qu'elle doit être reçue. Quant à l'autre, malgré sa bonté apparente, elle serait d'un mauvais service, et il ne s'écoulerait pas six mois avant qu'elle fût désagrégée, et en grains de sable. Il y a plus, celle même que je regarde comme bonne, est, sous un rapport, inférieure à celle du devis, et elle pourrait souffrir d'une gelée un peu forte, telle, par exemple, que celle qui eut lieu, il y a dix ans. Je l'ai essayée par le procédé de M. Brard, et elle ne paraît capable de résister qu'aux froids ordinaires du pays, tandis que celle que prescrit le devis, quoique moins dure, et, tout bien pesé, inférieure, ne craint rien du plus rigoureux hiver. J'ai donc prévenu l'entrepreneur que, quant à moi, je consentirais à accepter les cent mètres qui commencent la section, mais que je rejetterais les cent vingt mètres suivants. Je dois, Messieurs, vous faire remarquer que sa faute est d'autant plus grave, que nous approchons de la mauvaise saison, et qu'au moment où la nouvelle pierre serait si utile, elle ne sera pas encore sur place. »

Après avoir réfléchi un instant, M. le sous-préfet fait observer que le devis est la loi de l'entrepreneur, et que, puisqu'il ne s'y est pas conformé, son approvisionnement doit être rejeté. « Je conçois, dit-il, en s'adressant à l'ingénieur, que vous le trouviez assez puni de la perte des cent vingt mètres que vous voulez lui imposer; mais je ne saurais adopter vos motifs. Ces cent vingt mètres dont vous ne voulez pas, me paraissent à moi bien supérieurs aux premiers, et si je recevais ceux-ci, je croirais devoir accepter les autres. En agissant comme vous le proposez, vous vous faites l'arbitre du fournisseur, et il ne doit avoir d'arbitre que la loi écrite, c'est-à-dire le devis. Je suis d'ailleurs d'autant plus disposé au rejet, qu'il y a beaucoup de sable à travers la pierre, et qu'on y rencontre des fragments de plus de quatre centimètres.

« Il me semble, réplique l'ingénieur, que ce serait agir avec bien de la rigueur. Si toute la fourniture ressemblait aux cent premiers mètres, elle serait supérieure à celle du devis, et je ne pense pas que vous refusassiez mieux que ce qu'on vous doit; pourquoi donc rejetteriez-vous la partie qui offre ce mieux? Quant au sable, il est pur et ne contient aucune parcelle terreuse; il sera donc plus utile que nuisible. Enfin, quant au cassage, je vous ferai remarquer que sur plus de dix mille morceaux de pierre que contient chaque mètre cube, il n'y en a pas cent qui excèdent la dimension voulue; or, si l'on veut pousser le rigorisme à l'extrémité, on ne pourra se procurer d'entrepreneurs qu'en payant les matériaux fort cher. Veuillez bien faire attention, Messieurs, qu'en ce monde tout se paie, et que ce qu'on exige d'un entrepreneur en sus de ce qui est utile, est une perte pour l'administration, pour la chose publique. »

§ 350. — Nous avons choisi à dessein un exemple où la spécialité de l'ingénieur fût presque nulle, et cependant nous aurions longue route à faire si, pour un sujet aussi simple, nous devions recueillir tous les faits intéressants. Que serait-ce si nous parlions des ouvrages d'art! Le lecteur n'a aucune idée de l'espèce de relations qui nous occupe ; il ne pouvait donc être sans intérêt de l'initier à la circonstance qui donne lieu au contact le plus immédiat , le plus rapproché. Les autres sont de même nature , en ce sens qu'il s'agit toujours de questions de métier, d'objets de spécialité. Or , si l'on veut bien ne pas perdre de vue que les ingénieurs sont essentiellement des industriels, on concevra sans peine qu'il n'en puisse être autrement.

§ 351. — Quand une partie de route est en mauvais état , qu'un pont est en souffrance, qu'une digue a été dégradée, en deux mots, que la chose publique pâtit sur quelque point, que fait l'ingénieur en chef ? il propose au préfet les moyens qu'il juge convenables pour remédier au mal ; il donne l'avis du médecin. Ces moyens sont de plusieurs sortes ; mais celui qui les domine , celui devant lequel les autres disparaissent, c'est le conseil de l'art, c'est le remède, c'est la spécialité. Souvent l'ami d'un malade s'entretient sur son état avec le médecin, mais ce n'est point pour contrôler la médication. Voulons-nous dire par cette comparaison que le chef suprême du département doive s'interdire tout examen, toute observation ? loin de nous. Nous entendons seulement, qu'en thèse générale , fût-il lui-même habile ingénieur , il ne doit pas discuter l'objet de spécialité, élever autel contre autel. Quel est l'homme judicieux qui ne sache que celui qui a examiné à loisir une question, est mieux en état de la résoudre que plus fort que lui qui n'a pu lui donner qu'un coup d'œil.

Un préfet ne doit jamais avoir tort, et le meilleur moyen, c'est de ne pas s'y exposer; car, s'il se trompe, il faut qu'il en convienne, ou il fait pire. Les empiétements sont presque toujours la cause des nuages, ils le sont toujours des orages. Or, il ne viendra à l'idée de personne que ce soient les ingénieurs qui cherchent à empiéter; la fable du *loup et l'agneau* en témoigne.

§ 352. — S'agit-il de l'arrondissement, les choses se dessinent encore plus nettement. L'ingénieur d'arrondissement a un chef immédiat, qui est l'ingénieur en chef, et il ne peut rien sans lui. Tout ce qu'il ferait sans sa participation, avec ou sans le concert du sous-préfet, serait hors de son droit. Veut-on que les choses aillent au pire, il n'y a qu'à lui donner un second chef, et un chef non spécial.

Un homme qui se connaissait en volonté, fit ce que paraît demander M. de Lameth : Napoléon, dans un moment d'humeur, punit le corps de la faute d'un seul, comme s'il était des corps où il ne se fît point de faute, comme si tous les membres d'un corps pouvaient être solidaires : il lança sa boutade dans le décret du 25 décembre 1811; qu'est-elle devenue?

§ 353. — Le contact des supériorités, des amours-propres, produit toujours du frottement; mais il naît souvent de la nature des choses, et alors c'est force de l'admettre. On conviendra toutefois qu'il y a, quand on le peut, tout avantage à l'éviter. Fort contre fort ne brille pas, dit un proverbe. Le mécanicien habile emploie tous ses efforts à amoindrir les frottements, n'en serait-il pas de même du législateur ?

Nous avons des fonctions de préfet et de sous-préfet une si haute idée, que si notre langage ne l'a pas exprimée, il a mal rendu notre pensée. Nous avons cherché à combattre des opinions que nous croyons erronées; mais si nous l'avons fait avec franchise, nous l'avons fait avec le désir de ne désobliger personne.

§ 354. — L'ingénieur qui a long-temps habité une forteresse, pour peu qu'il soit observateur, en doit connaître le fort et le faible. Nul doute que dans le corps des ponts-et-chaussées, il n'y ait beaucoup de personnes qui puissent donner des idées plus ou moins justes, plus ou moins utiles, sur les perfectionnements dont il est susceptible. Mais la plupart préfèrent consacrer leurs loisirs à d'autres occupations, et beaucoup craindraient de nuire à leur avenir. Ce n'est pas que les parties défectueuses ou, pour nous servir de l'expression d'usage, les abus soient aussi nombreux, aussi graves que le pense M. de Lameth, nous le croyons étrangement abusé; mais c'est que celui dont l'avenir, dont l'existence sont liés à son état, ne peut avoir l'idée d'une tâche qui ne lui présage que des dangers. Aussi n'y a-t-il en général que les casse-cou, ou ceux qui peuvent se passer de leur emploi, qui donnent quelque publicité à leur opinion; or, la passion et la pétulance des premiers font plus de mal que de bien, et le petit nombre des seconds les rend inaperçus.

§ 355. — Il nous est mainte fois arrivé, en causant avec les ouvriers, d'en obtenir des renseignements utiles, et la raison en est simple : c'est que le praticien ignorant n'en est pas moins un praticien. Que d'importants avis ne pourrait-on pas, à plus forte raison, recueillir dans chaque corps, même à partir du bas de l'échelle ! Beaucoup de personnes se persuadent, après avoir passé par un grade, que tout y reste de même et que leurs successeurs n'ont rien à leur apprendre ; c'est croire qu'un chemin où l'on a versé il y a dix ans, est toujours impraticable ; que le champ qu'on a vu inculte, que le bois laissé debout, sont toujours inculte et debout. Partout où le temps passe, il fait son sillon ; dans la seule ignorance il reste imperceptible.

A coup sûr il y a des abus dans l'administration des ponts-et-chaussées ; mais il y en a dans toutes et il y en aura toujours, parce qu'il n'y a rien de stationnaire, et que tout progrès a ses défauts, son enfance. Néanmoins si l'on prend pour guide les probabilités, il n'est pas présumable que le corps qui renferme le plus d'hommes instruits, qui a eu constamment à sa tête le plus de hautes capacités, soit celui où il y ait le plus à faire.

§ 356. — Nous terminerons en citant à M. de Lameth un exemple qui lui fera voir qu'un arrondissement peut marcher à merveille par le seul secours des agents de l'administration. Celui que nous dirigeons, était, il y a neuf ans, l'objet des plaintes les plus vives ; il donnait lieu à des réclamations de tout genre, soit de la part des notabilités locales, soit de celle des administrations, soit de celle des maîtres de postes; elles furent même portées jusque devant M. le directeur général *. Aujourd'hui nous recevons de toute part des félicitations sur son état, et nous doutons qu'on en pût trouver de meilleur; nous n'avons pourtant avec M. le sous-préfet aucune de ces relations dont l'absence est appelée *ridicule* et *abus destructif des routes*.

Dans le cours de notre pratique, nous nous sommes trouvé avec un sous-préfet d'un mérite peu commun : c'était ce qu'on appelle un faiseur; aussi croyons-nous qu'il se fût chargé volontiers de notre service. Ses dispositions à l'empiétement étaient telles, qu'il en était venu jusqu'à donner directement des ordres à nos conducteurs, parfois même à nos cantonniers. Notre position était délicate; car il semblait difficile de faire cesser l'abus autrement que par une rupture, et un homme sensé ne se décide qu'à la dernière extrémité à tout ce qui peut y donner lieu. Il est des cas où, sans en venir là, tout peut s'arranger amiablement et sans difficulté; mais tel n'était pas le nôtre. Les circonstances heureusement nous séparèrent.

Nous l'avons déja dit plusieurs fois dans d'autres écrits, et nous ne saurions trop le répéter, ce ne

* Nous avions ignoré que les plaintes fussent arrivées jusqu'au sommet; mais des rapports calomnieux nous ont mis dans le cas de nous en enquérir et de le reconnaître.

sont ni les individus ni leurs relations qu'il est juste d'accuser de l'état des routes : ce sont les circonstances , ce sont nos progrès. Et qu'on ne croie pas que ce soit dans un but conciliateur , dans des idées de ménagement et de tolérance , que nous nous exprimons ainsi , c'est dans une conviction profonde , c'est après avoir médité longuement le sujet , après l'avoir examiné sous toutes ses faces.

§ 357. — Dans un système organisé quelconque , toutes les fois qu'une cause active se constitue spontanément dans un élan de croissance hors de proportion avec tout ou partie de ce système , il y a gêne , malaise , dans quelque partie, souvent dans le tout. Voyez cet enfant de dix ans dont le corps élancé a devancé l'âge , combien son intelligence n'est-elle pas en souffrance ? et cet autre , dont le développement intellectuel est si prématuré , où en est sa frêle existence ? Dans un cas comme dans l'autre , nous ne considérons que l'ensemble ; que serait-ce si nous examinions les détails ?

L'industrie , presque nulle en France il n'y a pas trente ans , a pris tout-à-coup un essor rapide. Etait-il possible que les moyens accessoires qui lui sont cependant indispensables , se trouvassent en mesure de la suivre ? Importez quelque part une fabrication étrangère , inconnue ; jamais elle ne s'y naturalisera de suite. Pourquoi les fondateurs des établissements nouveaux , souvent même plusieurs de leurs successeurs , échouent-ils presque toujours ? pourquoi l'état normal de la population entière est-il en ce moment troublé ? pourquoi, quand la production excède les besoins, le producteur se plaint-il ? pourquoi, dans le cas contraire, le consommateur ? c'est toujours par une rupture d'équilibre, rupture qui naît ou de croissances trop rapides ou de développements tardifs, ou d'extinctions inattendues, intempestives.

Un grand développement d'industrie est incompatible avec la difficulté, avec l'imperfection des voies de transport. Dans un pays peu industrieux, rien de plus facile que d'en avoir d'excellentes ; souvent de simples chemins de terre lui suffisent. A mesure que le temps marche, et que les besoins des populations se multiplient, des méthodes appropriées sont mises en œuvre pour améliorer les routes ; mais tant que celles-ci ne témoignent pas, par leur état de souffrance, que leurs moyens sont insuffisants, qu'ils sont en retard, personne ne songe à les soulager, parce que personne ne pense aux remèdes avant que le mal ait fait des progrès. Si, au lieu d'un accroissement lent et progressif dans la circulation, il s'en opère un rapide, ainsi qu'on ne peut le méconnaître en France, c'est une maladie aiguë qu'il faut guérir, et une maladie non encore connue.

§ 358. — Gênée dans son essor, l'industrie a accusé d'abord les routes, puis ceux qui sont chargés de leur entretien. Son mécontentement a été tel, que le corps des ponts-et-chaussées a failli en être victime. Mais on n'a pas tardé à s'apercevoir qu'une masse d'individus instruits, qui ne décesse de travailler, qui toujours tient le manche de la charrue, est un moyen, jamais un obstacle; et la raison publique a commencé à faire justice de l'accusation, du moins quant aux individus. Nous sommes arrivés aujourd'hui, ou à peu près, à la période de réaction, et c'est maintenant l'industrie qui est coupable. La force naturelle des chevaux, celle des matériaux de charronage, lui permettent, dans l'intérêt général, un développement de puissance dont long-temps elle ne s'était pas avisée : c'est ce développement qu'il faut restreindre.

L'instant viendra, n'en doutons pas, où l'on s'avisera qu'il y a tout avantage à l'aider plutôt qu'à le contrarier, et que, dût la dépense égaler l'effet utile (ce qui serait à nos yeux une hérésie), il est encore préférable d'y donner la main. Cet instant viendra d'autant plus vite, qu'on reconnaîtra promptement l'impossibilité d'exécution des moyens préventifs ou coërcitifs qui seront arrêtés. Nous ne manquons pas de réglements et de lois sur le roulage; mais combien en est-il qui soient en vigueur, qui soient même susceptibles de l'être? Leur inertie actuelle et future sera toujours d'autant plus assurée, qu'ils se prononceront plus énergiquement contre l'exercice de forces créées par la nature. On ne parviendra pas plus à empêcher l'industrie d'abuser de la force des chevaux et des roues, qu'on ne saurait contraindre l'homme vigoureux à ménager la sienne.

Ces attaques à tour de rôle contre les ingénieurs

et contre l'industrie ne sont qu'une conséquence de l'état arriéré de nos connaissances. Chez un peuple superstitieux et ignorant apparaisse une comète, et dans la même année une nuée de sauterelles; la comète est mère des sauterelles, et comme telle, frappée d'anathême. De nos jours et dans notre pays, quatre-vingt-dix-neuf individus sur cent, et à coup sûr nous ne sommes pas prodigue, sont assez éclairés pour juger ainsi *. C'est que dans notre pays, l'instruction est malheureusement fort rare, et que tel individu capable de discourir longuement sur la politique, n'a pas les plus simples notions sur les phénomènes naturels, et serait le premier à forcer Galilée de s'agenouiller. Ces phénomènes cependant nous enveloppent, nous enlacent de toute part; ils exercent une influence active et de tous les instants sur notre être, sur nos institutions; ils nous suivent comme notre ombre : nous ne faisons un pas, isolés ou réunis, qu'ils ne puissent l'éclairer.

§ 559. — L'amour-propre national frémirait de reconnaître les supériorités de nos voisins; mais la raison les avoue, et froidement en recherche les causes. Lorsqu'en Angleterre s'opéra, il y a trente ans, ce bond d'industrie qui s'est propagé chez nous et s'accroît chaque jour, les routes écrasées furent l'objet des doléances de la nation

* Avec de pareils éléments, il faut en convenir, ne sommes nous pas bien à plaindre de ne pas en être au suffrage universel !

et de la sollicitude du gouvernement. Mais les connaissances y sont plus répandues que chez nous, et quoique l'entretien des chemins fût confié à des ingénieurs, à peine quelques voix isolées rejetèrent sur eux le blâme. Pour mettre un terme à la souffrance générale, que fit le gouvernement ? il consulta la nation elle-même. Des enquêtes furent ordonnées, et le parlement interrogea toutes les capacités ; on n'accusa, par parenthèse, ni ce corps remarquable d'administrer, ni les inspecteurs de route de leur peu de relations avec les représentants de l'administration. Toutes les spécialités furent entendues, et ce qu'il y a de bien digne de remarque, c'est que la conséquence de l'instruction, le résultat de toutes les recherches, fut l'adoption, en très grande partie, d'un système repoussé par les ingénieurs les plus distingués. En vain l'auteur de ce système, Mac-Adam, vint lui-même à l'appui de ses adversaires, par ses explications, par ses hérésies en physique, il l'emporta ; et il devait en être ainsi, parce qu'en ce pays, plus qu'en tout autre, *expérience passe science*, et que les routes de Mac-Adam étaient évidemment supérieures à celles de ses compétiteurs *.

* On verra dans le travail que nous avons annoncé, combien l'observation d'un petit nombre de faits bien dessinés et faciles à comprendre, jette de jour sur ce système, et sur les questions qui se rattachent aux routes. Nous croyons pouvoir dire déja qu'il est aisé de les diriger comme un établissement industriel, dont toutes les par-

Nous avons dit ailleurs pourquoi en France, où il n'y a de pratique que dans le corps des ponts-et-chaussées, on avait été, et l'on avait dû être réservé sur l'adoption de ce système; nous croyons que la chose publique eût pu y perdre beaucoup, et qu'elle a puissamment gagné à attendre. Le temps, il est vrai, a marché; mais on a étudié, mais on a observé, mais on a expérimenté; et de l'ensemble des recherches de chacun, jaillira certainement la lumière.

Un désir de priorité, bien naturel, a fait penser à quelques ingénieurs que la méthode de Trésaguet n'était autre que celle de Mac-Adam; c'est évidemment un erreur : elle en diffère précisément par ce qu'a essentiellement de bon cette dernière. Celle de Trésaguet, quoique vicieuse, était bonne pour l'époque, et elle peut encore s'appliquer à des localités peu fatiguées par le roulage, surtout dans les pays secs; mais il est évident, et nous le démontrerons aisément, qu'elle ne saurait réussir dans les circonstances contraires. Quant à celle de Mac-Adam, elle ne nous paraît avoir besoin que de modifications. Ce qui lui manque avant tout, c'est une explication simple; car sans elle, de nombreuses erreurs seront commises, même par son auteur, ainsi, du reste, que cela est arrivé.

ties, convergeant vers un but commun, sont réglées sur des lois connues, unies par une théorie simple et facile, et permettent au directeur de ne pas faire un pas, de ne pas prendre une mesure, sans en avoir calculé la portée et les effets.

Nous désirons fort que ces réflexions anticipées, toutes superficielles qu'elles sont, engagent un plus grand nombre de nos confrères à se livrer aux recherches, à l'observation des faits; car, plus nous serons nombreux, mieux nous serons assurés du succès. Que de temps, que de méditation, ne demande pas ordinairement la découverte d'une vérité nouvelle! Si ce mémoire a pour effet d'en décider quelques-uns, nous ne regretterons pas le temps que nous avons donné à de fréquentes digressions, et le lecteur lui-même sera plus disposé à nous les pardonner.

RÉSUMÉ GÉNÉRAL.

§ 360. — Nous réunirons ici, aussi briévement que possible, l'ensemble de notre travail; mais nous ne nous astreindrons point à l'ordre que nous y avons suivi. Nous supprimerons d'ailleurs une foule de détails, et nous ne tiendrons qu'à sa substance. Notre projet est seulement de tracer en peu de lignes, pour le mieux classer dans l'esprit du lecteur, ce que nous savons, ou croyons savoir, de plus important sur les mortiers.

1. Les gangues calcaires sont des combinaisons chimiques généralement formées par l'union de la chaux aux substances ci-après, savoir : 1° l'eau ordinaire; 2° l'acide carbonique ; 3° l'acide silicique; 4° l'alumine; 5° le péroxide de fer. La chaux et l'eau en paraissent être les éléments indispensables. Les substances qui, dans d'autres combinaisons, peuvent remplacer la première, qui sont isomorphes avec elle, telles, par exemple, que la magnésie, ne jouissent pas ici de la même propriété.

2. Dans ces combinaisons, la chaux joue le rôle de principe électro-positif, et les autres substances,

celui d'élément électro-négatif. Une seule parmi ces dernières, l'acide silicique, est capable de former avec elle, au moyen de l'eau, un corps qui puisse acquérir, même immergé, une grande dureté. L'eau seule ne donne avec elle qu'un composé sans consistance, qui reste mou pendant des siècles quand l'évaporation est impossible, et qui reste sans dureté quand elle a lieu.

3. Avec l'acide carbonique, mais en plein air, et à l'abri de l'humidité, la chaux peut fournir un mortier qui acquerre, à la longue, une grande dureté, et ne redoute plus l'action de l'eau. On ignore quelle quantité d'acide carbonique est nécessaire pour produire cet effet; mais on sait que la saturation n'est pas indispensable. Celle-ci, au surplus, paraît exiger pour être complète un temps considérable. La pénétration de l'acide a lieu, en général, avec beaucoup de difficulté, et pour peu que l'épaisseur atteigne un ou deux centimètres, et même moins, elle demande un temps fort long, peut-être même ne se complète jamais.

4. L'alumine et le péroxide de fer donnent des résultats qui ne valent guère mieux que ceux de l'eau. Ainsi tous les efforts du manipulateur de mortier doivent tendre à former ou de l'hydrosilicate ou du sous-carbonate de chaux.

5. Les matières sucrées ou gélatineuses peuvent, avec la chaux et l'eau seule, fournir des mortiers d'une grande dureté, mais qui ne perdent jamais le défaut de redouter l'eau, et même l'humidité. La présence de l'acide silicique, quelque abondant

qu'il soit, ne peut le leur enlever. Ces combinaisons ont été peu étudiées.

6. La chaux proprement dite, c'est-à-dire le protoxide de calcium, est probablement identique dans toutes les combinaisons. Il en est sans doute de même de l'atome de carbonate de chaux; mais il n'en est pas ainsi de ses particules, et il en résulte une distinction importante à faire au sujet des mortiers. Les carbonates à particules très denses fournissent une chaux qui a de la propension à donner des composés compactes et denses; mais elle foisonne plus que les autres, et il en résulte que si elle est employée à l'abri de l'évaporation, soit seule, soit avec d'autres substances, même avec l'acide silicique, elle donne des mortiers pareils à ceux des calcaires à tissu lâche : son *foisonnement* lui a fait perdre sa supériorité, et tous les hydrates de chaux paraissent identiques. Les carbonates compactes n'ont d'autre avantage, sous ce point de vue, que de fournir un plus grand volume d'hydrate. En plein air, il n'en est pas de même; les atomes de chaux qui, dans le calcaire compacte, étaient intimement rapprochés, tendent à se presser de nouveau, et y parviennent à l'aide de l'évaporation. La diminution de volume du mortier est sensiblement plus forte, et par suite, sa densité et sa dureté. S'il ne s'agissait que des mortiers communs, les calcaires compactes offriraient peu d'avantage, parce que la technique est rarement dans le cas de mettre à profit la force de retrait, elle s'efforce bien plutôt de la combattre. Mais si cette force, qui

n'est que la réaction de celle d'expansion, est peu susceptible d'être utilisée, il n'en est pas de même de cette dernière. C'est à elle que certains ciments romains doivent leur qualité la plus importante, celle de posséder la plasticité complète.

L'hydrate de chaux qui a été recalciné, ne jouit plus du même avantage. Quelle qu'ait été la densité du calcaire qui l'a produit, les atomes de chaux ont perdu cette tendance qu'ils avaient à contracter une union plus forte. La chaux hydraulique artificielle de deuxième cuisson ne vaut donc généralement pas, en plein air, celle de première.

7. C'est surtout dans la fabrication des ciments romains que cette distinction est importante. Sur trois cents essais qui ont eu pour objet des ciments de deuxième cuisson, nous n'en avons pas rencontré un qui ne fôt de qualité inférieure, tant sous le rapport de la dureté, que sous celui de la plasticité. Les plus faibles ciments, soit hydrauliques, soit atmosphériques, soit donc ceux de double cuisson, puis ceux de carbonates à tissu lâche, les uns comme les autres, sont moins durs et plus susceptibles de fendre, que ceux des calcaires denses.

8. Nous ne parlons pas de la *cohésion* des carbonates producteurs, parce que nous en avons rencontré de naturels peu cohérents, mais fort *denses*, qui nous ont fourni d'excellents ciments. La grande finesse de leur grain ne nous a cependant pas donné lieu de croire qu'ils fussent un assemblage de particules cohérentes. Nous pensons en conséquence

que c'est surtout à la densité qu'il faut s'attacher. Au surplus, la cohésion n'est pas toujours facile à saisir et à comprendre. Il est des calcaires, ainsi que d'autres pierres, qui sont difficiles à concasser, et qui, réduits en petits fragments, se broient sans peine. Il en est d'autres qui offrent un caractère opposé. C'est dire qu'entre ces deux extrêmes se trouvent tous les intermédiaires.

9. La chaux est donc susceptible d'exercer une grande influence sur certains mortiers, suivant que ses atomes ont plus ou moins de propension à se constituer en contact plus intime, en raison de leur rapprochement antérieur.

10. Cette substance n'a pas besoin, pour subir complétement l'extinction, d'être privée en entier d'acide carbonique; elle peut en contenir jusqu'à dix pour cent du poids du carbonate, et même plus, sans cesser de former avec l'eau une bouillie impalpable, de s'éteindre, en un mot, en donnant beaucoup de chaleur. Ce serait toutefois, en général, une fausse manœuvre que de ne pas compléter, à peu près, la cuisson pendant qu'elle est en train. L'acide silicique n'ayant pas le pouvoir de déplacer l'acide carbonique, il s'ensuit que le silicate, qu'ordinairement on doit chercher à produire, est d'autant moins abondant qu'il trouve plus d'acide carbonique. Ce dernier est donc ordinairement de trop, quelque faible que soit sa proportion, dans les mortiers qui doivent être employés sous l'eau ou dans les massifs; en deux mots dans ceux qui sont à l'abri de son pouvoir.

Quand on n'a pas assez d'acide silicique, il peut y avoir convenance à laisser une partie de l'acide carbonique; mais il est si facile de s'en procurer partout, et avec économie, qu'il y a généralement avantage à chasser en entier son compétiteur.

11. Lorsqu'on a des calcaires purs très denses, à l'état de pierre, et non broyés, dont par conséquent on ne peut obtenir que des ciments atmosphériques, sauf à les hydrauliser, il peut être utile de ne pas enlever tout l'acide, dans le but de diminuer la force d'expansion qui tend à désagréger l'hydrate; mais il est difficile de maîtriser à ce point les cuissons, et peut-être ne parviendra-t-on qu'avec peine à tirer parti de ce procédé. Dans certaines localités cependant, il ne serait pas à dédaigner ;

Les ciments atmosphériques ont l'avantage de moins redouter les chaleurs, et nous ne serions pas surpris qu'ils fussent un jour fort employés. Nous avons exécuté avec eux des enduits à diverses expositions, et nous avons été à même de remarquer qu'à l'humidité et au nord, ils s'étaient à peine carbonatés, et étaient encore tendres, même au bout de deux ans, tandis qu'au sud ils étaient devenus assez durs. Au surplus, nous n'avons encore que peu expérimenté sur eux.

12. Il en est de l'hydrate de chaux recuit, comme du carbonate : il n'a pas besoin de perdre toute son eau pour acquérir de nouveau la faculté de s'éteindre. Mais un fait digne de remarque, est que les circonstances de la cuisson peuvent être telles, que la chaux devienne inerte et ne soit

plus susceptible ni d'avidité pour l'eau, ni presque de causticité. Ce cas isomérique nous paraît dû, comme nous l'avons dit, à une modification dans l'état électrique, et nous avons expliqué comment elle nous semble se produire.

13. La combinaison de la chaux avec l'acide silicique, soit qu'elle ait lieu en traitant directement des chaux hydrauliques, soit qu'elle s'effectue en employant de la chaux grasse et des pouzzolanes, peut offrir, suivant la manière dont on opère, des phénomènes assez remarquables. L'un d'eux est celui où des filaments analogues aux végétations, se développent en tout sens; un autre, celui qui fait voir l'acide silicique rendant la chaux insoluble, quoiqu'étant l'un ou l'autre, même tous deux, à l'état de grains discernables; un troisième enfin, celui qui donne lui à un ramollissement de la combinaison, sans que pour cela, la chaux redevienne soluble.

Le second, surtout, nous semble de nature à fixer l'attention, en raison de l'extension qu'il paraît indiquer dans les modes de combinaison des corps, et du jour qu'il peut jeter sur la manière dont elles s'opèrent. N'est-il pas singulier, en effet, de voir deux substances, pour ainsi dire juxta posées, agir à distance l'une sur l'autre, avec assez d'empire pour empêcher l'effet d'un liquide tel que l'eau, qui cependant a le contact du corps sur lequel ordinairement il agit activement.

14. Nous avons fait voir qu'il convient d'établir une distinction tranchée entre la silice et l'acide si-

licique, que même ce dernier est susceptible de revêtir des formes ou plutôt des propriétés assez différentes pour donner lieu, si nous pouvons nous exprimer ainsi, à une gradation isomérique.

L'observation faite par M. Berthier et d'autres expérimentateurs, que la chaux de Senouches, malgré la grande abondance d'acide silicique qu'elle contient, donne des mortiers inférieurs à des chaux qui en renferment beaucoup moins *, semble annoncer que lorsque cet acide est isolé depuis long-temps, et à un faible état de densité, il ne peut donner lieu à des combinaisons bien intimes. On conçoit en effet qu'un corps dont les atomes, ou même les particules, sont depuis long-temps à distance, éprouve peu de tendance à se constituer dans un contact rapproché. Nous pourrions reconnaître un fait analogue, mais en sens opposé, dans la disposition qu'a la chaux des calcaires denses, à s'unir de nouveau avec force et énergie.

15. La nécessité de l'acide silicique dans les mortiers a engagé M. Vicat à choisir, pour se le procurer, la substance qui dans la nature le renferme en plus grande abondance, et d'où il est le

* Quelques expériences, qui ne datent, il est vrai, que de trois mois, nous portent à croire qu'il est difficile d'améliorer beaucoup cette espèce de chaux. Il est vrai qu'elle n'en a pas besoin, et qu'elle a par elle-même assez de puissance pour suffire à presque tous les travaux où l'emploi de la chaux hydraulique est utile.

plus facile de l'extraire. Mais comme cette substance (l'argile) le contient à l'état de combinaison, comme d'ailleurs elle renferme d'autres corps qui sont tous plus ou moins nuisibles aux mortiers, on pourrait craindre que son emploi ne fût pas sans inconvénient. Par le fait, il n'en est pas ainsi, et il est aisé d'en concevoir la cause. Il suffit de se rappeler que des pierres dures, des calcaires entre autres, peuvent contenir en abondance des substances étrangères non combinées, sans être privées par elles d'une résistance remarquable.

16. Nous disons que l'argile est le corps qui contient l'acide silicique en plus grande abondance, parce que les pierres siliceuses ne renferment généralement que de la silice, et rarement cet acide. Sans doute on peut aussi employer ces pierres pour se le procurer; il suffit pour cela de les réduire en farine et de les traiter par la chaux comme, dans une analyse, on traite un minéral par la potasse, la soude ou d'autres fondants. La chaux, quoique moins énergique, les convertit en acide silicique, dont une partie est soluble dans les acides, et dont l'autre ne l'est pas. Mais ce procédé, employé en grand, serait fort dispendieux, et la seule réduction de la silice en farine, même à l'aide de l'étonnement, coûterait presque autant que la fabrication entière au moyen de l'argile. Il arrive d'ailleurs souvent qu'une partie de la farine n'est pas acidifiée et reste inerte.

17. Les chaux hydrauliques naturelles sont souvent un mélange de chaux et d'argile; mais sou-

vent aussi elles ne contiennent que peu ou point de cette dernière. Plus elles renferment d'acide silicique, plus en général elles ont de qualité; mais, comme nous l'avons vu, la densité du calcaire exerce aussi une haute influence. A égale densité, on pourrait les classer d'après leur proportion d'acide silicique. Rappelons toutefois que le degré, la durée et le mode de cuisson sont susceptibles de modifier cet ordre : *le degré ou la durée*, soit en laissant plus ou moins d'acide carbonique, soit en approchant du degré qui précède la vitrification, soit en mettant en jeu ou en laissant inerte de la farine de silice assez ténue pour n'avoir pas besoin d'une chaleur puissante; *le mode*, par l'abondance de l'air en circulation, par l'espèce de combustible, par le degré de siccité, par la grosseur des fragments.

18. Les argiles sont toutes formées de corps combinés et de corps mélangés : les premiers sont l'hydrosilicate d'alumine et l'hydrosilicate de peroxide de fer; les seconds, la silice plus ou moins ténue et la silice en grains, le peroxide de fer ou son hydrate, le carbonate de chaux à un état plus ou moins fin, le peroxide de manganèse et le carbonate de magnésie. Parfois elles contiennent encore, quoique rarement, d'autres substances; le plus souvent elles ne renferment qu'une partie de celles-ci. Il est probable que les arènes, grès, psammites et toutes les substances qui sont hydrauliques à l'état cru, contiennent aussi, à l'instar du calcaire pouzzolanique de Sénouches, de

l'acide silicique isolé ; et comme plusieurs de ces corps sont éminemment argileux, il n'est pas impossible qu'il existe des argiles crues qui renferment aussi de l'acide silicique libre. Quant à l'alumine, nous serions disposé à croire que si elle se trouve à nu dans quelque argile, c'est tout au plus dans les terres en culture.

Disons en passant, que l'odeur particulière des argiles, qu'on croit généralement due à l'alumine, et que quelques personnes attribuent au peroxide de fer, n'appartient isolément ni à l'une ni à l'autre, mais aux hydrosilicates. L'alumine libre ne nous a offert d'odeur à aucun état ; le peroxide de fer et l'acide silicique nous en ont parfois présenté une légère, mais sans rapport avec l'argileuse, du moins la première. Les hydrosilicates eux-mêmes n'en ont parfois aucune ; ainsi une argile humide ou peu sèche est inodore, de quelque manière qu'on la traite ; mais, passablement séchée à l'air, puis humectée ou mouillée, elle en développe une prononcée, qu'elle conserve même quelque temps. (*Voir l'Appendice.*)

19. Les chaux hydrauliques artificielles diffèrent généralement peu des naturelles, quand on les emploie les unes et les autres à l'état d'hydrate. Cependant il n'est pas douteux que la durée du contact ou peut-être les circonstances de leur formation, circonstances qu'on ignore, n'aient établi entre elles quelque différence. Cet effet du temps toutefois n'est bien sensible qu'entre les ciments romains naturels et les artificiels.

Quand on emploie les chaux hydrauliques comme ciments, il peut y avoir entre les unes et les autres (nous parlons toujours de celles dont les éléments sont pareils) une distinction importante à faire, en raison de ce qu'on met alors en jeu la densité. Or, bien que la cuisson augmente sensiblement celle des argiles, il n'est pas moins constant que la plupart des pierres calcaires, et surtout quelques-unes, sont plus compactes qu'elles.

20. La distinction la plus importante à faire entre les ciments supérieurs pris dans chaque espèce, consiste en ce que dans ceux qui sont naturels l'immersion peut sans inconvénient être exécutée aussitôt après le gâchage, et surtout en ce que la combinaison commence presque immédiatement et parcourt rapidement ses périodes, tandis que dans les artificiels il y a comme une espèce d'hésitation. Pour que ces derniers atteignent toutes les qualités dont ils sont susceptibles, il faut ne les couvrir d'eau qu'au bout de dix à douze heures, quelquefois même un jour; ils ne leur sont d'ailleurs comparables pour la dureté qu'au bout d'un temps double au triple. Ces défauts sont compensés par un avantage, car on peut les broyer, les remanier après leur prise, et les employer dans cet état, non plus comme ciments, mais comme mortiers hydrauliques. Il en résulte qu'une gâchée manquée, ou tardivement préparée, n'est jamais perdue.

21. Nous avons indiqué une autre différence essentielle entre l'état naturel et l'état artificiel : c'est la tendance prononcée qu'a dans le premier cas le

peroxide de fer, à abandonner la chaux pour colorer le mortier comme il colorait le calcaire, tendance qui est presque nulle dans les mélanges à argiles colorées.

22. La neutralisation d'une partie de la chaux par l'alumine et le peroxide de fer est, comme nous l'avons vu, un défaut, parce qu'elle introduit dans le mortier une plus forte dose de matière nuisible ou au moins inutile, et qu'il vaut mieux laisser isolées ces deux substances, et utiliser par l'acide silicique un corps aussi cher que la chaux.

23. Nous avons vu que c'est à cette substance qu'est due, non seulement la promptitude de prise, mais encore la plasticité complète, et que, pour qu'elle les possède, elle doit être d'autant plus vive qu'elle est en plus faible proportion dans le composé. Si elle y abonde, elle peut être légèrement hydratée et carbonatée sans les perdre, c'est même parfois chose nécessaire. Mais, dans le cas contraire, il suffit souvent que la poudre séjourne à l'air un ou deux jours, pour que la plasticité diminue et qu'il se forme des fendillements. La promptitude se perd malheureusement moins vite; nous disons *malheureusement*, parce qu'en général, elle est plus nuisible qu'utile, et qu'il suffirait le plus souvent qu'elle eût lieu au bout d'une demi-heure ou d'une heure.

24. La principale différence qui existe entre les mortiers de ciment et les mortiers ordinaires, consiste donc en ce que dans les premiers la chaux est employée vive et avant son expansion, tandis

que dans les seconds elle l'est après. Aussi avons-nous vu que, même avec des chaux pures, on peut obtenir des ciments, lesquels sont à volonté atmosphériques ou hydrauliques, suivant que les matières qu'on leur ajoute, sont inertes ou actives.

Nous avons dit d'ailleurs que ces dernières doivent être elles-mêmes exemptes de la faculté de retrait, et que par conséquent les pouzzolanes doivent être complétement déshydratées, et les matières inertes ne contenir ni hydrates ni hydrosilicates ; que lorsqu'il en est autrement, les ciments fendent toujours plus ou moins.

25. Le retrait, les fendillements reconnaissent donc deux causes : l'une vient de ce que la chaux a absorbé trop d'eau, et s'est rapprochée de la chaux éteinte; l'autre, de ce que les corps étrangers contiennent des hydrates ou des hydrosilicates. Lorsque dans la cuisson la désunion de ces derniers n'a pas été assez complète, assez avancée, il arrive souvent que la chaleur ou la sécheresse donne lieu à leur réformation, et qu'il se crée des fentes; ce défaut est moins à craindre à l'humidité. Il est d'autant plus prononcé, que la température est plus élevée, l'acide carbonique plus abondant, et l'emploi du ciment moins ancien. Lorsque la combinaison date de long-temps, comme d'un ou deux ans, cet effet est moins à redouter ; cependant il n'est pas impossible. Il est vrai que le plus souvent un petit nombre de fentes a peu d'inconvénients ; il existe d'ailleurs des moyens de les éviter, et nous les avons indiqués.

26. Lorsque l'argile qu'on mêle au calcaire a été primitivement cuite, le péroxide de fer se conduit comme dans les carbonates naturellement colorés ; il y est même peu susceptible de s'unir avec la chaux ; il est devenu à peu près inerte. Aussi colore-t-il la matière de suite, et sans avoir besoin que l'acide carbonique s'empare d'une partie de la chaux ; ce qui souvent est nécessaire pour les ciments à calcaire colorés. Ces distinctions ne sont parfois saillantes que quand on établit la comparaison entre les mortiers à l'air et ceux qui sont abrités ; presque toujours cependant elles le sont sans ce rapprochement.

27. Les argiles où tout le péroxide de fer est à l'état d'hydrosilicate, donnent encore moins lieu à la coloration ; à peine si celles de ce genre, que nous avons employées, et de bien des manières, ont jamais donné lieu à des traces imperceptibles de coloration. L'union de ce péroxide avec la chaux semble donc plus intime, quand il passe immédiatement d'une combinaison à une autre ; l'acide carbonique est alors sans force pour l'isoler. Les calcaires colorés et les argiles cuites offrent donc un nouvel exemple de la propriété qu'ont certains corps, de se prêter moins facilement à de nouvelles alliances, quand ils sont restés long-temps à l'état libre, ou que leur dernière combinaison a été plus complétement et plus fortement détruite.

28. Qu'il s'agisse de chaux hydrauliques naturelles ou artificielles, ou bien de chaux grasses et de pouzzolanes, toutes les fois que l'extinction

a eu lieu, ce sont toujours les mêmes combinaisons à produire, c'est toujours et avant tout de l'hydrosilicate de chaux. Considérées en masse, les diverses manières de procéder conduisent au même but et n'offrent pas de différence tranchée. Sans doute, et surtout suivant la manière dont on opère, elles offrent entre elles des dissemblances : quelles nuances n'en présentent pas ? mais elles sont généralement assez peu importantes, pour qu'il n'y ait pas utilité à en tenir compte. Chacune a ses avantages et ses inconvénients ; et aucune n'a une supériorité assez décidée pour qu'il convienne d'établir une ligne de démarcation.

S'il fallait énoncer une préférence, nous nous prononcerions en faveur des pouzzolanes, soit à cause de leur plus facile conservation, soit en raison de la facilité qu'elles offrent au constructeur de donner instantanément au mortier le degré d'énergie qu'il désire. La chaux hydraulique une fois formée ne se prête plus aux modifications ; quelle que soit d'ailleurs sa puissance, elle contient toujours de la chaux en excès, et a besoin elle-même de pouzzolanes pour être utilement neutralisée.

29. Les détails dans lesquels nous sommes entrés sur les avantages et les inconvénients de chaque procédé, sont suffisants pour montrer qu'il ne faut donner que peu de portée à notre préférence, et même que dans les localités où les argiles sont peu abondantes en hydrosilicates, il peut y avoir avantage à préférer la chaux hydraulique, en raison de ce qu'aucune partie d'acide silicique n'y fait,

comme dans les pouzzolanes, fonction de sable.

30. Il serait possible d'établir par une formule les relations qui existent entre les diverses données, et de mettre ainsi chaque constructeur à même de se décider suivant la localité; mais le nombre des éléments qu'elle contiendrait, et les expériences qu'exigerait chaque fois son application, ne permettent pas d'y songer. Le vrai praticien ne perdrait pas son temps à la consulter, et l'on a déja assez de formules inutiles, sans en accroître le nombre.

31. Nous conseillons fort, avec M. Treussard, de ne jamais faire de chaux de double cuisson. Des éléments que le sujet comporte, celui qui mérite isolément le plus de considération, est évidemment le combustible. Pivot aujourd'hui de toutes les industries, c'est souvent de son bon ou mauvais emploi que dépend leur succès : il ne peut donc être trop ménagé. Ces chaux exigent d'ailleurs un accroissement de main-d'œuvre non douteux.

32. La chaleur solaire et les grands vents peuvent être utilisés, sans grande dépense, pour enlever la majeure partie de l'eau nuisible; mais ils sont sans effet sur l'acide carbonique. Une substance argilocalcaire coûte donc d'autant moins à cuire qu'elle contient moins de carbonate de chaux; mais cet avantage, elle le paie par un défaut, celui de donner un plus faible volume de mortier, attendu que ce volume dépend essentiellement de la quantité de chaux.

33. Si l'on ne devait songer qu'à obtenir le meil-

leur produit, on ne s'occuperait jamais d'utiliser le foisonnement, et il faudrait ne fabriquer que des ciments; mais dans une foule d'applications où les mortiers hydrauliques sont utiles, il n'y a nulle nécessité de leur donner beaucoup de puissance. Or, comme celle-ci est en raison inverse du volume obtenu, il s'ensuit que le constructeur doit souvent donner la préférence aux mortiers faiblement hydrauliques.

34. Nous avons dit que dans notre opinion l'emploi des ciments romains présente en définitive la méthode la plus avantageuse et la plus économique, d'hydrauliser les chaux grasses ou d'activer les hydrauliques, et nous en avons donné les raisons; mais nous avons fait voir qu'on ne doit jamais être exclusif, et que toute conduite rationnelle a pour base, d'abord la connaissance de l'effet à produire, puis celle des qualités et des défauts de chaque substance, et enfin l'appréciation des ressources locales.

35. Les méthodes d'analyse employées aujourd'hui peuvent sans doute éclairer le fabricant de matières à mortier; mais elles ont contre elles le grave défaut de confondre la silice avec l'acide silicique : ce qui dans l'espèce est un inconvénient capital. Nos essais pour triompher de cet obstacle nous donnent lieu d'espérer le succès; mais ils ont été si long-temps infructueux, nous avons été si souvent désappointé, qu'avant d'en rendre compte, nous attendons que nos loisirs nous aient permis de les reprendre et de les compléter.

36. Les relations nécessaires qui existent entre le mode d'agrégation des corps et leur résistance, nous ont porté à conclure de l'obscurité qui règne sur le premier, ou plutôt des résultats obtenus par les divers expérimentateurs, que chaque substance se défend suivant la manière dont on l'attaque ; que par conséquent les indications fournies par une ou plusieurs méthodes ne doivent pas être étendues, *a priori*, à d'autres. Nous avons été conduit à en inférer que l'intervention des sables dans les agrégats est utile ou nuisible, suivant le mode d'essai employé ; que le constructeur ne peut adopter une règle unique, mais qu'il doit se rendre compte du genre d'efforts à supporter, et le comparer aux méthodes qui s'en rapprochent. Nous avons d'ailleurs étayé ces conclusions d'expériences qui démontrent l'inertie des sables dans les mortiers.

37. La résistance à l'écrasement étant celle qui est le plus nécessaire aux matériaux dans la majeure partie des constructions, nous avons été amenés à adopter comme principe général que le sable est nuisible ; mais, en comparant les plus fortes pressions que les mortiers soient dans le cas d'éprouver, à celles qu'ils seraient susceptibles de supporter, nous avons fait observer qu'il n'est aucune circonstance où leur addition à une gangue convenable ne présente un suffisant excès de force.

38. Dans la cuisson des calcaires hydrauliques, mais surtout des ciments romains, la chaux n'a pas toujours pour effet de rendre l'acide silicique soluble dans les acides ou dans les alcalis. Lors-

qu'elle est en fort excès, que la silice est extrêmement ténue, ou mieux qu'elle se trouve déja à l'état d'acide silicique ; lorsqu'en même temps la chaleur est soutenue, prolongée, et l'affluence de l'air considérable, la solubilité est souvent complète ou presque complète ; mais dans les circonstances contraires elle l'est rarement. Ainsi, dans les ciments romains, soit naturels, soit artificiels, il n'y a presque jamais qu'une faible quantité de cet acide rendu soluble : la dose de chaux n'y est pas assez abondante pour faire plus. La même chose se passe qu'avec la potasse et la soude : quand ces alcalis ne sont pas en proportion suffisante, leur attaque est incomplète.

Ordinairement il n'en résulte aucun inconvénient, et l'acide silicique, quoique incapable de se combiner avec des dissolutions acides ou alcalines concentrées, même à la température de l'eau bouillante, est susceptible de fournir avec la chaux un excellent mortier. (L'observation de ce fait, que, du reste, nous avons maintefois vérifiée, est due, comme nous l'avons dit, à M. Vicat.)

39. Il semble difficile d'assigner la différence qui existe entre la farine de silice et l'acide silicique insoluble ou soluble; mais il n'est pas douteux qu'elle ne suive tous les degrés, et qu'on ne puisse former de la farine à peine hydraulisée, comme de la farine qui le soit beaucoup. Dire que dans le cas d'hydraulicité la cohésion, ou même simplement la densité, est moindre, ce pourrait être l'énoncé d'un fait concordant avec elle, mais ce n'en serait pas l'expli-

cation. Au surplus, il n'en est pas ainsi, et l'acide silicique peut être plus cohérent, plus dense, et en grains plus gros que la silice, sans perdre en rien sa faculté hydraulisante.

40. Les chaux de toute espèce sont sans action par voie humide sur la silice proprement dite (c'est à MM. John et Vicat qu'on en doit la remarque); nous devons ajouter qu'il ne s'agit pas seulement ici de l'inaction telle que l'entendent les chimistes, mais bien encore de l'incapacité d'hydrauliser.

41. La combinaison par voie humide des éléments électro-négatifs des mortiers avec la chaux paraît n'exercer sur eux aucune action appréciable; au bout de quinze mois du moins, ils ne sont ni plus ni moins attaquables par les agents chimiques, qu'avant cette combinaison.

42. Beaucoup de chaux hydrauliques naturelles donnent des produits qui, au bout de peu d'années, surpassent en résistance les calcaires dont elles proviennent; mais beaucoup aussi en fournissent d'inférieurs. La supériorité du produit sur son calcaire se rencontre plus fréquemment dans les ciments romains; elle existe dans tous les ciments artificiels et dans la plupart des chaux hydrauliques, qui sont également le produit de l'art.

43. Un des effets de la calcination sur les calcaires argileux est fréquemment, comme nous l'avons vu, de donner lieu à un commencement de combinaison ou à une simple tendance, mais souvent aussi de ne produire ni l'un ni l'autre. Dans ce dernier cas, les choses se passent à peu près

comme lorsqu'on mêle des ciments atmosphériques et des pouzzolanes. Ordinairement elles se passent moins bien, parce que les circonstances qui y donnent lieu, sont aussi celles qui nuisent à la cuisson des argiles.

44. Les arènes hydrauliques et les grès pouzzolaniques ne donnent à l'air que de très mauvais mortiers, parce que l'absence de l'eau, ou du moins son peu d'abondance, donne aux hydrosilicates le pouvoir de se défendre davantage contre la chaux (on sait en effet qu'ils se resserrent, qu'ils s'unissent, d'autant plus intimement qu'ils sont moins humides). Les pouzzolanes cuites ont elles-mêmes quelque chose de ce défaut; cependant elles n'ont pas besoin, à beaucoup près, d'autant d'humidité, et les pluies suffisent ordinairement pour opérer en grande partie la décomposition. Lorsque dans les poudres qui sont pouzzolanes à l'état cru, une grande partie de l'acide silicique est isolée, comme dans le calcaire de Senouches, les mortiers exposés à l'air valent beaucoup mieux*; et il est facile d'en concevoir le motif: il n'y a pas, ou presque pas de décomposition à opérer.

45. Les arènes crues sont en général si grasses par elles-mêmes, qu'elles n'ont pas besoin de chaux pour former un corps liant; il en est de même du grès *Minard*. Mais on ne doit pas se laisser abuser

* Quelques essais récents nous portent à croire qu'à l'aide d'un léger artifice, ce sujet peut être rendu plus fécond qu'il ne paraît l'être.

par ce caractère ; ces substances contenant le plus souvent beaucoup d'acide silicique, ont, par le fait, plus besoin de chaux que quand elles sont cuites. Dans ce dernier état, une partie de l'acide fait fonction de sable, et si le liant qui doit empêcher tout contact immédiat des grains, ne l'exigeait souvent, on devrait diminuer la chaux, plutôt que de l'accroître comme on fait.

Du reste, la pouzzolanéité crue n'est rien moins que commune dans les arènes, comme dans les grès ; et nous en avons essayé bon nombre, sans rien obtenir de passable.

46. Le caractère gras et onctueux de ces substances atteste qu'elles n'ont jamais subi l'action du feu, ou que si elles l'ont éprouvée, c'était sous une pression telle, qu'elles n'ont rien perdu de leur eau combinée. Celles qui sont pouzzolanes, ne peuvent donc lui devoir cette propriété ; car la condition indispensable pour qu'une argile qui ne l'a pas, puisse l'acquérir, est qu'elle perde la plus grande partie de cette eau.

47. La calcination des ciments hydrauliques avariés ou solidifiés ne nous a donné, de même que celle du plâtre employé antérieurement, que des résultats au dessous du médiocre ; on peut dire mauvais.

48. Les différents modes d'extinction, tels que les a nettement dessinés M. Vicat, modes qui se subdiviseraient à l'infini, donnent nécessairement lieu à quelques modifications dans les résistances ; mais ils ne peuvent être le champ dans lequel un con-

structeur doit chercher à moissonner. Notre savant confrère nous en a assez appris sur leur compte pour qu'il n'y ait pas à se flatter de leur découvrir des applications utiles, de trouver en eux des ressources. Qu'on se serve du mode ordinaire ou du mode par immersion, suivant les habitudes locales, ou les facilités qu'on a; il importe assez peu, surtout dans l'intérieur des massifs : les nuances qu'ils peuvent créer, ne sont pas de celles qu'il faille saisir. Quant à la spontanéité, qui ne peut comprendre dans son domaine que les chaux grasses, elle semble, au premier abord, devoir moins occuper encore; néanmoins il ne faut pas perdre de vue que, quand on n'a besoin que de mortiers médiocres, c'est-à-dire peu abondants en acide silicique, c'est un bien que d'avoir de l'acide carbonique : dans ces cas donc, elle ne sera point à dédaigner, lorsqu'elle ne sera pas, en définitive, plus dispendieuse que l'accroissement d'acide silicique, dont l'acide carbonique tient lieu.

Bien que nous ne voyions aucune circonstance où il puisse convenir de faire de la chaux spontanée, nous n'en devions pas moins faire cette observation.

49. D'autres considérations, d'autres faits en assez grand nombre nous resteraient encore à résumer; mais ils nous demanderaient trop de temps, et il nous tarde d'en finir pour reprendre nos essais. Nous ne parlerons donc, ni de la cuisson des pouzzolanes et des circonstances qui décident de son degré, ni des relations des sables et des gangues,

ni des diverses méthodes d'essai, ni des conjectures relatives à l'absorption de l'oxigène, etc..... Nous nous bornerons à rappeler ce que l'application aux grands travaux nous semble offrir de plus utile, de moins indigne de l'attention du lecteur.

50. Les pressions auxquelles les édifices de tout genre sont exposés, sont très faibles, par comparaison avec les résistances dont les matériaux sont susceptibles. Ainsi, on n'en trouverait pas une qui égalât quinze kilogrammes par centimètre carré. Les voûtes de pont les plus hardies et les plus chargées, telles que celles des ponts de Neuilly et de la Concorde, n'éprouvent par à leur clé dix kilogrammes. Une construction qui aurait cent mètres de hauteur n'exercerait pas sur sa base une action de plus de vingt-cinq kilogrammes. Or, rien de plus commun que des pierres capables de supporter plus de cent kilogrammes; rien de plus facile que de fabriquer des mortiers qui présentent cette résistance. Sans doute on ne doit jamais approcher du maximum; mais en se tenant même en deçà de la limite adoptée par M. Gauthey, on a encore devant soi une ample latitude.

Ce rapprochement a servi à nous expliquer comment avec les mauvais mortiers dont on s'est servi si fréquemment, mortiers qui n'atteignent pas un kilogramme, on a pu élever des constructions massives et hardies qui ont été capables de braver l'action des siècles. Il nous a également éclairé sur nos ressources, et nous a appris qu'à l'aide des ciments romains nous pouvions construire les édifices les plus hardis avec de petits matériaux, avec de simples débris de carrière.

51. Des considérations et des expériences d'une autre nature nous ont conduit à reconnaître que la pénétration d'un corps dans un sol peu solide en améliore singulièrement la résistance, et qu'il suffit souvent d'une profondeur de cinquante centimètres et moins pour créer une force dont on eût été loin de se douter. Cette étude nous a conduit à présumer qu'il est peu de circonstances où l'on ne pût, avec avantage et grande économie, supprimer les pilotages; ils ne doivent, le plus souvent, leur puissance qu'à cette force, et ils ne l'utilisent qu'en partie. On ne voit donc pas pourquoi on ne leur préférerait pas une méthode plus économique et qui l'utiliserait en entier.

52. Une propriété bien connue, celle de la perte de poids qu'éprouve un corps plongé dans l'eau, nous a suggéré un troisième genre de ressource, qui, combiné avec les deux précédents, nous semble devoir être d'une grande fécondité. Leur union nous paraît appeler la suppression presque générale d'une méthode de construction où tout se passe dans l'obscurité et hors de la vue, hors de la puissance du constructeur, celle des bétonements immergés. Il résulterait du moyen que nous avons proposé une foule d'avantages, et entre autres, celui de n'avoir jamais à s'occuper des sources de fond, qui font souvent de si grands ravages dans les bétons.

La seule faculté de pouvoir faire voyager comme un bateau des piles de pont, des pièces de barrage, une écluse tout entière, un radier, etc., etc., permettant à un seul atelier convenablement situé sur les bords des grandes voies navigables, de fournir à des distances éloignées les parties de constructions destinées à l'immersion, ce serait, ce nous semble, un motif déja suffisant, de désirer vivement la réussite du procédé, et de chercher par tous les moyens possibles à l'assurer. Il n'est pas de praticien qui ne sache combien les choses les plus simples gagnent à être faites en fabrique; mais c'est surtout dans les localités sans industrie, qu'ils en sentent tout le prix. Que de ponts, que de digues seraient exécutés et s'exécuteraient journellement, si l'on pouvait se procurer toute faite la partie difficile et délicate! N'est-ce pas à cet avantage que les ponts suspendus doivent une grande partie de leur extension?

Si nous ne sommes dans l'erreur sur la portée de ce moyen, nous serions peu surpris qu'avant vingt ans on vît sur le bord de la mer, ou des fleuves profonds, transporter des maisons à moitié construites, pour les échouer dans leur emplacement définitif.

53. Les idées, même les plus simples, par cela seul qu'elles sont nouvelles, ne doivent être reçues qu'avec défiance *; deux raisons doivent en faire la loi : la première, c'est qu'il n'est rien qui

* Ce serait peut-être le cas de citer le proverbe italien : *Fidar-si è bènè, ma non fidar-si è meglio.* Nous aimerions mieux lui donner cette acception que celle usuelle.

n'exige un apprentissage, souvent même un fort long; la seconde, c'est que les inventions les plus séduisantes sont fréquemment celles qui échouent. Nous serions donc les premiers à prémunir nos lecteurs contre nous, s'ils en avaient besoin; mais, pour une personne disposée à courir, il en est deux heureusement qui sont décidées à ne faire que marcher, et même à stationer ou à reculer, quand le cas l'exige. *Che va piano, va sano; che va sano, va lontano.*

En expliquant nos vues, nous ne nous sommes point aveuglé sur les difficultés de quelques-unes; mais quand on s'adresse spécialement à de hautes capacités, telles que celles que renferme notre corps, on n'a rien à redouter, et l'on peut tout dire. Le bon est accueilli avec reconnaissance, et le mauvais élagué avec bienveillance; il y a d'ailleurs dans notre travail assez de positif, pour que ce qui est plus ou moins conjectural, soit reçu avec indulgence.

54. En écartant de notre résumé des détails qui n'eussent pas été sans intérêt pour l'objet essentiel et direct de ce mémoire, nous nous sommes tacitement interdit de revenir sur nos excursions en pays étranger. Nous nous en tiendrons donc à ce qui précède; et quant au sujet qui, conjointement avec les mortiers, fait l'objet de nos méditations, nous nous contenterons de dire que si la science des mortiers nous paraît au berceau, celle des routes nous semble à naître.

Puisse notre conviction à cet égard pénétrer d'émulation nos jeunes confrères! puisse la franchise de notre langage n'être mal interprétée par personne ! Dans les arts, comme dans les sciences, comme en tout, on n'avance que quand on croit pouvoir avancer; celui qui se pense au terme, est incapable de faire un pas. Un simple coup d'œil philosophique sur ce qui nous entoure, nous apprend que le monde est loin de son apogée, et que dans les matières les plus approfondies, celui qui sait le plus, n'est que celui qui ignore le moins. Faisons donc communauté d'efforts; au lieu de discourir sur un petit nombre de propriétés et de faits connus, observons, expérimentons : voilà le champ où, dans nos loisirs, nous pouvons tous nous précipiter avec fruit, et tous rapporter, comme l'abeille à la ruche, une récolte abondante et riche ! Que ce soit à qui travaillera le plus, à qui stygmatisera le mieux, par son exemple, la paresse, cette lèpre d'ignorance, cette honte des êtres pensants.

APPENDICE.

§ 361. — Bien que nous ayons fait dans ce qui précède quelques omissions, que nous allons réparer, ce ne sont point elles qui sont l'objet spécial de cet appendice, mais bien quelques faits examinés ou reconnus par nous postérieurement. Nous commencerons par les premières.

Adhérence des ciments sur eux-mêmes.—Beaucoup de personnes se persuadent que les ciments romains n'adhèrent pas sur eux-mêmes, c'est-à-dire que si l'on emploie du ciment nouveau sur des parties d'enduit ou de pavé plus ou moins anciennes, les deux matières ne font pas corps, ou ne le font qu'imparfaitement. Cette opinion est à la fois exacte et fausse; nous allons en expliquer les raisons. Les ciments solidifiés ont pour l'eau une avidité extraordinaire ; à chaque aspersion, ils paraissent se dessécher, et ce n'est souvent qu'au bout de la dixième, et plus, qu'ils sont saturés. Si donc, avant d'étendre du nouveau ciment sur l'ancien, on se borne à mouiller celui-ci sans l'imbiber complétement, il prend au nouveau une partie de l'eau qui lui était nécessaire, et empêche, ou du moins contrarie la combinaison. Toutes les fois que nous avons eu l'attention de bien mouiller et d'éviter la perte d'eau, la liaison s'est bien faite. Toutefois, d'autres obstacles s'opposent encore à son intimité. Ordinairement, c'est sur du ciment poli qu'on applique le mortier frais ; or, l'union étant spécialement le fait de l'adhérence, c'est-à-dire des aspérités, il est clair que le poli lui est défavorable. D'autres fois, les parties à réunir sont plus ou moins susceptibles de mouvement ou de vibration ; or, tout mouvement de partie dure, inflexible, contrarie fortement l'accroissement de l'adhérence.

Les pierres qu'on réunit avec les ciments, donnent lieu à des observations pareilles. Toutefois, il nous a paru que l'effet en est généralement moins saillant, et d'autant moins que leur avidité pour l'eau est moins prononcée. L'addition de pierres cassées aux mortiers de ciment, est donc encore utile sur ce point de vue, puisqu'elle facilite les réparations.

Au total, la reprise se fait bien, mais elle demande des précautions, et par dessus tout une humidité forte et prolongée. Des fragments solidifiés, vieux ou jeunes, et même très polis, ont été réunis par nous avec du ciment frais, et nous ont toujours donné de bons résultats, quand ils ont été maintenus long-temps à l'humidité.

Il ne faut jamais perdre de vue que les ciments romains et les mortiers hydrauliques sont aussi amis de la fraîcheur, que le plâtre l'est de la sécheresse; à moins donc, que leur solidification ne soit déja ancienne, et ne date de plusieurs années, nous conseillerions toujours de leur éviter toute cause de dessiccation et de chaleur. On devine aisément qu'une ou deux couches d'un corps gras ou huileux améliorent singulièrement ce défaut. Quand la solidification n'est pas avancée, l'huile est nuisible, parce qu'elle pénètre intérieurement, et s'oppose à ce que la combinaison devienne plus intime. Nous nous sommes mieux trouvé dans ce cas de l'emploi de l'axonge, du beurre, du lard, etc.; le frottement avec des fruits, tels que raisins et poires, nous a également réussi.

§ 362. — *Coloration des ciments.* — Un article important de l'application des ciments aux travaux particuliers, est leur coloration. Nous avons essayé de mélanger avant la cuisson, avec des calcaires blancs, des argiles jaunes, rouges, noires et bleues; mais toutes nous ont donné des ciments blancs ou se marbrant à peine de jaune. Les marnes colorées se sont comportées différemment, et ont donné une teinte jaune aux ciments; les pierres se sont conduites différemment encore, et il nous semble résulter de la comparaison des résultats, que le peroxide et le protoxide de fer qui colorent la plupart des calcaires et des argiles, sont engagés d'une manière différente dans ces corps. Nous supposerons, pour nous rendre plus clair, qu'on a, 1° un mélange à l'état argileux de certains hydrosilicates avec les deux oxides, et du carbonate de chaux; 2° un même mélange absolument pareil, mais à l'état marneux; 3° enfin le même mélange, mais à l'état de pierre. Des essais assez nombreux nous autorisent à penser, 1° que dans le premier il y a toujours combinaison du peroxide avec la chaux, que quand le protoxide s'y trouve, il passe à l'état de peroxide pour s'unir avec elle; enfin que le ciment qui en provient reste toujours blanc, quand il est à l'abri de l'acide carbonique, qu'il soit immergé ou non; mais qu'au grand air la chaux se carbonate peu à peu à la surface et isole parfois un peu d'hydrate de peroxide; 2° que dans le second la même combinaison n'a plus lieu, ou du moins n'est que partielle, et que le ciment, immergé ou non, reste coloré par de l'hydrate de peroxide; mais que dans ce cas, comme dans le précédent, si le protoxide existe, il passe encore au peroxide; 3° enfin que dans le troisième, les choses se passent comme dans le second, mais avec cette différence que si la pierre est colorée en noir par le protoxide, le ciment qui en provient est aussi coloré en noir, et que même au grand air il ne s'oxigène pas davantage; que la chaux en se carbonatant, marbre plus ou moins en blanc l'enduit, mais que la couleur noire ne fait que faiblir sans jamais passer ni au jaune ni au rouge.

Les trois cas que nous venons d'examiner, ont donné lieu à la remarque suivante, qui leur est commune, savoir : qu'au commencement de la calcination, et avant même qu'il y ait aucune partie d'acide carbonique chassée, c'est le peroxide qui passe à l'état de protoxide. Nous avons ainsi obtenu dans tous trois des fragments noirs, quelle que fût d'ailleurs la couleur avant la mise au feu. Il paraît qu'au commencement de la cuisson, le combustible est assez en excès, par rapport à l'air affluent, pour s'emparer de la portion d'oxigène qui constitue le peroxide. Cet effet ayant lieu à une chaleur médiocre et peu prolongée, qui augmente plutôt la dureté de la pierre qu'elle ne lui nuit, il ne serait peut-être pas impossible d'en tirer parti, pour noircir en entier ou en partie des pierres blanches, jaunes ou rouges (lorsqu'elles contiennent du peroxide de fer).

La couleur noire, obtenue ainsi, ne change pas à l'air. Du moins, au bout de trois ans, des fragments exposés aux intempéries étaient dans le même état que le premier jour.

Quelques autres résultats curieux se sont offerts à nous, mais ils s'éloignent davantage de notre sujet, et ce n'est pas le lieu d'en parler.

§ 363. — *Des Stucs.* — Les meilleurs stucs ne sauraient être comparés aux ciments romains. Ceux qu'on forme avec de la chaux grasse éteinte et la poudre de marbre, acquièrent sans doute à la longue une cohésion assez forte, en raison de ce que la chaux finit par s'y carbonater plus ou moins complétement jusqu'à un centimètre de profondeur et plus; mais tant que cette régénération, au moins partielle, du carbonate calcaire n'a pas eu lieu (et elle exige toujours un certain nombre d'années), ils ne sont susceptibles que d'une faible résistance. La surface acquiert promptement (souvent en moins d'un mois), sur près d'un quart de millimètre d'épaisseur, une dureté remarquable; mais cet effet, qui n'est dû qu'à l'absorption de l'acide carbonique, décroît rapidement, et l'intérieur est long-temps aussi faible que le premier jour. Sans doute, à l'aide du temps, l'absorption se continue et se propage; mais que d'années avant qu'elle s'étende profondément. Cette espèce de stuc, ainsi que nous l'avons dit tant de fois au sujet des mortiers atmosphériques, doit tout à l'acide carbonique, et n'est rien sans lui. La massivation a spécialement pour objet d'éviter le retrait, et de le faire cesser quand il a eu lieu; mais elle a en même temps pour effet de comprimer la matière et de lui donner plus de densité. Il en résulte que l'acide pénètre avec plus de lenteur, mais aussi que le calcaire formé a sensiblement plus de cohésion; ce qui est un avantage évidemment préférable, attendu que quand la surface est devenue capable de résister aux frottements habituels ou aux légers chocs, elle remplit déja assez bien sa destination pour permettre d'attendre l'amélioration avec patience.

Il résulte de ces considérations que les stucs d cette espèce étant susceptibles de souffrir de l'hu midité et des gelées pendant les premières années il serait peu convenable de les employer ailleur que dans les pays secs et chauds.

Nous avons dit que la chaux peut s'éteindr complétement et en bouillie impalpable, quoiqu contenant encore d'assez fortes doses d'acide car bonique. Lors donc qu'on veut faire des stucs e qu'on n'a pas de chaux ancienne à sa disposition on peut y suppléer et peut-être avec avantage pa de la chaux imparfaitement cuite. La chaux spon tanée, tamisée suffisamment fin, pourrait égale ment être employée avec succès.

Nous nous arrêtons peu à ce genre d'ouvrage parce que nous ne connaissons pas de circonstanc où il ne soit préférable de recourir, soit aux ci ments atmosphériques, soit surtout aux hydrau liques. Cependant nous en parlons, afin de laisser dans notre travail le moins de lacunes possible.

Il existe une autre espèce de stuc plus avantageuse, mais aussi plus chère! elle se fait avec du plâtre que l'on gâche, non pas avec de l'eau, mais avec des dissolutions gélatineuses (on se sert ordinairement de colle-forte). Il est des ouvriers qui ajoutent au mélange de la chaux en poudre; il en est qui n'en mettent pas. Les uns comme les autres peuvent avoir raison : le tout dépend de la manière d'opérer. Ce genre d'ouvrage offre un avantage précieux, celui de créer en peu de jours une grande dureté; mais il a malheureusement contre lui le défaut de ne pouvoir s'arranger de l'humidité ; il est d'ailleurs fort dispendieux.

Au lieu de gélatine, on pourrait sans doute se servir de dissolutions sucrées : elles nous ont donné, comme on l'a vu, des corps très durs avec les ciments.

Quand on n'a pas à craindre l'humidité, qu'on est pressé de jouir, qu'on veut des mélanges de couleurs, on a dans ces stucs une ressource bien importante ; mais, en raison de leurs défauts, nous ne saurions les considérer que comme un mode exceptionnel.

§ 364. — *Des Boues de route.* — Il est d'un esprit éclairé de chercher à utiliser les matières peu dispendieuses, celles surtout qui sont sans emploi. M. l'inspecteur Fèvre a signalé à l'attention des ingénieurs une pratique qui nous inspire cette réflexion, et qui a pour objet l'étanchement des canaux et des réservoirs au moyen du sable fin. Ce genre de travail, ordinairement fort dispendieux, peut donc recevoir un puissant secours d'un auxiliaire en apparence sans force. Quelques réflexions à ce sujet peuvent ne pas être dénuées d'intérêt.

Les fissures qui laissent échapper l'eau, peuvent être de plusieurs grandeurs, les unes fines, les autres larges, et avoir entre ces deux extrêmes toutes les dimensions. A l'aide des eaux bourbeuses, on parvient sans beaucoup de peine à boucher les premières ; mais il n'en est pas de même des autres. Celles-ci laissent passer les particules ténues, et n'en reçoivent que peu ou point d'amélioration.

Que leur faut-il donc ? des grains fins, au lieu de particules, et pour les plus larges, du gros sable, puis du fin, puis ensuite des eaux troubles. Mais les passages de l'eau ne sont pas tous dans les parties basses, et il peut s'en trouver à diverses hauteurs. Or le poids, même du sable fin, l'entraîne promptement au fond, et, malgré l'agitation et le batillage qu'on peut donner à l'eau, malgré l'adresse et l'intelligence de l'emploi, il semble difficile qu'un assez grand nombre d'ouvertures n'échappent souvent au remède.

Les sables qu'on est presque partout dans le cas d'employer, sont, comme nous l'avons dit, ceux qu'on nomme crystallins, et leur densité est sensiblement supérieure à celle des autres corps en grains qu'on peut souvent rencontrer. Ne pourrait-on leur préférer souvent des boues de route, ordinairement plus légères ? Des expériences assez nombreuses nous ont appris qu'elles contiennent rarement moins du tiers de leur volume de grains de diverses grosseurs, formant un véritable sable. Elles réuniraient donc en elles le remède à la plupart des fissures, et leur moindre pesanteur spécifique ajouterait à son effet. Leur suspension dans l'eau, pourrait d'ailleurs parfois être prolongée par leur mélange avec des substances visqueuses peu chères, telles que les excréments des bêtes bovines, la fiente des chevaux ; des matières encore plus légères, telles que des craies, des marnes, etc., seraient sans doute susceptibles, suivant les localités, d'offrir de nouvelles ressources.

§ 365. — *De la mise à profit du développement de la chaux pendant son extinction.* — Il y a une vingtaine de mois, qu'un des premiers ingénieurs du corps, avec qui nous nous entretenions de mortiers, nous demanda si nous connaissions le moyen de faire avec la chaux grasse seule et l'eau un corps qui acquît en peu de jours la dureté de la pierre. Nous lui répondîmes que non seulement, nous n'en connaissions pas, mais que nous doutions que la chose fût possible. Il nous assura que nous étions dans l'erreur, et nous indiqua le procédé suivant : *On prend de la chaux bien vive, on la renferme dans une boîte très solide, puis on lui donne rapidement une certaine quantité d'eau qui achève de remplir les vides ; enfin on bouche promptement et hermétiquement l'ouverture, de façon que pas un atome d'eau ne puisse s'échapper. La chaux, ne pouvant plus foisonner, fait son travail sur elle-même, et donne lieu à un corps fort dur.*

Après avoir réfléchi à cet énoncé, nous lui dîmes que nous ferions l'essai ; mais que nous ne doutions pas que ce ne fût sans succès. Voici la démonstration que nous lui donnâmes : Un morceau de chaux vive, quel qu'il soit, est un corps crayeux et peu dur ; or, admettons que dans le vase où on le place, on ait le temps d'ajouter la quantité d'eau nécessaire, de la laisser pénétrer dans tous les pores, puis de clôre hermétiquement toute espèce d'ouverture, de façon à ce qu'il ne reste aucun vide : avant que l'extinction commence, si encore elle était possible, dans une circonstance de cette nature qu'on ne peut complétement réaliser, jetons un coup d'œil sur l'état des choses. Nous avons en présence deux corps : l'un, solide et sans densité, sans dureté (la chaux); l'autre, liquide et moins dense encore (l'eau). Ils sont susceptibles, dans les circonstances ordinaires, de s'unir chimiquement, mais de ne donner jamais qu'un corps mou ou friable. Comment est-il possible que de la position où nous les avons mis résulte la dureté? n'est-il pas évident qu'un tout moins dense et moins cohérent que la chaux vive doit s'en suivre?

Ce raisonnement n'ayant pas semblé suffisant à notre confrère, nous nous mîmes en devoir d'expérimenter (nous nous servîmes d'un canon de pistolet convenablement préparé); mais nous n'obtînmes rien qui *vaille*. Depuis lors nous sommes revenus à la charge, et nous avons diversifié nos essais; mais il nous a été constamment impossible d'entrevoir l'apparence même d'un succès.

Nous n'avions pas projet de parler de cette petite anecdote, mais il paraît que plusieurs de nos confrères croient à l'efficacité du procédé. Nous devons donc énoncer franchement ce que nous en pensons, et nous craignons peu que d'autres expériences viennent nous démentir. S'il est des sujets où le doute puisse abonder, il en est qu'il approche à peine.

§ 366. — *Cuves ou foudres en maçonneries pour les liquides.* — Une des applications à coup sûr les plus importantes que les ciments romains puissent offrir à l'industrie particulière, est la confection de vases à contenir les liquides, et surtout le vin, l'eau-de-vie, la bierre et les huiles.

Nous avons souvent entendu parler de cuves en maçonnerie; mais nous ignorons s'il en a jamais été exécuté qui aient réussi. S'il est permis de juger *à priori*, nous dirons qu'avec les moyens connus le succès était impossible, et nous commencerons par étayer notre opinion.

On croyait, il y a peu d'années, qu'avec certains mortiers non hydrauliques, improprement nommés *bétons* dans nombre de localités, on pouvait obtenir une maçonnerie imperméable. Mais ces bétons n'étaient qu'un mélange de chaux grasse et de matières inertes, préparé et employé d'une manière différente de celle qui est usitée pour les mortiers ordinaires *; ce n'était pas même un ciment atmosphérique. Nous disons *pas même*, parce que, pour des vases à contenir des liquides, le meilleur ciment de cette espèce ne pourrait donner un ouvrage passable qu'au bout de bien des années. Les liquides très coulants pénètrent toujours, même certaines pierres de plus d'un centimètre de profondeur; avant donc que l'acide carbonique eût pu mettre le mortier en état de défense, combien de temps ne faudrait-il pas?

* Une foule de travaux exécutés avec ces mauvais agrégats ne s'étant point écroulés, on en avait conclu qu'ils étaient de bonne qualité. Nous avons fait voir l'erreur de cette opinion.

Les mortiers hydrauliques eux-mêmes n'auraient pu réussir, en raison des fendillements qu'avec eux on ne peut complétement éviter dans des murs peu épais sans beaucoup de difficultés, et en prenant long-temps des précautions assujétissantes, dont la nécessité était inconnue.

Nous ne pouvons donc croire qu'aucun vase en maçonnerie, ainsi exécuté, ait pu avoir de succès, même éphémère.

Arrivons aux ciments romains. Sans doute ils ont été essayés depuis long-temps en Angleterre, en raison de ce que le ciment Parker y est connu depuis plus de trente ans; peut-être même l'ont-ils été sur notre littoral; mais aucune expérience à ce sujet n'est venue jusqu'à nous.

Nous construisîmes, il y a quatre ans, à l'entrée de l'hiver, une petite cuve en brique et ciment romain de qualité médiocre (à cette époque nous n'avions encore que peu d'acquis, et nos ouvriers étaient complétement empruntés). Nous avons été plusieurs fois tenté de la mettre à l'essai, mais la prudence nous a retenu, et nous nous sommes décidé à ne le faire qu'après avoir expérimenté en petit.

S'il ne s'agissait que d'obtenir un vase imperméable, le problême serait résolu, et d'une façon aussi satisfaisante, qu'autrefois elle l'était peu. Mais une difficulté d'un autre ordre se présente, du moins pour les liqueurs fermentées, en raison de ce qu'elles contiennent des acides libres ou unis à des bases, et que les uns comme les autres sont susceptibles d'enlever aux acides carbonique et silicique une partie de la chaux des ciments *.

La nature des substances contenues dans le vin nous semble rendre la question difficile à résoudre ; mais son utilité mérite qu'on s'en occupe.

L'emploi de vernis peu cassants et non écailleux pourrait conduire au but; mais ils ont l'inconvénient d'être attaquables. Les corps gras ou huileux ne l'ont pas, mais ils sont exposés à la rancidité; toutefois nous sommes porté à croire que c'est à eux qu'il faut s'adresser.

Avant de tenter des essais nous avons voulu donner suite à une autre idée. L'imperméabilité du caoutchouc, son élasticité, sa souplesse, et surtout sa propriété de résister aux acides étendus et aux alcalis concentrés, nous ont fait penser qu'appliqué, même en couche légère à la surface, il pourrait la défendre avec efficacité **.

* Pour remédier à ce défaut, on a proposé l'emploi de l'acide sulfurique étendu, mais nous doutons de son efficacité : si on lui fait prendre toute la chaux, le ciment sera décomposé, et le vase détérioré; si l'on n'en fait enlever qu'une partie, le premier défaut subsistera, et s'en sera adjoint un second.

** La cherté actuelle de cette substance est due sans doute au peu d'applications dont elle a été susceptible jusqu'à ce jour; mais il est probable qu'elle diminuera bientôt: en Angleterre déja elle a baissé sensiblement. l'Amérique commence à expédier le caoutchouc à l'état liquide; ce qui ne peut manquer d'accroître rapidement son importance et par suite son importation. Quelques essais nous portent

Nous avons donc cru devoir envisager d'abord comme une question préliminaire celle d'amener cette substance à un état qui permît de la fixer commodément sur les corps. Son véritable dissolvant, l'éther, a non seulement le défaut d'être trop cher, mais encore celui de ne pouvoir être complétement débarrassé d'alcohol qu'avec peine; ce qui est pourtant la condition de rigueur de sa dissolution; il le gonfle d'ailleurs beaucoup trop, et ne permettrait la formation d'une couche suffisante, que si on y revenait à nombre de reprises. Il a encore un défaut, celui de ne pas lui laisser assez de viscosité; ce qui rend son adhérence moins parfaite.

L'huile de pétrole le dissout aussi, mais imparfaitement; elle est d'ailleurs trop chère. Il semble donc que les huiles empyreumatiques qu'on obtient par la distillation du charbon de terre, du goudron, ou du bois, sont ceux de ses dissolvants auxquels il conviendrait le mieux de recourir. Toutefois, comme nous n'avons pu nous procurer de ces huiles, et que nous avions à craindre que la minceur de leur couche, en forçant de les réitérer, n'augmentât de beaucoup la dépense; nous avons cru devoir nous livrer à quelques recherches.

Plusieurs méthodes nous ont réussi, mais ce n'est pas le lieu d'en rendre compte; nous nous bornerons à indiquer celle que nous croyons la plus économique. On coupe la gomme élastique avec

d'ailleurs à croire qu'il n'est pas impossible de le composer artificiellement.

des ciseaux, de manière à la réduire en fragments émincés, gros à peu près comme des grains d'avoine; on la met, divisée ainsi, avec trois ou quatre fois son volume d'axonge (graisse de porc) dans un vase ordinaire (nous nous servons d'un verre à boire, commun); puis, à l'aide de la chaleur, on maintient le tout liquide pendant quelques heures, en remuant de temps à autre (nous appliquons le calorique au moyen du bain de sable, peut-être l'eau chaude suffirait); on sort ensuite la gomme, on l'essuie, et on la broie dans un mortier, ou tout autre vase. On obtient de cette manière une pâte qu'on peut étendre et faire pénétrer à l'aide du frottement partout où on le désire.

Nous n'avons encore eu le temps de nous livrer à aucune application; mais, à notre premier moment de loisir, nous ne manquerons pas de le faire. Il serait à désirer que d'autres personnes s'en occupassent, et elles le peuvent sans beaucoup de frais: il leur suffirait de former de petits vases en ciment, comme elles en feraient en plâtre, puis de les mettre dans l'eau pendant deux ou trois mois; de les sortir alors, de les laisser sécher quelques heures, puis de les frotter avec la substance choisie. Des vases, de la grandeur seulement d'un verre, ou guère plus, seraient suffisants; on les remplirait de vin, ou de suite ou au bout de peu de temps, puis on les boucherait hermétiquement. Il y a mille manières d'opérer et chacun les trouverait sans peine.

Il ne serait pas impossible qu'à l'aide du caoutchouc le plâtre même pût être rendu propre à contenir des liquides; mais, comme les emplacements où se tiennent en général les vaisseaux qui leurs sont destinés, sont les uns fréquemment, les autres constamment humides, il serait généralement convenable de lui préférer les ciments, qui donnent d'ailleurs des corps beaucoup plus durs.

§ 367. — *De l'odeur des argiles, et de quelques Considérations qui en découlent.* — Nous avons eu déja occasion de dire deux mots sur ce sujet, mais nous avons cru devoir lui consacrer quelques instants de plus. Nous avons examiné des argiles humides, et elles ne nous ont offert aucune odeur. Nous les avons fait sécher doucement au soleil, puis mises en poudre; et, au bout de quelques heures, leur degré de siccité nous paraissant suffisant, nous en avons pris de petites parties, et les avons gâchées avec un peu d'eau distillée. Le seul contact de celle-ci a développé l'odeur *. Des argiles fort distinctes nous ont présenté quelques différences de nuances, mais en général assez difficiles à reconnaître avec un organe aussi peu sensible que l'odorat **. Au lieu d'opérer la dessiccation par la

* On se rappelle sans doute que l'odeur des argiles a été attribuée, par les uns à l'alumine, par d'autres au peroxide de fer, par quelques-uns à l'ammoniaque. Or, l'eau distillée la développant quand elle n'existe pas, on serait tout aussi en droit de l'attribuer à cette substance.

** Il ne serait pas sans intérêt que quelqu'un se donnât la peine d'étudier avec persévérance les odeurs, et d'inventer des instruments pour leur mesure.

chaleur solaire, nous l'avons ensuite exécutée à l'aide d'un poêle; l'action de l'eau a également décidé l'odeur, mais en créant, dans la sensation perçue, une nuance frappante. Il était impossible de la méconnaître : elle avait quelque chose de la vinasse. (Ces expériences nous ont donné occasion d'observer une différence assez marquée entre les hydrosilicates terreux et les hydrates d'alumine, de péroxide de fer et d'acide silicique; elle consiste en ce qu'une légère chaleur enlève aux trois derniers la propriété de former pâte avec l'eau, tandis qu'une assez forte l'active chez les premiers.)

Les argiles séchées artificiellement, puis laissées à l'air dans un endroit sec, ont fini par reprendre la faculté de donner avec l'eau leur odeur ordinaire; mais ce n'a été qu'au bout de plusieurs jours, même dans l'été. A la fin de l'automne nous en avons trouvé qui, au bout de quinze jours, conservaient encore quelque chose de leur odeur artificielle.

§ 368. — Ces résultats nous rappelèrent une observation que nous avions faite il y a quatre à cinq ans, mais qui dormait chez nous. Voici en quoi elle consiste : pour reconnaître les calcaires hydrauliques avec promptitude, et tout en explorant leurs gîtes, nous avions cru pouvoir employer concuremment les acides et le briquet, les premiers pour le gaz carbonique, le second pour l'odeur siliceuse; mais nous n'avions pas tardé à nous apercevoir que ce dernier nous trompait habituellement et nous donnait souvent pour hydrauliques des calcaires purs. Bien que ce fait nous eût singulièrement frappé, nous n'étions pas en mesure de l'étudier, et nous avions ajourné son examen. Les expériences qui précèdent établissant un rapprochement et faisant naître chez nous quelques conjectures, voici ce que nous avons fait (Nous ne rapporterons que ce qui a essentiellement rapport à notre objet) :

Nous avons pris un marteau ordinaire de serrurier, et en nous servant du côté aigu, nous avons choqué plus ou moins vivement, mais en frottant en même temps, divers corps solides, tels que du fer, de la fonte, des grès de plusieurs espèces, des pierres calcaires plus ou moins pures, et des briques. Toutes les fois que nous avons assez bien réuni dans le même coup le choc et le frottement, nous avons obtenu l'odeur du silex ou une odeur analogue. Le fer et la fonte nous l'ont cependant offerte moins sensible, et même si, au lieu d'être rudes et raboteux, ils étaient doux et polis, nous ne pouvions l'apercevoir. Lorsqu'au lieu du côté aigu du marteau, nous employions la tête, il nous était plus difficile de réussir. La première idée qui devait s'offrir, était que ce qu'on appelle *odeur de pierre à fusil*, est dû, non au silex, mais au briquet, c'est-à-dire à l'acier ou au fer.

Comme nous avions en tête une cause plus générale, nous laissâmes notre marteau, et prîmes différentes pierres aiguës, que nous choquâmes en frottant contre de gros moellons, contre des pierres de taille; le même phénomène se présenta, et nous reconnûmes avec aussi peu de surprise que de satisfaction, que l'odeur était encore produite. Des fragments de pierre calcaire, des tubes de verre, des bouteilles, des flacons, frottés les uns contre les autres et sans choc, nous ont offert une odeur prononcée, et ce qui est assez remarquable toujours l'odeur de la pierre à fusil.

§ 369. — L'explication de ces résultats exige que nous entrions dans quelques détails sur l'arome, sur le bouquet, sur les odeurs en général. Les anciens chimistes les supposaient dues à un principe particulier que d'abord on regarda comme unique, et que plus tard on subdivisa en plusieurs espèces. Peu satisfait de cette hypothèse, Fourcroy émit l'opinion qu'elles sont le résultat de la dissolution dans l'air d'une portion des corps odorants eux-mêmes, et que leur intensité dépend du plus ou moins de volatilité de ces corps. Cette explication était aussi séduisante que simple; mais, examinée de près, elle était loin de satisfaire, et M. Robiquet a démontré, il y a peu d'années, qu'elle ne s'accordait pas avec une foule de faits.

Les observations qui précèdent, conduisent à la même conclusion; mais si elles devaient s'arrêter là, c'eût été à peine le cas d'en parler. Leur portée nous semble plus vaste, car elle donne lieu à une théorie non moins simple que celle de Fourcroy, et qui a l'avantage non seulement d'embrasser tous les faits connus, mais de fournir le moyen d'en découvrir d'autres. Nous allons l'exposer en peu de mots.

Pour rendre notre explication plus facile, commençons par examiner un phénomène d'une autre nature, celui du son. La voix d'une personne qui parle, produit en tout sens dans l'air des vibrations qui s'étendent rapidement et de proche en proche jusqu'aux individus peu éloignés, frappent leur oreille d'une manière semblable, et transmettent au cerveau de tous les mêmes paroles, les mêmes phrases. Non seulement le véhicule de la voix transporte nettement et distinctement ce qu'elle a dit; non seulement il ne prend jamais le non pour le oui, le oui pour le non, mais il transmet jusqu'aux plus faibles nuances d'intonation, de timbre, et n'éprouve de la part des obstacles intermédiaires que des modifications sans importance. Des croisées, des portes fermées, diminuent l'effet, mais ne l'altèrent pas.

Ce messager si docile est pourtant lui-même en butte à une agitation continuelle *, et plusieurs voix viendraient l'accroître, que des auditeurs isolément attentifs pourraient jusqu'à un certain point recueillir séparément ce que dit chacune

* On ne peut s'en faire une idée plus juste qu'en se tenant dans une chambre obscure, parfaitement close, et en observant un faisceau de lumière solaire. Des molécules solides s'y meuvent et s'y croisent en tout sens: tout y est en agitation, tout en désordre : on dirait une émeute. Il serait curieux, ce nous semble, d'observer le passage de ce faisceau au travers d'un vase diaphane, où l'on aurait fait plus ou moins parfaitemeut le vide (comme un ballon de verre, par exemple).

d'elles. On peut même concevoir que si l'organe de l'ouïe et le cerveau en étaient susceptibles, la perception simultanée d'un certain nombre de sons ne serait pas impossible, malgré le croisement des particules aériennes.

Ce que nous disons de la voix s'applique à toute espèce de son, et telle est la fidélité de l'air, qu'il ne confond ni la cloche avec le tambour, ni le chaudron avec la tymbale, ni les cris des animaux, ni une foule de bruits divers, etc. Comment cette variété immense? c'est ce que l'imagination a peine à concevoir. Mais quel phénomène examiné de près n'excite la même surprise, la même admiration pour le souverain Auteur des choses!

Passons au développement des odeurs et à leur perception.

Le marteau ou la pierre qui, en choquant obliquement du fer, de la fonte ou des pierres, développe dans ces corps et en lui-même, une odeur plus ou moins prononcée, que fait-il? il ébranle les aspérités de ces corps, et ceux-ci à leur tour l'air qui les avoisine. Cet ébranlement, de même qu'une foule d'autres vibrations, cesse d'être appréciable à l'ouïe immédiatement après le choc, mais il n'est pas éteint pour cela, et il se prolonge évidemment, au moins quelques instants. L'air le transmet dans sa sphère d'activité à tout ce qui s'y trouve, et par conséquent à l'organe de l'odorat comme à celui de l'ouïe. Cet air, qui, pour transmettre intégralement à l'oreille les plus faibles différences, même de timbre, les mots les plus ressemblants, sans les confondre, se modifie d'une manière si extraordinaire, ne pourrait-il faire quelque chose pour un autre organe ? y aurait-il rien de surprenant à ce que des vibrations d'une nature particulière et qui sont insensibles à l'ouïe, le fussent à l'odorat ? Dira-t-on que toutes les secousses de l'air devaient lui être sensibles ? mais combien en est-il qui ne le sont pas à l'ouïe et le sont à un troisième organe, la vue ? ne se pourrait-il d'ailleurs que toutes le fussent en effet, et que l'inertie spéciale de l'organe fût due à l'habitude ou à sa nature ?

Celui qui se trouve constamment au milieu d'une atmosphère odorante, comme dans certains ateliers, ne se doute pas le plus souvent qu'elle ait de l'odeur; s'il se rend dans un autre local dont les effluves soient peu différentes, il ne les reconnaît pas davantage. L'air lui-même qui nous semble inodore, l'est-il en réalité ? son contact permanent avec nos organes a sur tous une action, et tous sans doute la percevraient, s'ils n'y étaient habitués. S'il est des gaz que nous ne sentons point, bien que nous n'ayons pas l'usage de leur présence, ne se peut-il que ce soit parce que leur action est analogue à celle de l'air ? etc. Quand on a médité sur la variété d'action infinie qu'il faut à cet air pour transmettre à l'oreille une parole, une lettre plutôt qu'une autre, la voyelle *a* par exemple, et non la voyelle *i* ou *u*; en un mot pour rendre certaine espèce, certain mode de vibrations perceptible à un organe particulier, pourrait-on s'étonner que pour des mouvements d'une autre nature, pour des ébranlements, pour ainsi dire, moléculaires, qu'il ne transmet pas à l'ouïe, il eût quelque pouvoir sur un autre organe. Le sens de l'odorat qui existe aussi chez les poissons, apparemment parce qu'il leur est utile, est peu dans le cas d'être mis en action par des substances éthérées : ce n'est donc point par elles que ces animaux perçoivent l'odeur ; mais l'eau transmet on ne peut mieux les vibrations des corps : n'est-ce pas elle qui est pour eux leur véhicule ?

§ 370. — Objectera-t-on que des corps odorants peuvent être dans un repos absolu et ne donner lieu à aucune vibration ? mais nous demanderons s'il existe dans la nature un atome de matière qui ne soit dans un mouvement continuel. L'air de cette chambre, qui paraît immobile, ne se montre-t-il pas sans cesse en action, quand un faisceau solaire permet de l'observer ? Cette molécule liquide, qui semble l'image du repos, ne contient-elle pas des êtres vivants qui s'y meuvent, s'y entre-détruisent et l'agitent sans cesse ? est-il un bloc de marbre ou de granit, tel énorme soit-il, dont l'intérieur même ne soit en butte à quelque cause de mouvement moléculaire? et certes, il n'y a nulle nécessité d'admettre que les oscillations s'étendent profondément.

Le marteau ou la pierre qui développe l'odeur sur une pierre rugueuse, produit un effet bien moindre sur la même pierre polie. Frappant du côté de la tête, il donne des vibrations ou trop faibles ou d'une autre nature, qui n'affectent pas ou presque pas l'odorat. Et qu'on ne pense pas que les parcelles poudreuses qu'on peut, jusqu'à un certain point, supposer jaillir encore du corps au moment où on l'approche de la base du nerf olfactif, soient susceptibles de cet effet! la lime et la rape, qui en produisent davantage, sont presque inertes. Le manége où l'on broie et tamise la pierre, et dont, par conséquent, l'atmosphère en est imprégnée, ne donne lieu à aucune odeur.

Ces considérations sont indépendantes de l'action directe qu'exercent certains gaz, certains fluides odorants par eux-mêmes. Leur perception se fait de la même manière : par des vibrations, des ondes; seulement, ils sont eux-mêmes leur propre messager. Quand l'ammoniaque rend au musc, devenu inodore, son énergie première, n'est-ce pas en titillant ses molécules, en leur imprimant l'espèce de mouvement qui leur est naturelle, qui créait l'odeur * ? les acides dans leur action sur la moutarde n'agissent-ils pas de même ?

§371. — M. Robiquet en faisant voir l'insuffisance de l'hypothèse de Fourcroy, s'exprime ainsi : « Si, « comme le pensait Fourcroy, les plantes aroma-

* Quand l'eau distillée rend odorante une argile inerte, et cela même pour plusieurs jours, est-ce parce qu'elle envoie des particules matérielles? ou n'est-ce pas plutôt parce qu'elle modifie les mouvements moléculaires, atomiques, et que l'air transmet ce genre d'oscillations, comme il transmet les vibrations sonores?

« tiques devaient leur odeur à l'expansion de « l'huile essentielle qu'elles contiennent, com« ment se fait-il que certaines plantes très odo« rantes, telles que l'héliotrope, la tubéreuse, le « jasmin, etc., ne fournissent pas d'huile essen« tielle? et comment expliquer pourquoi certaines « essences n'ont, pour ainsi dire, aucune analogie « d'odeur avec les plantes ou portions de plante « qui les ont produites? Certes, et quoi qu'on en « ait dit, le néroli ne représente pas du tout l'odeur « de la fleur d'oranger, qui se retrouve au con« traire dans l'eau distillée de cette fleur.

« Tout ce que nous venons de dire démontre, ce « me semble, que si, d'un côté, on a eu raison de re« léguer l'arôme au nombre des êtres imaginaires, « d'un autre, on ne saurait être satisfait d'une « théorie qui laisse tant de lacunes. »

Celle que nous venons d'exposer, satisfera-t-elle davantage? nous osons l'espérer; car il nous semble que si les phénomènes de l'ouïe étaient inexpliqués, et qu'on s'attachât à développer en même temps pour eux et pour ceux de l'odorat la manière dont nous pensons que l'air agit, il devrait moins coûter d'admettre l'explication des odeurs que celle des sons, attendu qu'elle demande à leur messager commun une tâche moins difficile, moins compliquée. Une impression presque uniforme sur les papilles nazales n'est-elle pas plus facile à concevoir que cette variété inimaginable de mots dans toutes les langues, qui arrivent cependant sans diffusion, sans obscurité sur le tympan.

Le développement ou l'extension de certaines odeurs par le frottement *, les modifications que d'autres éprouvent dans des circonstances variées, la nature intime de quelques-unes, en deux mots, toutes les phases de leur naissance, de leur durée et de leur fin, nous paraissent découler naturellement et sans efforts, de l'assimilation de la théorie de l'odeur à celle du son.

Nous admettrions donc que le tact et le goût reçoivent immédiatement les vibrations des corps, et que l'ouïe et l'odorat les reçoivent médiatement et par l'entremise des gaz ou des vapeurs.

§ 372. — Ces rapprochements ont fait naître en nous un autre ordre d'idées, que le lecteur ne trouvera peut-être pas indigne de son attention. Nous allons l'exposer tel qu'il s'est offert à notre esprit.

D'après ce que nous venons de dire, ce qu'on nomme les cinq sens, nous mettrait en relation avec la nature au moyen des vibrations, des oscillations des corps, qui nous seraient transmises, ou immédiatement par eux-mêmes, ou médiatement par des gaz ou des fluides. Nous avons admis que les odeurs ont pour messager l'air atmosphérique **; mais il serait possible qu'à l'instar de la

* Un assez grand nombre de plantes sont dans ce cas, et des minéraux eux-mêmes y donnent lieu : on sait qu'il est des peuplades dont l'odorat est assez exercé pour apprécier la monnaie en la sentant.

** Il se pourrait qu'un certain nombre d'entre elles, ou même toutes, pussent, dans des circonstances données,

lumière, elles se propageassent par un fluide particulier. Si le soleil et les corps lumineux agissent sur l'organe de la vue au moyen de l'éther, serait-il impossible que les odeurs eussent un véhicule propre, ou même aussi l'éther * ?

Disposé comme nous le sommes, à simplifier la nature, nous voudrions la réduire à un petit nombre de substances, ou même à une seule, susceptible de se modifier et de donner toutes les autres, soit à l'aide du principe de vie, soit au moyen de forces spéciales. Mais en nous dépouillant de cette propension et en la considérant en elle-même, ne pouvons-nous la croire peu compliquée et cependant en possession d'un assez grand nombre de corps simples ? A l'enfant qui apprend à lire, combien ne semble pas compliqué un alphabet de vingt-cinq lettres ! à celui qui ne sait calculer, combien les dix chiffres ! Les vingt-cinq lettres et les dix chiffres en sont-ils moins distincts ? ce sont les corps

préférer tel ou tel autre gaz ou vapeur. On sait que lorsque le temps se met à la pluie, il est des odeurs, celle des lieux d'aisances, par exemple, qui sont beaucoup plus pénétrantes.

* Comme on ne va pas chercher d'auxiliaires sans nécessité, nous ne faisons cette observation que pour généraliser ; car tout annonce dans notre conjecture que c'est par des fluides pondérables et peu rares, que les odeurs arrivent à nous. Puisque des flacons bien bouchés suffisent pour en intercepter l'action, on ne peut présumer qu'elles nous soient transmises par une matière subtile, impondérable : une foule de raison en témoigneraient au besoin. Mais que sert de s'arrêter à un examen que rien n'appelle

simples de l'enfance. Quel homme instruit, quel génie pourra se flatter jamais de connaître l'alphabet de la nature ! ce qui pour elle peut être d'une grande simplicité, peut nous sembler incompréhensible.

§ 373. — Nous bornons à cinq les sens, ou plutôt les organes qui nous mettent en rapport avec la nature ; soit ! mais nous en concluons que les autres espèces, les animaux, n'en ont pas d'autres, que souvent même ils n'en ont qu'une partie ; est-ce être judicieux ? Existe-t-il une loi dans la nature qui leur interdise d'avoir d'autres organes, qui les contraigne d'avoir les nôtres ? L'expérience de chaque jour, l'observation, ne nous apprennent-elles pas le contraire ? Sous le nom générique et vague d'instinct, que nous employons, n'avouons-nous pas implicitement l'existence d'autres organes ? Ces animaux voyageurs à certaines époques, ces poissons, ces oiseaux pérégrinants surtout, comment regagnent-ils périodiquement les mêmes parages ? l'hirondelle, comment retrouve-t-elle le toit qui l'a vue naître ? cette espèce de pigeon pirouetteur, qui, transporté en cage à une grande distance de son domicile, le regagne en ligne directe et en peu de temps, comment est-elle guidée ? a-t-elle un sens spécial pour cet objet ? et si elle en a un, comment la met-il en relation, soit habituellement, soit accidentellement, avec la nature ? sont-ce également des fluides particuliers qui lui transmettent son langage * ?

* Le célèbre Wollaston, dans un mémoire des plus inté-

Celui qui possède un organe peu sensible, sans énergie, a peine à concevoir les effets dont son développement est susceptible. Ainsi, bien que nous ayons l'odorat, nous comprenons difficilement certains faits qui témoignent dans des espèces d'animaux d'une finesse de ce sens extraordinaire. Nous le concevons difficilement, et cependant nous

ressants sur le son, fait voir qu'un grand nombre de personnes, dont l'oreille est cependant parfaitement conformée, ne perçoivent pas certains sons aigus, tels que ceux du grillon et de la chauve-souris, que le plus grand nombre cependant peut distinguer. Il termine ainsi son travail : « L'intervalle dans lequel l'oreille humaine est sensible « aux sons, depuis les notes les plus graves de l'orgue « jusqu'aux derniers cris connus des insectes, comprend « plus de neuf octaves ; à la limite supérieure, les vibra- « tions ont six ou sept cents fois plus de rapidité qu'à la « limite opposée, et cependant ces vibrations et toutes « les intermédiaires produisent des sensations distinctes « pour la plupart des oreilles.

« Puisqu'il n'y a absolument rien dans la constitution de « l'atmosphère, qui s'oppose à l'existence de vibrations « incomparablement plus fréquentes que celles dont nous « avons connaissance, nous pouvons imaginer que certains « animaux, tels que les grillons, dont les facultés com- « mencent où les nôtres finissent, entendent des sons plus « aigus que ceux dont nous avons pu apprécier l'existence ; « il y a peut-être des insectes qui n'ont dans l'audition « rien de commun avec nous ; ils excitent dans l'air, et « leurs sens perçoivent des vibrations de même nature que « celles qui constituent les sons ordinaires, mais telle- « ment plus rapides qu'on pourait dire que ces animaux « ont un autre sens. Leur oreille et la nôtre sont excitées « par le même milieu ; mais il est possible que les vibra-

possédons l'organe. Mais celui qui est aveugle de naissance, comment se fera-t-il une idée des couleurs? quel langage pourra les lui faire comprendre? cependant l'éther existe pour lui comme pour tous, cependant les nerfs qui transmettent l'action au cerveau ne lui manquent pas. Que sera-ce s'il s'agit d'organes qui soient étrangers à notre espèce!

« tions lentes auxquelles nous sommes sensibles, ne pro-
« duisent sur eux absolument aucun effet. »

Si l'on donne aux observations qui précèdent, toute l'extension dont elles sont susceptibles, on sera porté à croire que les animaux microscopiques reçoivent la sensation du son par un fluide beaucoup plus subtil que l'air, et probablement par l'éther. Si, comme il est possible, il existe des animaux presque aussi petits même que les molécules aériennes, il est évident qu'ils ne peuvent avoir pour messagers que des fluides d'une grande subtilité, et autres que l'air.

M. Savart a démontré (*Annales de chimie et de physique*, cahiers d'août 1830 et de mai 1831) que les limites de perception des sons se trouvent beaucoup plus éloignées que ne le pensaient les physiciens et, entre autres, Wollaston. D'après lui, il se pourrait qu'un son qui ne dure qu'un vingt-quatre millième de seconde, fût perceptible; mais il ajoute que la persistance du mouvement après le choc peut être une cause d'erreur. Il est aisé de concevoir que ses résultats n'altèrent en rien nos propres considérations, et qu'il est probable que les animaux, ne fût-ce que ceux dont la petitesse échappe aux plus forts grossissements des instruments connus, ont des limites de perception différentes des nôtres. On pourrait dire qu'ils n'ont pas l'organe de l'ouïe; mais quels organes leur accorder qui ne donnent lieu à des remarques analogues? Pourquoi d'ailleurs préférer une hypothèse moins vraisemblable?

§ 374. — Avant d'aller plus loin, nous devons éviter qu'on ne se méprenne sur notre langage. Celui qui traite avec détail un sujet où il a acquis une spécialité profonde, ne peut lui-même éviter des erreurs, par la raison qu'il n'est donné à personne d'atteindre la perfection, même d'en approcher. De nouvelles méditations, un travail plus approfondi, le mettront à même, lui ou d'autres, d'en rectifier quelques-unes; mais de combien d'autres, le germe ou le développement ne reste pas encore dans l'ensemble ! Or, s'il en est ainsi des matières avec lesquelles il s'est identifié, que sera-ce de celles qui lui sont peu familières ? Est-ce à dire pourtant qu'il ne puisse y commettre que des erreurs ? certainement non. Un grand nombre sans doute lui échappent, mais son labeur n'en est pas moins susceptible de présenter des idées heureuses, parfois même les vues les plus utiles. L'ignorant et le superficiel s'impatientent de ses efforts ; le vrai savant y applaudit avec indulgence.

Ces réflexions n'ont pas besoin de commentaire, et nous nous les appliquons à nous-même ; nous nous les appliquons avec d'autant plus d'empressement, qu'un ascendant irrésistible nous poussant sans cesse aux recherches, l'indulgence nous est plus nécessaire qu'à d'autres.

Si l'air n'est pour les odeurs et pour les sons qu'un messager, pourquoi l'éther serait-il autre chose pour la lumière, pour le calorique? * Qu'on

* Nous ne parlons pas encore de l'électricité (bien que,

veuille bien admettre un instant que les corps entrent spécialement en relation avec nous par leurs vibrations, et l'on se trouvera en mesure d'expliquer un plus grand nombre de phénomènes, tout en recourant à un moindre nombre de considérations hypothétiques.

§ 375. — Dans le système qui prévaut maintenant sur la lumière, cet agent reconnaît pour première cause d'existence la vibration des corps lumineux, et pour seconde, la présence d'un fluide spécial. Ainsi point de lumière sans vibration et sans éther. Jusque là ce système nous semble aussi rationel qu'il soit possible; car comment concevoir que nous puissions avoir le sentiment, la perception d'un corps éloigné, sans un agent intermédiaire qui ait reçu de lui quelque action et qui soit susceptible de nous la transmettre? Est-il un coin dans la nature, s'y trouve-t-il un atome qui ne nous dise que le Créateur n'a voulu mettre la matière en relation avec la matière que par de la matière? Rien donc de plus judicieux que de croire que l'éther est une matière *. Mais on suppose que

suivant nous, elle ne consiste également qu'en vibrations); mais c'est parce qu'elle paraît se propager plus généralement à l'aide de matières moins subtiles; nul doute, dans notre hypothèse, que son mouvement ne se transmette aussi à l'éther, et que par conséquent celui-ci n'en soit porteur. Cependant, nous croyons à propos de n'en parler qu'un peu plus loin: ce sera le moyen de nous rendre plus clair.

* La marche retardée des comètes en est la preuve.

cet éther, qui, en repos, n'est pas la lumière, devient lumière quand il est mis en oscillation par les vibrations des corps lumineux ; or, c'est ici que nous croyons le système vicieux. Cette hypothèse, non seulement ne nous semble pas nécessaire, mais nous paraît rendre incompréhensibles des faits qui, sans elle, seraient tout simples. Expliquons-nous.

Les vibrations des corps sonores nous sont transmises par l'air, soit directement et sans détour, soit indirectement et par des chemins plus ou moins sinueux, comme aussi par réflexion. Tous les corps voisins sont frappés comme nous, et quelques-uns même nous rendent perceptibles les oscillations qu'ils en reçoivent. Ces vibrations agissent donc sur tout ce qui se trouve dans leur sphère d'activité, sur nous comme sur les autres corps ; et elles nous révèlent non seulement la présence de leur auteur, mais souvent encore celle d'autres substances. L'air ici n'est que véhicule, n'est que truchement, et jusqu'à ce jour il n'a pas été nécessaire, pour expliquer les phénomènes observés, de faire entrer en cause les substances qui le composent. La vapeur d'eau, l'acide carbonique, l'éther même, sont mis en mouvement comme l'oxigène et l'azote, et frappent aussi l'organe de l'ouïe. Il se pourra qu'un jour leur mode d'action soit dans le cas d'être invoqué ; aujourd'hui l'on peut s'en passer, du moins pour notre espèce.

§ 376. — L'éther ne serait-il pas exactement pour nous ce qu'est l'air, un simple messager qui nous apprend à connaître la nature sous un autre aspect? Il nous transmet les vibrations des corps lumineux, comme l'air celles des corps sonores ; et, comme l'air, il les porte partout où il peut pénétrer *. De même que celui-ci fait vibrer tous les corps autres que celui qui l'a mis en mouvement, et en force quelques-uns à se décéler à nous, de même l'éther agit sur eux et les dispose à des ondulations analogues à celles qu'il a reçues, et nous les rend plus ou moins perceptibles par elles. Il y a seulement entre eux cette différence, que l'ouïe étant moins délicate que la vue, et l'air moins subtil que l'éther, la plupart des corps qui reçoivent par l'air des vibrations sonores, ne nous avertissent pas de celles qu'ils éprouvent, et nous évitent ainsi la confusion des sons. Les oscillations engendrées par l'éther mis en mouvement sont au contraire toutes perceptibles à la vue, et le

* Le docteur Wollaston a imaginé un procédé fort simple que chacun peut mettre en pratique, et à l'aide duquel en vidant d'air ses oreilles, on cesse de percevoir les sons graves. Ce procédé peut donner lieu à des observations fort curieuses ; mais pour notre objet il suffit de citer un exemple : si, pendant qu'on le met en œuvre, on écoute avec attention le passage d'une voiture, on n'entendra pas le roulement sourd, le bruit grave qu'elle produit, mais on distinguera sans peine le son engendré par le mouvement d'une chaîne ou d'un écrou imparfaitement serré. Il est donc aisé de concevoir qu'une foule de vibrations que nous ne percevons pas, peuvent être appréciées par d'autres espèces, qui, de leur côté, sont insensibles à celles dont nous avons le sentiment, la conscience.

sont sans inconvénient pour la netteté des images, soit en raison de la conformation de l'œil, soit surtout à cause du mode de transmission.

Les substances naturellement ou artificiellement phosphorescentes que présentent les trois règnes, servent, pour ainsi dire, de chaînons entre les corps distributeurs d'une grande clarté, et les corps opaques. Mais la plupart de ces derniers eux-mêmes peuvent, comme on sait, être rendus lumineux par la chaleur, l'électricité, et même d'autres actions; or, puisqu'ils sont susceptibles des oscillations qui produisent cet effet, n'est-il pas probable que, dans leur état d'opacité, ces oscillations existent déja, mais seulement à un degré trop faible pour notre organe ?

§ 377. — Des animaux nocturnes, des poissons qui habitent à de grandes profondeurs, des espèces microscopiques, des êtres qui vivent dans les souterrains, dans les caves, dans la terre, qui naissent, croissent et meurent dans une obscurité plus ou moins complète, et dont cependant un grand nombre, tous peut-être, ont un organe de vision, ne viennent-ils pas nous attester que ces oscillations existent et qu'elles sont perceptibles pour eux ? Telle personne distingue encore les objets dans un endroit sombre, telle autre n'y voit plus rien. Quoi d'étonnant que des êtres différents de nous, et dont la vue ne peut supporter les vibrations qui nous conviennent, s'arrangent de celles que nous ne pouvons apprécier ? L'existence des espèces que nous venons de citer, ne nous met-elle pas dans la nécessité de l'admettre ? Or, s'il en est ainsi, ne doit-il pas s'en suivre que la couleur des corps est inhérente à la nature et aux circonstances de leurs vibrations ; que par conséquent il n'y a nulle urgence de mettre en jeu une absorption de certains rayons lumineux, c'est-à-dire de portions d'éther ?

L'expérience nous démontre que les corps ont un certain nombre de manières de vibrer, et que ces manières peuvent être réunies ou isolées, tout au moins quant à notre faculté de les percevoir. Ainsi, les uns développent en même temps ou séparément du son et de l'odeur ; les autres, de l'odeur, de l'électricité et de la chaleur ; dans certaines circonstances, de la lumière, de la chaleur et de l'électricité, etc. L'air et l'éther sont-ils les seuls véhicules de ces vibrations, et ne le sont-ils que d'elles ? Si les animaux ont, comme on n'en peut douter, d'autres organes, n'ont-ils de relation avec les corps que par elles ? ces relations ne peuvent-elles varier avec les espèces, et correspondre même parfois à des organes incompréhensibles pour nous ?

En envisageant la création sous ce point de vue, nous ne nous mettons point à part ; nous nous plaçons au contraire, comme de fait nous sommes placés, dans une vaste étendue avec tous les êtres ; et tous, depuis l'insecte invisible pour nous, jusqu'au monstrueux animal, nous y percevons, chacun à notre manière, l'existence des corps (c'est-à-dire la nature) par leurs oscillations.

§ 378. — Quand on propose de modifier ce

qui est hypothétique dans une science, il faut que ce qu'on veut mettre à sa place, présente des avantages décidés ; il faut que des faits inexpliqués ou obscurs en deviennent clairs et compréhensibles ; il faut que ceux qui étaient clairs et compréhensibles, n'en deviennent pas obscurs. Si nous ne sommes dans l'erreur, tel serait le résultat de ces réflexions. Le point de vue élevé où nous plaçons la théorie, bien qu'aisément accessible, permet de distinguer des objets inaperçus, d'apprécier la liaison qui les unit entre eux et à ceux connus, enfin de reconnaître au loin des contrées encore vierges, et dont le seul aspect semble présager la fécondité. Ces avantages, suivant nous, il ne les doit pas à des défauts ; c'est-à-dire que de son sommet tout paraît plus clair, rien plus obscur.

Tous les êtres, depuis le plus petit jusqu'au plus grand, ont des organes qui les mettent en rapport avec leur monde * ; tous ont des intermédiaires, des moyens de percevoir ceux des corps de ce monde qu'ils ne touchent pas ; et comme l'être qui perçoit et le corps perçu sont souvent à distance, il faut bien que l'intermédiaire soit susceptible de mouvement, et que la matière dont il doit donner la conscience, le sentiment, soit ca-

* Considérée sous ce point de vue, l'organologie ne comprend encore, et ne pourra jamais comprendre qu'une partie des êtres vivants. Que d'organes nous resteront à jamais inconnus ! que d'espèces sont et seront toujours ignorées de nous !

pable non seulement d'imprimer ce mouvement, mais encore de l'imprimer d'une manière à elle, qui empêche de la confondre avec des matières différentes. De là, la nécessité des mouvements moléculaires, des oscillations qui peuvent varier dans leur profondeur, leur amplitude, leur liaison, leur rapidité, leur mode de se signaler, en un mot. (Nous nous trouvons donc, sans y songer, constamment en relation plus ou moins directe avec l'agrégation.)

Les différents gaz et vapeurs contenus dans l'atmosphère sont, ainsi que l'éther, les messagers habituels des corps situés à distance; mais il se pourrait qu'ils ne fussent pas les seuls. Du reste, il n'est pas une vibration qui ne les frappe tous, et qui, par conséquent, ne soit susceptible de les rendre véhicules pour certains êtres, et pas pour d'autres. Il n'y aurait rien d'extraordinaire, par exemple, que, pour des insectes imperceptibles, l'éther fût porteur des sons, même de l'électricité, comme il l'est pour nous de la lumière et du calorique; il se pourrait même que des actions électriques, que nous ne percevons pas, qui agiraient sur nous à notre insu, ne le fissent que par son aide.

§ 379. — On pense bien que notre projet n'est pas d'employer ces considérations à l'explication d'aucun fait; nous ne nous y laissons entraîner que pour donner une idée des conséquences naturelles d'une théorie large et susceptible, à ce qu'il nous semble, d'une grande fécondité. Son application aux faits observés nous paraît loin, jusqu'à ce jour, d'exiger qu'on l'interroge aussi avant.

Suivant nous, la nature est loin d'être aussi simple que le croient beaucoup de personnes; mais, suivant nous aussi, elle ne va pas chercher des auxiliaires sans nécessité, et elle suit ses méthodes jusque dans leurs moindres conséquences. Quand donc on lui a reconnu un mode d'action dans un cas spécial, on peut être assuré qu'on le lui trouvera dans d'autres; et ce sera être judicieux que de chercher à expliquer par le même mode tout ce qui semblera s'y prêter. La nécessité du système général des ondulations, tel que nous l'exposons, nécessité qui nous semble résulter de ce que des corps à distance ne peuvent être mis en rapport sans lui, aurait donc pu être pressentie par de simples rapprochements de cette nature. Cependant, non seulement ce ne sont pas eux qui nous y ont conduit, mais même les expériences sur les odeurs qui nous le faisaient toucher du doigt, ne nous y ont mené que pas à pas, et après bien des détours.

§ 380. — Nous en tenir à ces généralités, ce serait, pour ainsi dire, laisser le sujet dans l'espace, et avoir raconté une vision. Allons donc aux applications, et pour mettre plus promptement le lecteur à même d'apprécier ce qu'il peut y avoir de bon dans notre manière de voir, adressons-nous au sujet le mieux étudié, quoique le plus délicat, la *lumière*. Commençons par quelques détails accessoires.

Dans notre système, l'éther n'étant qu'un messager, ne faisant que transmettre des oscillations, la lumière n'existerait pas plus dans l'espace que le son n'existe dans l'air; elle ne serait pas plus une matière que le son, que le tact, que le goût, que les odeurs; il en serait de même du calorique et de l'électricité : ce ne seraient que des vibrations.

Rien de plus simple alors à concevoir que l'impondérabilité de la lumière, du calorique, de l'électricité ! que leur liaison souvent si intime, que leurs rapports entre eux et avec le frottement, le choc, avec toutes les actions mécaniques !

Sans doute on peut se demander si leur véhicule est pondérable; mais l'impossibilité de le saisir, de le concentrer, ne rend pas la réponse facile. Au surplus, que la portion d'éther qui se trouve dans la sphère d'activité de chaque masse roulant dans l'espace, y séjourne ou n'y séjourne pas, qu'elle soit ou non de même nature, qu'elle soit ou ne soit pas soumise à des lois d'attraction, il semble constant que sa grande subtilité, que la prodigieuse vélocité de ses ondulations l'en rendent à peu près indépendante; de même que la vitesse du boulet au sortir du canon, toute minime qu'elle soit, fait dans le premier instant, dela trajectoire une ligne droite que la pesanteur ne peut courber.

Il existe évidemment une grande différence entre les vibrations qui produisent les ondes aériennes et celles qui font naître les oscillations éthérées : les premières sont souvent visibles, et donnent lieu à des ondes dont la longueur est comprise entre dix mètres et demi environ et quatre centimètres; elles sont, comparativement aux autres, sans vitesse et, pour ainsi dire, immobiles ; les secondes ont une ténuïté et une vélocité incompréhensibles * : elles produisent des ondes dont la plus grande longueur excède à peine un seize-centième de millimètre. Cette différence est sans doute frappante sous d'autres rapports ; mais il suffit déja de ceux-ci pour faire concevoir que chacune d'elles peut avoir un genre d'action distinct, et qu'un ou plusieurs systêmes de vibration peuvent être sensibles à l'ouïe, sans l'être à la vue et réciproquement.

Les vibrations sonores des différents corps ont entre elles plus ou moins de ressemblance ; mais chaque mode d'agrégation, chaque espèce d'existence est une cause de modifications. N'en est-il pas de même pour les vibrations odorantes, pour celles lumineuses, pour celles calorifiques, pour celles électriques ?

Quand on chauffe un boulet de fer, il acquiert promptement les vibrations calorifiques ; mais il n'éprouve les lumineuses, du moins pour notre

* Nous ne pouvons en donner une idée plus frappante qu'en rappelant combien les vibrations sonores, qui elles-mêmes ne sont rien en comparaison, peuvent cependant avoir d'activité. Qu'on frotte avec une barbe de plume l'extrémité d'une longue pièce de bois, de vingt et quelques mètres, par exemple, et qu'un observateur attentif prête l'oreille à l'autre extrémité ; la minime vibration produite lui sera presque instantanément transmise. (Il n'en est pas de même dans tous les corps solides : leur mode d'agrégation établit entre leurs manières de vibrer des distinctions, des nuances nombreuses.)

organe, qu'à l'aide d'une chaleur plus intense. Y a-t-il entre les deux genres de vibrations une différence tranchée? ou bien n'est-ce qu'un même mode dont la profondeur varie? On conçoit que quand la surface d'un corps oscille seule, ses vibrations peuvent être distinctes de ce qu'elles sont, quand il oscille plus ou moins profondément; car, en vertu de l'agrégation, les mouvements intérieurs modifient ceux de l'extérieur, et réciproquement.

L'agrégation se trouvant ainsi jouer un rôle dans toute espèce de vibration, on comprend comment des différences tranchées, ou de simples nuances, peuvent permettre à tel ou tel de nos organes de distinguer un corps d'un autre.

Les vibrations lumineuses et les calorifiques paraissent si intimement liées, qu'il semble difficile de les isoler, et par conséquent de reconnaître si elles sont distinctes, ou si elles sont d'une même nature dont l'intensité varie.

§ 381. — La décomposition de la lumière solaire par le prisme établit, il est vrai, entre elles des distinctions; mais ne sont-elles pas illusoires? ou plutôt n'est-ce pas le prisme même qui en fait les frais? avec du flint-glass anglais, les rayons calorifiques les plus chauds tombent hors du rayon rouge; avec le crown-glass ils coïncident avec ce rayon; avec l'alcohol, l'eau, l'essence de térébenthine, ils se font sentir dans le rayon jaune. En variant les substances, ne ferait-on pas varier encore les résultats? et s'il en est ainsi, comment admettre que le prisme résolve le problême?

Nous avons dit qu'il nous était impossible de concevoir que la matière entrât en relation avec nous, autrement que par de la matière; et que nous ne pouvions comprendre davantage, que cette dernière pût rien nous transmettre, si elle ne recevait rien. Nous nous sommes donc trouvé dans la nécessité d'admettre que la première oscille; mais le corps intermédiaire, le messager qui est en jeu, a probablement, comme l'air, des propriétés à lui, peut-être même comme lui une nature composée. Il se peut donc que dans certains modes d'expérimentation, ses propriétés soient mises en cause; que même il soit difficile de les tenir à l'écart. Il se peut aussi que, quand de nouveaux intermédiaires sont en présence, ils compliquent les résultats : ne serait-ce pas, par exemple, le cas du prisme?

On dit que l'éther en mouvement est absorbé par les corps opaques ; mais s'il va jusqu'à l'extrémité de ceux qui sont épais, pourquoi ne traverserait-il pas ceux qui sont minces? et si l'on admet que ceux-ci lui sont perméables, à quelle limite s'arrêtera-t-on? tous les corps sont poreux, et l'air en pénètre un grand nombre, même profondément. Comment une substance infiniment plus subtile ne pourrait-elle les franchir? Qu'elle y emploie un temps commensurable, qu'elle s'y modifie même fortement, soit! mais qu'elle ne les dépasse pas, même après les avoir frappés une journée et les avoir échauffés jusqu'à leur face extérieure, c'est ce dont il semble permis de douter. Ne serait-il pas plus vraisemblable que l'éther traverse même les corps opaques, mais qu'il se modifie dans ce trajet? Les vibrations calorifiques que produisent en eux les corps lumineux, seraient la conséquence même de ces modifications.

On dit que la couleur d'un corps est due à ce qu'il décompose la lumière, ne laisse réfléchir que les rayons de cette couleur, et absorbe tous les autres. Mais presque tous les corps colorés (un boulet de fer, par exemple), mis au feu, deviennent rouges; comment donc, malgré la différence de leur nature, de leur mode d'agrégation, ont-ils tous la propriété, quelle que soit leur couleur habituelle, de ne réfléchir alors que le rouge ou le blanc? comment, dans l'acte qui les met en lambeaux, qui les détruit pièce à pièce, ou qui ne leur fait rien, absorbent-ils toujours de la lumière, et toujours tous les rayons autres que le rouge? et ces verres rouges, bleus ou verts, qui laissent très bien passer la lumière, mais une lumière rouge, bleue ou verte, comment en font-ils la décomposition? Suivant nous, tous les corps oscillent plus ou moins profondément, même dans l'obscurité, et se servent de l'éther pour annoncer leur présence aux êtres qui souffriraient de l'éclat du grand jour. Leurs oscillations, qu'alors nous ne pouvons saisir, peuvent être accrues au point de les rendre visibles pour certaines vues, par celles des corps légèrement phosphorescents; elles peuvent l'être davantage encore par une phosphorescence plus prononcée, et surtout par les matières très lumineuses qui les rendent enfin perceptibles à toute notre espèce *. C'est toujours l'éther qui est le messager, mais le messager de tous, et non le notre seul : il fut créé pour tous.

Lorsqu'en un beau jour, nous regardons le ciel en tournant le dos au soleil, nous ne distinguons aucune forme caractérisée, mais nous avons le sentiment de la lumière. Or, si celle-ci n'est qu'une vibration, qu'est-ce qui nous l'envoie? l'air évidemment, dont les molécules ont reçu un accroissement d'oscillations par celles du soleil. Le même effet a lieu, quoiqu'à un moindre degré, pendant la nuit, soit par les astres, soit par les planètes. Toutefois, même par le temps le plus obscur, des êtres vivants qui ne verraient rien en plein jour, distinguent les oscillations aériennes, et ont sans doute un jour passable.

§ 382. — Deux idées, comme on le voit, dominent toujours ce que nous disons : l'une, que la nature morte a été faite pour tous les êtres, et non pour nous seuls; l'autre, que nous ne saurions percevoir un corps non touché par nous, s'il est dans un repos absolu, et si aucun intermédiaire matériel n'existe entre nous et lui.

Dans cette manière de voir, qu'un peu de réflexion rend naturelle et simple, les phénomènes de l'odorat et de la vision, ceux du calorique, ceux de certains agents délétères, se dessinent à

* Certaines fleurs ne laissent percevoir d'odeur que par un soleil ardent; ne semblerait-il pas que leurs oscillations ont besoin d'être augmentées?

notre imagination, sinon déja avec netteté, au moins sans ce voile épais qui les couvre.

Certains corps exposés à l'action solaire acquièrent la phosphorescence, et la conservent quelque temps ; il en est dont la couleur se prête peu à l'hypothèse d'une absorption de lumière ou de chaleur. Mais peut-il coûter de croire que leurs oscillations ont été modifiées par le passage ou le choc de l'éther ? n'en est-il pas de même des diverses phosphorescences créées par l'électricité ?

La crystallisation de certains sels donne lieu, au milieu des liquides où ils se forment, à des lueurs scintillantes qui se succèdent parfois avec rapidité. Dans l'arrangement moléculaire qui se constitue, dans les mouvements atomiques qui se produisent, y a-t-il invraisemblance que les vibrations soient la cause des lueurs ? n'est-il même pas probable qu'il en serait ainsi dans nombre de circonstances pour un organe autrement conformé que le nôtre ?

Dans les expériences sur la lumière, l'éther et l'air sont rarement les seules substances interposées entre le corps lumineux et l'œil. Il est donc possible que les résultats se compliquent, non seulement des propriétés inhérentes à l'éther, mais encore de celles des corps qu'il rase, frappe ou traverse. Agent spécial de certains modes de vibration, il est vraisemblable que sa manière d'être, sa marche même, sont susceptibles de modifications, quand il se trouve en contact avec des corps qui éprouvent un de ces modes ou le reçoivent de lui. Les ondes aériennes produites par un corps sonore, peut-être aussi par les odeurs, peuvent être influencées par d'autres vibrations de même nature, non seulement de celles étrangères à leur marche, mais encore de celles que leur propre choc fait naître. Qu'il y ait donc déja oscillation, ne fût-elle que superficielle, chez un corps que rencontre l'éther, ou qu'elle provienne de ses ondes, on conçoit que les circonstances du phénomène ont changé, et que tout organe spécial en peut percevoir les phases. Faisons l'application de ces réflexions à ce qu'on nomme la décomposition de la lumière.

§ 383. — Un faisceau de lumière blanche est dirigé horizontalement dans une chambre noire, et, après avoir traversé un prisme horizontal, dont le sommet est placé en dessus, va peindre le spectre solaire sur un tableau. Ce prisme est une substance diaphane, et il jouit à ce titre de propriétés générales qui lui appartiennent, et que ne possèdent pas les corps opaques. Est-ce à ces propriétés, est-ce à l'éther, est-ce aux vibrations du corps lumineux, est-ce à leur ensemble que le spectre est dû? Examinons le faisceau pendant qu'il traverse le prisme, et supposons qu'à sa jonction avec la face d'émergence, on fasse passer par le sommet de la courbe (c'est-à-dire par le point où le rayon rouge le plus élevé rencontre cette face) un plan parallèle à celui d'immersion. Il est clair que si la portion du prisme qui se trouve entre ce plan et le tableau était enlevée tout-à-coup, il n'y aurait plus de spectre, plus de décomposition, plus de dispersion ; les deux faces extrêmes se trouvant parallèles, le faisceau se conduirait comme lorsqu'il passe dans une glace ordinaire plus ou moins épaisse. Le spectre ne doit donc son existence qu'à la portion de prisme que nous avons détachée ; mais comment agit-elle ? remettons-la en place et considérons la seule partie d'éther qui la traverse.

Lorsqu'un faisceau vient frapper un corps diaphane à faces parallèles, on dit qu'il est décomposé à son entrée et recomposé à sa sortie, et que c'est pour ce motif qu'il sort blanc comme il est entré (nous ne parlons pas des rayons extrêmes que modifie la diffraction). Pour nous rendre plus intelligible, nous supposerons que les rayons arrivent blancs à la naissance du prisme actif ; mais cette hypothèse ne changera rien aux résultats, et il sera facile de comprendre que nos raisonnements en sont au fond indépendants.

A l'inspection du phénomène, une distinction frappante s'offre à nous. Le premier rayon, qui se peint en rouge, ne fait, pour ainsi dire, qu'effleurer, que raser la partie active du prisme ; le dernier, qui se peint en violet, le parcourt au contraire dans une grande étendue. Tous les intermédiaires ont une longueur de trajet comprise entre celle-ci et un point mathématique.

Si la partie de prisme qui se trouve au dessus de la partie active, avait sa face d'émergence parallèle à celle d'immersion, le rayon qui aurait passé près du point de jonction, aurait été blanc et se serait rendu blanc au tableau. Pourquoi donc celui qui le suit, ne l'est-il pas? et pourquoi l'image est-elle oblongue? Si la partie de prisme située immédiatement au dessous du dernier violet était terminée du côté du tableau par un plan parallèle à celui d'immersion, le rayon blanc le plus voisin serait sorti blanc également, et aurait atteint le tableau dans l'intérieur même du spectre, c'est-à-dire qu'il aurait croisé nombre de rayons antécédents. Comment se rendre compte également de ce qui se passe en cette circonstance? comment expliquer d'ailleurs qu'en dehors du rouge (même du violet, au dire de divers physiciens), il y ait des rayons invisibles? Voici comment nous nous en rendons compte.

Il semble au premier abord que, le passage de l'éther dans les milieux homogènes se faisant en ligne droite, et ne s'infléchissant que quand le milieu se modifie, il ne doit y avoir dans la partie active du prisme, que la face d'émergence qui puisse influer sur le phénomène; mais nous verrons bientôt qu'il n'en est pas ainsi, et que pour tout le trajet qui se fait dans cette partie, le spectre se ressent de son action.

§ 384. — Quelle que soit la lumière ou l'espèce d'oscillation dont l'éther soit véhicule, il a des propriétés spéciales, une manière d'être, à lui. (Ce sont elles, suivant nous, qu'on étudie habituellement sous le nom de lumière.) Ses molécules peuvent donc avoir et ont par le fait de l'affinité, soit entre elles, soit pour certains corps; elles ont d'ailleurs une vitesse bien moindre dans le prisme que dans l'air. Il résulte de ces circonstances une différence marquée dans la manière dont elles se comportent. Toutes sont arrivées en même temps à la face antérieure de la partie active ; mais toutes ayant à parcourir une longueur de route différente pour arriver à l'émergence, aucune ne peut s'y rendre dans le même temps, et la première est déja loin, que la dernière n'y est pas encore. L'affinité plus ou moins forte qui les unit de proche en proche, établit donc entre elles une espèce de tiraillement qui retarde les premières et hâte les dernières. Chacune d'elles est ainsi soumise, non seulement à l'attraction de la partie active, mais encore à celle de sa propre substance. (Pour éviter toute complication, nous ne parlons pas des autres forces qui sont en jeu.) Or, celle-ci est elle-même variable ; car la molécule qui va cesser d'être sous la dépendance du prisme, n'a ni la même vitesse, ni la même direction que celle qui vient de s'y soustraire, et surtout que celle qui y est encore. Chaque atome d'éther est attiré en dessus par les molécules supérieures qui tendent à le conduire moins obliquement, plus directement au tableau ; il l'est en dessous par les inférieures et par le prisme, qui agissent, au contraire, en le tirant en bas. A mesure qu'on descend, les effets deviennent plus prononcés, et les rayons supérieurs eux-mêmes, ayant été infléchis, ne peuvent plus exercer autant d'action. L'influence du prisme est donc d'autant moins balancée, qu'on s'approche davantage de l'extrémité inférieure.

Si les choses se passent comme nous venons de le dire, qu'en doit-il résulter? Les molécules supérieures, celles qui précèdent le rouge, n'ayant perdu que peu ou point de la vitesse qu'elles avaient en arrivant à la partie active, doivent se rendre au tableau avec une inflexion peu différente de celle qui aurait lieu si cette partie était supprimée. Le degré de cette inflexion dépend évidemment de l'affinité du prisme pour l'éther, et de celle de l'éther pour lui-même. Il doit être d'autant plus grand, que la première est plus forte et la seconde plus faible, et *vice versa*; il peut même jusqu'à un certain point leur servir de mesure. Les molécules inférieures, au contraire, ont perdu d'autant plus de leur vitesse, que leur trajet dans le prisme actif a été plus long; elles sont d'ailleurs soumises à la puissance constante de la face d'émergence, qui tend fortement à les infléchir, et qui y réussit d'autant plus aisément, qu'elle les trouve peu défendues par leurs consœurs, dont la vitesse et la direction ont déja beaucoup perdu.

Une conséquence de cet état de chose est, que la densité du faisceau, supposée uniforme à l'immersion, cesse de l'être à l'émergence, et, à bien plus forte raison, sur le tableau; que son maximum est situé où commence l'arrivée de l'éther, c'est-à-dire, un peu avant les rayons rouges ou dans l'obscurité, et son minimum à la dernière partie du spectre ou un peu au delà du rayon violet, dans l'obscurité également.

§ 385. — L'inégale réfrangibilité serait donc,

suivant nous, un effet, non une cause. Elle résulterait, 1° de la forme du corps réfringent; 2° de sa résistance au passage de l'éther; 3° de son affinité pour les molécules de ce corps; 4° de l'attraction mutuelle de ces dernières. Elle pourrait n'être due au total qu'à la diminution de densité et de vitesse produite par ces différentes causes, diminution qui pourrait ne pas être sans influence, ainsi que nous le verrons, sur les effets calorifiques, comme sur les effets chimiques.

Ce qui précède suffit, ce nous semble, pour expliquer la dispersion, sans recourir à aucune hypothèse, et par conséquent sans invoquer celle, un peu large, de la décomposition en une multitude de rayons différemment réfrangibles. Mais en est-il de même pour la coloration? ou bien, faut-il, à l'instar des autres systêmes qui admettent encore une supposition, celle de la coloration individuelle des rayons, trancher la difficulté par une hypothèse? C'est un parti extrême, et tous ceux de ce genre nous répugnent.

Puisque la densité de l'éther varie de proche en proche depuis le haut du spectre jusqu'au bas, il ne peut coûter de croire que les vibrations qu'il produit, soient variables avec elle, et par conséquent aussi les sensations qui en sont la suite.

Mais il serait possible, et c'est à l'expérience à décider, que cette circonstance fût insuffisante. Voyons donc si l'observation du phénomène ne ferait pas reconnaître quelque autre action, quelque autre propriété qu'on pût invoquer. Si, poursuivie avec persévérance, elle ne peut nous satisfaire , il faudra recourir aux hypothèses ; mais ce qui d'avance nous console, c'est qu'avant d'arriver à la multiplicité de réfrangibilité et de coloration, nous avons de la marge.

Dans l'espèce de tiraillement qui s'opère entre la molécule sortie du prisme et celle qui y est encore , il est possible que la position mutuelle de deux atomes contigus , ou simplement de deux particules, éprouve quelque modification. Or, s'il en est ainsi, l'existence simultanée de cette modification et de la différence de densité ne peut-elle donner lieu à toutes les nuances qu'on observe * . Il n'y a du reste nulle nécessité d'admettre que cette modification soit variable et aille sans cesse en croissant du rouge au violet ; ce qui cependant n'aurait rien d'invraisemblable dans le jeu d'actions qui se produit ; il se pourrait même que l'adjonction de la différence de densité ne lui fût pas indispensable.

§ 386. — L'espèce de métamorphose qu'a subie le faisceau incident, a été grande, et elle peut même varier encore, suivant qu'on change le tableau de position, de distance, ou même qu'on essaie d'autres conditions tout aussi légères, à plus forte raison de plus importantes. Mais une des circon-

* Quand on songe à certaines modifications de couleurs inexplicables, dont la chimie offre tant d'exemples, on ne peut s'empêcher de croire qu'il suffit souvent d'un changement bien minime dans la position des molécules, pour en produire un considérable dans les couleurs.

stances que nous sommes tenté de considérer comme fort influentes, bien que nous ne nous y soyons pas encore arrêté, est la différence de vitesse entre les rayons émergés : elle seule suffirait pour faire concevoir la variation des couleurs sans emprunter la modification ci-dessus, sans même faire intervenir le changement de densité.

Nous avons donc en jeu trois causes palpables, dont deux évidentes. Sont-elles nécessaires toutes les trois? une seule peut-elle suffire? en faut-il deux? n'est-ce pas assez de trois? L'expérience seule peut prononcer.

Les côtés opposés du spectre donnent lieu à des effets chimiques différents, et dans le système dont nous donnons une idée, ce n'est pas chose qui puisse étonner. L'éther, en mouvement, a dans chaque pinceau, une vitesse et une densité différentes; il est donc susceptible d'engendrer des oscillations différentes; et, de même que dans nombre de circonstances des dissolutions faibles agissent activement, tandis que, concentrées, elles seraient sans effet, de même les rayons au delà du violet peuvent être efficaces où ceux au delà du rouge sont impuissants.

Nous avons analysé la formation du spectre dans le sens vertical; mais si nous l'examinons dans le sens horizontal, les choses se passent différemment, et la raison en est simple : tout y étant symétrique de part et d'autre du plan vertical, qui passe par l'axe du faisceau, sa largeur doit être la même que s'il n'y avait pas eu de prisme.

L'étendue de ce spectre, autrement dit, la dispersion, nous paraît donc une conséquence forcée de la forme même du corps réfringent. Elle nous semble uniquement due à ce qu'il y a dans ce corps une partie que sa situation rend inégalement active, une partie qui est presque étrangère au haut du faisceau, et qui est très puissante sur le bas, en raison de ce qu'elle est traversée par lui de plus en plus profondément. Quelle que fût la matière réfringente employée, diaphane ou non, il nous semble que la marche de l'éther devrait forcément être semblable. Sans doute avec un prisme opaque il n'aurait pas de spectre, mais quelle en serait la cause? Ce prisme peut être traversé par le faisceau d'éther tout entier, il peut l'être par une partie seulement, ou ne l'être par aucun rayon. Dans tous les cas, pour que l'œil n'aperçût rien sur le tableau, il suffirait que la vitesse d'émergence fût assez faible pour n'accroître les oscillations de l'image que d'une quantité inappréciable à notre organe. Le même résultat serait possible avec un prisme diaphane suffisamment épais, ou avec un prisme moins épais, mais mi-diaphane, ou enfin avec un prisme quelconque, mais avec une cause oscillante moins puissante que le soleil. La seule condition de son existence est que l'éther qui frappe le tableau, lors même qu'il le ferait sous les conditions favorables à la formation du spectre, n'ait pas assez de vitesse pour rendre perceptible à notre vue l'accroissement de vibration qu'il crée. Il se pourrait donc qu'un spectre fût invisible pour certaines personnes, et visible pour d'autres, comme sans doute il le serait pour des espèces différentes *.

Rien donc ne nous force jusqu'à présent à faire des hypothèses sur la marche de l'éther dans les corps opaques. Qu'il soit arrêté et forcé au repos dès son arrivée à leur surface, qu'il propage ses ondes plus ou moins profondément dans leur intérieur, qu'il les traverse en entier, les considérations qui précèdent, n'ont pas besoin d'en tenir compte.

§ 387.— La manière dont nous venons d'expliquer la dispersion et la coloration, nous semble, non seulement plus facile à comprendre, mais encore plus sobre d'hypothèses que celles qui ont été proposées jusqu'à ce jour; et elle a le grand avantagé de se lier intimement à une théorie large et généreuse, qui range sous sa loi commune tous les êtres, toute la matière. C'est déja, ce nous semble, une présomption favorable à toute proposition, que le rejet de règles exceptionnelles, que leur réunion en un seul faisceau avec toutes les autres.

Dans le système de l'émission, comme dans celui de la lumière dans l'espace, on ne tient pas plus compte de l'inclinaison du prisme que si elle n'existait pas. Or, il nous semble que, dans la solution d'un problême, il faut, avant de recourir aux

* Nous avons dit ailleurs que l'ingénieux Wollaston avait découvert un procédé simple pour modifier dans, l'organe même de l'ouïe, la perception des sons; ne serait-il pas possible d'en trouver un pour la lumière?

hypothèses, faire entrer en jeu toutes les conditions de son existence, et que, quand on ne le fait pas, les hypothèses peuvent lui être inutiles ou nuisibles. Le non-parallélisme des faces d'entrée et de sortie étant de rigueur, serait-il surprenant que les théories qui en font abstraction, fussent en défaut ?

On dit, dans le cas du parallélisme, que la lumière sort blanche, parce que les rayons de toute couleur et de toute réfrangibilité se croisant en tout sens, il y a recomposition. Dans notre manière de voir, rien de plus simple que cette sortie blanche. Les mêmes forces qui, à l'entrée oblique du faisceau, lui impriment un caractère particulier, existent à sa sortie et agissent en sens inverse ; comment se pourrait-il qu'elles ne remissent pas les choses dans leur état primitif ? Que des forces qui ont opéré une décomposition ne puissent plus rétablir ce qu'elles ont détruit, c'est ce qui se voit tous les jours ; mais, suivant nous, il n'y a pas plus décomposition dans ce cas que quand on comprime ou raréfie un gaz. Si donc une objection prenait ce fait pour base, ce ne serait pas notre manière de voir qu'elle combattrait, mais bien celle qui est adoptée.

Dans le cas du parallélisme, les choses se passent comme dans le cas des deux prismes placés symétriquement, chacun ayant son sommet du côté où l'autre a sa base.

Ces réflexions, sur le spectre, se sont présentées à nous inopinément, ainsi, du reste, que tout le système dont nous rendons compte. Mais il est aisé de comprendre qu'elles lui sont étrangères, et que la décomposition de l'éther peut avoir lieu en réalité, sans que sa justesse en souffre.

En expliquant comment il nous semble que le spectre se forme, nous avons dit qu'il y avait évidemment diminution de densité et de vitesse dans l'éther, en descendant du haut du spectre vers le bas; mais ces deux conditions suffisent-elles pour produire, par leur réunion, les couleurs et leurs nuances? mais sont-elles même les éléments les plus essentiels du phénomène, et quelque fait important n'est-il pas inaperçu? c'est ce que l'expérience seule peut apprendre.

Quand un corps coloré nous transmet par l'éther l'état de ses vibrations, plus ou moins accrues ou modifiées par la présence d'un corps lumineux, il peut ne l'agiter que faiblement; il peut nous l'envoyer peu dense et peu rapide; mais il peut aussi imprimer à ses molécules un mouvement différent de celui qui leur est habituel, et par suite, créer en nous une sensation distincte. Sans rien changer au mouvement ondulatoire et à celui en ligne droite, il peut modifier de bien des façons leur manière d'être, et faire percevoir à tous les êtres, la conscience, le sentiment de son *moi*. Quelle est celle dont il se sert? c'est là le problême. Mais comme la nature se complique le moins possible, nous croyons probable qu'elle ajoute peu de chose à la variété de densité et de vitesse; ces deux causes lui donnent sans doute déja assez de moyens de s'exprimer pour qu'elle ne recoure pas à beaucoup d'autres.

§ 388. — On a pensé que la connaissance des lignes noires ou brillantes, découvertes par Frauenhofer, dans les spectres de différentes lumières, pourrait jeter quelque jour sur le mode d'existence des corps lumineux. La chose est possible; mais le phénomène ne serait-il pas dû à la diffraction? tous les astres, à ce qu'il paraît, ont donné des lignes noires; or, quelque grande que soit la vitesse que leurs oscillations impriment à l'éther, ne se pourrait-il que les mouvements de rotation et de translation de la terre, donnassent lieu à un phénomène d'interférence et créassent une différence de chemin parcouru entre les rayons voisins? si tous les astres donnaient des lignes noires, et les flammes artificielles des lignes brillantes, il serait, ce nous semble, naturel d'interroger d'abord les différences de circonstances que présentent les deux classes d'observations, telles, par exemple, que les mouvements de la terre ou la présence de son atmosphère * dans le cas des astres, et le milieu de va-

* L'effet de l'atmosphère ne pourrait-il pas être d'autant plus sensible dans certaines circonstances que son étendue serait finie, limitée? Or, la divisibilité indéfinie de la matière, admise par l'imagination, ne peut l'être par la raison. Si donc les molécules aériennes ne peuvent dépasser une certaine ténuïté, les lois de la pesanteur fixent une limite à leur extension, il y aurait, à une certaine distance de nous, solution de continuité, passage plus ou moins brusque de l'air à l'éther, comme de l'éther à l'air. (C'est, ce nous semble, encore à Wollaston qu'on doit l'idée raisonnée d'une atmosphère finie.)

peurs que traverse la partie postérieure des flammes, dans le cas des lumières terrestres.

Si la sensation qui nous est transmise, peut, comme il est probable, être différenciée par la vitesse de l'éther, par sa densité, par l'amplitude de ses oscillations, par l'espèce de mouvement que ses molécules peuvent recevoir du moteur, n'est-il pas probable que des modifications plus ou moins sensibles doivent exister même entre deux astres quelconques * ? Avant la découverte de Frauenhofer, cette conjecture aurait été trop hasardée, mais quand on songe au peu d'avancement de la science, et à l'immensité de choses qu'on ignore, il semble que l'extension de ses résultats n'offre rien d'invraisemblable.

§ 389.—La phosphorescence paraît annoncer que les oscillations, qui produisent chez nous la sensation de la lumière, peuvent exister sans celles qui donnent le calorique. La chaleur des corps échauffés, mais obscurs, paraît indiquer que celles du calorique peuvent se trouver isolées, du moins approximativement; car dans un cas, comme dans l'autre, on ne peut songer à rien d'absolu. Y a-t-il deux modes d'oscillations distincts, ou ne s'en

* On connaît la vitesse de l'éther mis en mouvement par les corps qui composent notre système planétaire ; mais c'est par analogie qu'on la suppose la même pour toutes les lumières. Or, il nous semble permis de mettre en doute cette analogie; où serait la nécessité que les vibrations motrices fussent de même nature pour les étoiles que pour le soleil ? pour le soleil que pour une bougie ?

trouve-t-il qu'un, mais qui soit variable en vitesse ou en profondeur? faut-il, par exemple, que pour la lumière elles soient spécialement rapides à la surface, et aient besoin de peu de profondeur? que pour le calorique, au contraire, elles exigent moins de vitesse, mais doivent pénétrer plus avant? Ce sont des questions difficiles à résoudre, et d'autant plus difficiles que la communauté de messager rend la distinction, la séparation plus délicate. Cette communauté sans doute n'existe pas toujours, et nous pouvons toucher, isolés jusqu'à un certain point, la lumière dans certains corps phosphorescents, le calorique dans les corps chauds obscurs; mais notre tact est par trop imparfait pour nous permettre la moindre distinction.

Il est, au surplus, rationel de croire que ce n'est qu'à l'imperfection des moyens d'observation, au peu de sensibilité des instruments, que nous devons la nullité de la chaleur reconnue dans quelques substances phosphorescentes, et l'absence de la lumière dans les corps chauds obscurs. Et comme l'expérience nous apprend que nos organes ne peuvent percevoir des vitesses considérables *, et qui cependant, comparées à d'autres infiniment plus grandes, offriraient l'image du repos, tout annonce que, soit que nous veuillons juger directement, soit que nous nous fassions aider par des corps intermé-

* Une balle, un boulet même, vinssent-ils directement à nous pour passer près de notre tête, nous ne pourrions les apercevoir.

diaires, il y aura toujours une infinité d'actions qui nous échapperont. Il est donc possible que la phosphorescence, pour nous sans chaleur, soit capable de chauffer, de brûler même certains êtres; et que le calorique obscur soit en état d'en éblouir d'autres *.

Il y aurait peu d'utilité pour le moment à avancer davantage dans ce chemin, passons donc à l'électricité.

§ 390. — Le système général des vibrations nous paraît s'appliquer aisément aux phénomènes qu'elle présente. Ainsi, il est aussi facile de concevoir deux modes de vibrations qui se détruisent, que deux fluides qui se saturent, qui s'annullent; il est aussi facile de comprendre la propagation et la vitesse des premiers que celle des seconds. Ainsi

* En quittant la lumière et le calorique, nous croyons devoir ajouter quelques réflexions qui se présentent à nous.

On dit en physique, qu'en vertu de l'attraction, les molécules des corps s'approcheraient jusqu'au contact, c'est-à-dire, jusqu'à ce qu'elles fussent arrêtées par l'impénétrabilité de leurs parties, si elles n'étaient balancées par une cause de répulsion intérieure, cause existante dans tous les corps, et qui paraît produite par le principe de la chaleur. Quelle que soit la forme des atomes simples ou composés, y aurait-il rien de surprenant, que, même en vertu de cette attraction, elles fussent en oscillation continuelle? il n'y aurait alors aucune nécessité de faire intervenir entre elles une nouvelle substance.

Dans un corps très froid, les vibrations sont sans doute plus faibles, plus lentes; mais elles seraient encore de la chaleur pour un autre plus froid.

rien d'extraordinaire dans les effets du frottement, des chocs, des compressions, de toutes les actions mécaniques, en deux mots ! Que le messager (la vapeur d'eau, par exemple) qui transmet les vibrations positives au papier de tourne-sol, lui imprime des oscillations qui donnent lieu à la formation d'un acide, c'est ce qui n'est pas plus extraordinaire qu'une foule de phénomènes de lumière, c'est ce qui ne se conçoit pas plus difficilement par les vibrations que par les fluides. Quand des combinaisons se forment, que des mélanges détonnent par un léger frottement ou un faible choc, on se fait sans peine à l'idée que les oscillations produites en soient la cause déterminante. On ne trouve pas plus étonnant alors que cet effet n'ait lieu qu'avec certains corps et dans des circonstances données, qu'on ne trouve extraordinaires les mille actions différentes que présente le contact de telles et telles substances, plutôt que de telles autres.

Que certaines matières, telles que le verre, la résine, par exemple, conduisent lentement les vibrations électriques, et se prêtent plus facilement à un mode qu'à l'autre, c'est chose analogue à ce qui se passe chez les corps sonores. Quand le bois fait parler au loin le frottement d'une plume, la pierre ou le plomb restent muets. Qui dit vibration dit *variété* d'action dans tous les corps, car dans tous les corps il y a différence d'agrégation, et par conséquent différence de liaison entre les molécules qui vibrent.

§ 391. — On a cru pendant long-temps que

les pointes attiraient le fluide électrique, mais l'interposition d'une flamme entre un conducteur et une pointe a fait penser que le courant se dirige de la pointe au conducteur, et que par conséquent elles laissent dégager du fluide au lieu d'en soutirer. Il ne paraît cependant pas que toutes les opinions se soient rangées à celle-ci. Nous reviendrons sur ce phénomène.

On sait que c'est toujours à la surface que l'électricité s'accumule. Si elle n'est qu'une vibration, c'est ainsi que les choses doivent se passer.

On sait également que le charbon de bois, qui ordinairement est mauvais conducteur (ou, suivant notre langage, transmet peu facilement les vibrations électriques), devient au contraire excellent conducteur, après avoir été rougi. Comme cette opération l'a maintenu pendant un certain temps dans un état de vives oscillations, on conçoit que ses molécules aient pu acquérir et conserver une propension facile aux oscillations qui s'en rapprochent * (dans le système adopté on ne cherche pas même l'explication de ce fait).

Les pierres, qui sont de mauvais conducteurs à froid, en sont d'excellents quand elles sont rouges, c'est-à-dire pendant qu'elles sont susceptibles de vives oscillations. (Nous ignorons si, après s'être refroidies, elles conservent cette faculté.)

* Les modifications plus ou moins permanentes que reçoivent nombre de corps par l'action de l'électricité, ne sont-elles pas dues également aux vibrations qu'elles leur imposent?

§ 392. — Quand on fait une décharge électrique au travers d'un papier épais, ou même d'un verre mince, le papier est percé sans présenter de trace de brûlure ou de carbonisation, et le verre, troué sans apparence de fusion, bien que réduit en poudre. Ici se présente une objection en apparence assez forte contre l'existence d'un fluide; mais elle s'appliquerait à nous comme à la théorie admise. Nous devons donc en faire voir l'erreur; commençons par la développer dans toute sa force.

Puisque le fluide qu'on admet est impondérable, et par conséquent analogue à l'éther, comment se peut-il qu'il produise un effet mécanique aussi considérable? L'éther, mis en mouvement par la lumière des astres, a une vitesse si prodigieuse, que l'imagination a peine à la suivre. Cependant, qu'on lui oppose le papier le plus mince, et même du papier noir, pour qu'il l'absorbe (suivant l'expression reçue), il ne l'agitera même pas. Comment donc un fluide aussi rare, et à qui l'on suppose à peine une vitesse égale, serait-il capable d'une puissance pareille et d'une foule d'actions de même nature? On conçoit, d'après nombre d'exemples, que des substances gazeuses comme celles que contient l'atmosphère, soient susceptibles, à l'aide d'une vitesse même médiocre, de produire des effets mécaniques de cette force; mais, de la part d'un fluide impondérable, subtil comme l'éther, une pareille énergie est-elle compréhensible? ne lui faudrait-il pas une vitesse de beaucoup supérieure à celle de l'éther? et l'imagination, même la plus complaisante, n'a-t-elle pas déja assez de celle-là, toute démontrée qu'elle soit?

Dira-t-on qu'il donne à l'air cette puissance? Mais comment concevoir qu'un fluide si subtil puisse frapper les molécules aériennes, au lieu de passer au milieu d'elles, quand l'éther, son parent, ne leur peut rien? d'ailleurs ne produit-il pas le même effet dans le vide?

Deux mots suffiront pour lever toute difficulté. Les ondes lumineuses ont pour longueur une fraction si faible du millimètre, qu'elles ne sauraient transmettre de mouvement au corps même le plus mince et le plus léger; mais que des vibrations d'une autre espèce donnent lieu à des ondes d'un ou deux millimètres, et même moins, et les choses sont changées; car, quelque ténues que soient les molécules du fluide, on conçoit qu'un espace d'un millimètre parcouru presque instantanément soit susceptible d'effets puissants. Que serait-ce s'il était d'un centimètre, ou plus encore?

§ 393. — Nous rappellerons, en passant, une de nos idées favorites; c'est que l'Etre-Suprême, en créant des substances simples, peut-être même à profusion, ne leur a pas assigné un rôle d'oisiveté, et que chacune * a nombre de missions à remplir. Avant donc d'imaginer de nouveaux corps,

* On pense bien que nous n'avons en vue ici que celles universellement répandues, et qui semblent nécessaires à l'ordre qu'il a établi sur le globe, telles que l'éther, l'oxigène, l'azote, l'hydrogène, etc.

même de nouveaux modes d'action, il nous semble que long-temps encore on peut prendre appui sur ceux qui sont connus, sans craindre qu'ils faiblissent. L'éther, comme le plus répandu de tous, comme celui qui nous met le mieux en relation avec la nature, comme le seul de ceux qui nous touchent, dont le domaine soit pour nous sans limite, comme le seul qui nous donne une idée des autres mondes et nous rattache au reste de l'univers; l'éther, disons-nous, a sans doute une tâche proportionnée à son importance, et nous semble pouvoir être le messager de bien des actions, connues et inconnues.

Il en serait de même à nos yeux du mode de mouvement qu'on appelle *vibration*, *oscillation*, *ondulation*, mode que nous nommerions le *langage*, l'*idiome de la matière*, attendu que sans lui nous ne saurions comprendre de relation possible d'un corps à un autre.

§ 394. — Toutes les fois qu'un phénomène nouveau se présente, on recourt naturellement pour son explication, aux faits déja connus qui s'y rapportent, à ceux surtout dont l'existence est le mieux constatée. Depuis que la composition de l'air est déterminée, on a pu se rendre compte d'une foule d'actions enveloppées auparavant d'un voile épais. Sans cesse en contact avec ce fluide, la nature lui est tellement unie, qu'il est peu de ses phénomènes qui ne lui empruntent quelque chose.

Toutefois, des faits déja anciens, auxquels sont venus se joindre des découvertes saillantes, et de plus en plus nombreuses, ne sont pas devenus plus faciles à comprendre par la connaissance de ses éléments et de leurs propriétés. Il avait fallu recourir pour leur explication à des fluides particuliers (le calorique, l'électricité et le magnétisme), il a fallu les conserver. Mais aujourd'hui les faits se multiplient à tel point et sous des formes si variées, que malgré des hypothèses accessoires assez larges, la vérité, au lieu de se rapprocher, semble fuir. Dans de telles conjectures, ne peut-on se demander si la cause des difficultés toujours croissantes ne se trouverait pas à la base ?

Depuis que les physiciens ont adopté les fluides précités, l'existence d'un corps nouveau, long-temps soupçonnée, long-temps combattue, a été démontrée. L'éther est aujourd'hui reconnu comme une matière, et même comme une matière assez résistante pour retarder la marche des comètes. Les propriétés de la lumière ayant pu s'expliquer long-temps par le système de l'émission, et n'ayant été forcé de le rejeter que depuis peu d'années, qui aurait pu songer à une substance aussi douteuse que l'éther pour détrôner le calorique, l'électricité, le magnétisme ?

Sans doute, tout annonce que la nature est d'une fécondité, d'une richesse admirable ; mais tout annonce aussi qu'elle n'est pas prodigue, et que jamais elle ne laisse un rôle isolé à une matière créée par elle. N'est-il donc pas probable que l'éther est chargé d'une foule de missions et des plus importantes ?

Voudrions-nous dire qu'il est la cause de tous les faits qu'on ne peut expliquer ? personne ne nous en prêtera la pensée. Ce que nous croyons pouvoir conclure, c'est qu'il est encore plus rationel d'invoquer sa présence, qu'il ne l'a été, qu'il ne l'est encore dans une foule de circonstances, d'invoquer celle de l'air, attendu non seulement qu'il se trouve partout où existe celui-ci, mais qu'encore il pénètre une foule de corps où le dernier ne peut s'introduire; ce que nous croyons pouvoir conclure, c'est que tout phénomène auquel on n'aura pas essayé de l'appliquer avec persévérance, avec ténacité, peut lui devoir son existence et n'exiger souvent qu'un faible secours pour être rangé sous la loi.

§ 395. — Si dans les phénomènes de la lumière, cette substance n'est point décomposée, ainsi qu'on le suppose, elle peut l'être dans les phénomènes d'électricité et de magnétisme, et n'être ainsi de fait dans son état ordinaire que le fluide électrique neutre. Mais y a-t-il nécessité d'admettre la décomposition ? et les faits ne peuvent-ils être expliqués en combinant les vibrations qui le mettent en jeu, ou que lui-même détermine, avec les propriétés qu'il peut posséder ?

L'hypothèse de la décomposition se lierait difficilement avec la même hypothèse pour la lumière; car l'éther s'y trouve déja assez chargé de la multiplicité de rayons diversement réfrangibles et différemment colorés.

D'un autre côté, sa grande subtilité annonçant qu'il pénètre tous les corps, sans doute pour y jouer un rôle, on peut demander, s'il n'est pas lui-même le fluide électrique, ce qu'il devient quand celui-ci est en action. Resterait-il impassible, et n'aurait-il pour mission alors que de tenir les molécules à distance, et de faire l'office de ce qu'on appelle calorique? c'est ce qui nous semble au moins douteux.

§ 396. — Si aucune théorie, jusqu'à ce jour, n'a pu expliquer pourquoi le frottement donne naissance à l'électricité, c'est uniquement, ce nous semble, parce qu'on ne songe pas à son effet immédiat, aux vibrations; car puisqu'on admet que celles-ci donnent naissance à la lumière, on ne peut éprouver de difficulté à concevoir que celles qu'engendre le frottement, mettent en mouvement tout fluide existant dans les corps.

Il ne peut exister de frottement qui n'engendre des vibrations, des oscillations. Or, tout corps qui vibre, communique plus ou moins son agitation aux molécules matérielles qui l'avoisinent, qui l'entourent. Cette communication peut être imperceptible pour nous, mais elle peut, du moins, ne pas l'être à l'aide de moyens convenables. A coup sûr, ce n'est pas courir après les hypothèses, que de croire ce dernier cas le plus général. Voyons donc comment les choses peuvent se passer.

En vertu de l'agrégation, le mode d'osciller ne peut être susceptible d'une variété indéfinie; mais il ne peut être non plus absolument restreint. Dans l'état actuel des connaissances, il est impossible de rien préciser sur ce point; et probablement ce n'est pas chose nécessaire.

Les molécules saillantes (quel corps, même le plus poli, n'est hérissé d'aspérités?) peuvent osciller en longueur, en largeur, et même en hauteur; leur tête peut avoir un mouvement de rotation, de gauche à droite, ou de droite à gauche, dans le genre de celui d'une toupie qui est sur le point de s'éteindre, mais dont la pointe ne change pas de place. L'éther qui se trouve au milieu d'elles et les avoisine, participe plus ou moins de tous leurs mouvements, et reçoit d'elles, comme des corps lumineux, un mouvement d'onde qui dépend aussi de sa propre nature, et qui est indubitablement composé. Chaque onde peut avoir une longueur aussi faible que celle que produisent les vibrations lumineuses; mais elle peut en avoir une plus grande.

L'espèce de vent que produit le dégagement de l'électricité, provient-il spécialement de l'agitation de l'éther, ou de celle des fluides pondérables? Quelle peut être la part de chacun dans les phénomènes qui se manifestent? Nous ne sachions pas qu'il ait été fait aucune observation à ce sujet. Le trajet irrégulier de l'étincelle ne rendrait peut-être pas invraisemblable un mouvement en spirale ou en hélice (la marche de l'éther dans la polarisation circulaire semble permettre de ne pas s'effaroucher de cette idée, mais d'expérimenter dans son sens*):

* Ne se pourrait-il pas que la multitude des parcelles solides qui nagent dans l'air, dût-on même l'augmenter, permît de faire quelques observations sur la nature du

s'il en était ainsi, et que deux modes spéciaux de vibrations produisissent leur action en sens contraire, on trouverait plus de facilité à expliquer ceux des phénomènes qui se prêtent moins aisément aux idées que nous avons émises.

Mais ici une autre considération se présente, car il est des faits qui semblent se rattacher plus spécialement à l'agrégation qu'aux actions électriques, en sorte qu'il semble impossible de s'occuper des unes sans étudier l'autre.

§ 397. — Parmi les lois auxquelles la matière est soumise, on reconnaît celle de l'*attraction*, et il semble en effet impossible de faire un pas sans percevoir son existence : quel corps solide ne la dévoile jusque dans ses moindres particules? Mais si une force a été créée, qui attire diversement certaines molécules les unes vers les autres, ne semble-t-il pas qu'une autre doit exister, qui agisse en sens inverse? La variété et la fécondité de la nature ne nous convient-elles pas à le présumer? Tout ce qui existe ici-bas, semble lié par une chaîne dont les anneaux varient par degrés imperceptibles, depuis le premier, dont la ténuïté échappe aux sens, jusqu'au dernier, dont la grandeur étonne.

La force d'attraction se montre à nous comme une chaîne de même nature, c'est-à-dire que, depuis sa puissance jusqu'à sa faiblesse, elle présente

mouvement, en dirigeant un dégagement d'électricité en long ou en travers d'un faisceau solaire pénétrant dans la chambre noire?

tous les degrés; mais le point où la faiblesse est à son maximum, est-il le dernier anneau? Il nous semble que si l'on devait décider *a priori*, et par analogie, il serait judicieux d'admettre que la décroissance continue, pour devenir peu à peu répulsion faible, et enfin, par gradation insensible, répulsion puissante.

Que cette conjecture soit erronée, c'est possible! mais elle n'a rien que de rationel et qui ne convie à un examen sérieux. Marchons donc dans la voie qu'elle nous montre.

§ 398. — Si les corps solides attestent l'attraction, les gaz et les vapeurs ne démontrent-ils pas la répulsion? La science explique aujourd'hui l'existence de ces corps par l'intervention d'un fluide subtil (le calorique) qui, formant le contrepoids de l'attraction dans les corps solides, l'emporte sur elle dans les corps à l'état de gaz, et l'égale ou à peu près dans les liquides. L'existence de ce fluide est une hypothèse comme une autre; mais si, en admettant une loi de répulsion, comme on en admet une d'attraction, on parvenait à expliquer aussi bien les phénomènes connus, ne serait-il pas plus satisfaisant, plus naturel de lui donner la préférence?

Dans le système actuel, on dit que les molécules de la matière sont empêchées de se toucher par l'interposition de cette substance au milieu d'elles, et que la diminution de volume produite par leur refroidissement, c'est-à-dire le rapprochement des molécules, provient de ce qu'une partie du calorique s'échappe. Ainsi donc, ce fluide si ténu, si mobile, et si puissant sur les atomes, est sans cesse au milieu d'eux et sans cesse en mouvement. Dans cet état de choses, il est impossible qu'eux-mêmes soient jamais en repos, il est impossible qu'ils n'oscillent pas continuellement.

Dans notre manière de voir, il y a aussi oscillation, et oscillation permanente, mais sans nécessité d'un fluide interposé *. Expliquons-nous.

§ 399. — Suivant les vues que nous émettons, la première loi imposée à la matière est celle de l'attraction : car sans attraction point d'agrégats ; la seconde, celle des vibrations : car sans elles, point de relation possible entre ceux-ci ; la troisième enfin, celle de la répulsion : car sans répulsion, point de messager, point de mutation, de modification dans la structure des corps. Rien, du reste, n'empêche dans ce système que la seconde ne soit une conséquence des deux autres, et même que la troisième ne soit une nécessité de la seconde. (On conçoit que si toutes les molécules sont douées d'un mouvement oscillatoire, il est impossible qu'il n'en résulte pas ou une répulsion réelle, ou une tendance à répulsion, tendance que peut arrêter, comprimer l'attraction.)

* Il semble impossible de ne pas admettre que l'éther existe au milieu de tous les corps. Si donc il est lui-même le calorique, il peut ne pas y avoir nécessité de chercher une autre cause de répulsion; mais il n'y a aucun inconvénient à examiner comment les choses peuvent se passer, si cette cause existe.

Loin de nous de vouloir dire que les choses devaient être comme elles sont ! celui qui les a faites, avait, à coup sûr, le pouvoir de les faire différemment. Ce que nous entendons, c'est qu'établies comme elles le sont, la manière la plus simple d'enchaîner et d'expliquer les phénomènes nous paraît celle que nous développons. Revenons à nos lois.

On conçoit isolément que certaines molécules s'attirent, et que d'autres se repoussent ; mais que dans un même corps deux atomes contigus puissent s'attirer et se repousser en même temps, c'est ce qui choque de prime abord. Considérons deux sphères égales, isolées et très rapprochées l'une de l'autre. Il est possible qu'elles s'attirent par leurs côtés les plus éloignés, ou par les plus rapprochés, ou par leurs parties antérieures, ou par les postérieures ; il est possible qu'elles se repoussent en même temps par les faces opposées à celles qui s'attirent. Quelle que soit l'hypothèse qu'on adopte, il est évident que les intensités différentes de la force d'attraction et de celle de répulsion peuvent être telles que, conjointement avec les rayons différents aussi de leurs sphères d'activité, l'équilibre puisse subsister dans une foule de circonstances, et pour des espacements divers entre les deux sphères.

Supposons, par exemple, qu'elles s'attirent avec une grande puissance par leurs faces les plus éloignées, et que le rayon d'activité n'excède que faiblement le leur : elles pourront agir fortement sur leurs voisines ; mais elles ne s'attireront chacune que par une faible épaisseur ; néanmoins elles seront unies avec une grande énergie, si la force de répulsion est faible et a un rayon presque nul. Sans sortir de cet exemple, on conçoit que tous les degrés imaginables d'intensité d'union, ou de répulsion, peuvent résulter des pouvoirs divers et des rayons différents des deux forces ; on conçoit encore que, par des causes étrangères, la distance qui sépare les deux atomes, puisse varier sans que l'équilibre soit rompu, attendu qu'elles croissent ou décroissent nécessairement en même temps.

Les choses ne sauraient se passer absolument comme nous venons de l'indiquer, attendu que les sphères voisines exercent aussi leur action, et modifient celles que nous venons d'examiner ; mais la conséquence générale à laquelle nous voulions arriver n'en subsiste pas moins, savoir : qu'*Il n'y a rien d'invraisemblable à ce que la matière soit soumise en même temps à une loi d'attraction et à une loi de répulsion, qui créent par leurs combinaisons tous les degrés de cohésion.*

Au lieu de l'exemple sur lequel nous avons raisonné, nous aurions pu choisir tout autre, et faire entrer encore en jeu la différence de forme des atomes ; mais il suffit d'en énoncer maintenant la possibilité, pour faire concevoir quelle variété de combinaisons peut naître de ces seules considérations.

§ 400. — De quelque manière que les atomes soient placés, les uns par rapport aux autres, et quelle que soit leur forme, il semble évident que dans les corps solides, et surtout à forte cohésion, les forces d'attraction doivent être supérieures de beaucoup à celles de répulsion. Il semble également probable que leur sphère d'activité s'étend fort au delà de chaque atome; c'est en effet ce qu'admetteut les physiciens, et ce que l'expérience démontre. Les faits reconnus par M. Saiget ne se lieraient-ils pas à ces forces?

Si aucune action accessoire ne pouvait exercer d'influence sur les corps formés comme nous venons de l'exposer, ils pourraient ne pas vibrer, et ce serait un motif de ne pas croire à une force de répulsion, mais à une propriété oscillatoire directe. Cependant, comme ces actions existent et sont nombreuses, il n'y a nulle nécessité de rejeter cette force. Nous disons qu'elles sont nombreuses; car, outre les attractions en raison inverse du carré de la distance des corps plus ou moins rapprochés, outre celles des corps célestes, et leurs ondulations transmises par l'éther, il existe encore celles que crée le principe de vie chez les animaux et chez les végétaux.

Chaque corps est donc dans la nécessité d'osciller; et comme les causes extérieures ne peuvent exercer sur lui d'influence, que sa propre nature ne les modifie, il s'ensuit qu'il existe, strictement parlant, autant de modes de vibrations que d'agrégations différentes, combinées avec les diverses actions étrangères. Combien donc ne lui est-il pas facile de créer en nous des sensations différentes qui nous dévoilent son mode d'exister!

Un système, quel qu'il soit, n'est qu'une trame

destinée à former un ensemble, un tout, avec des matériaux plus ou moins isolés, plus ou moins étrangers les uns aux autres. Celui qui produit le mieux cet effet, et en s'étayant de considérations hypothétiques moins nombreuses ou plus simples, mérite évidemment la préférence.

§ 401. — Dans le système actuel, on fait, ce nous semble, non seulement abnégation d'une foule d'êtres qui ont aussi leur part aux choses de la création, qui ont aussi leur moi; mais on a recours, et sans succès complet, à un plus grand nombre de suppositions. On admet une cause de répulsion, mais on la lie à une substance particulière (le calorique) qui est impondérable, insaisissable, qu'on ne peut percevoir par aucun moyen connu, par aucun organe. On admet en outre un état électrique particulier dans les atomes, on leur donne à chacun la polarité, à chacun une atmosphère; peut-être est-ce la vérité, mais à coup sûr ce n'est pas la simplicité.

Les idées que nous émettons diffèrent trop de celles qui ont cours, pour que nous ne devions pas croire que nous faisons erreur; mais tant que nous ne l'apercevons pas, nous sommes excusables d'aller en avant. Revenons aux vibrations.

§ 402. — On comprend qu'un corps qui oscille peut exercer une action puissante sur un corps voisin ou n'en exercer aucune, suivant la nature de sa substance et les circonstances où il se trouve. Si ses oscillations sont rapides, énergiques, elles auront effet sur des matières qu'elles n'affectaient pas, qui ne les percevaient pas, quand elles étaient faibles, peu vives. Il y a plus, elles pourront s'adjoindre pour véhicule un fluide qu'elles laissaient inactif, et qu'elles laisseront de nouveau, quand la cause d'excitation aura cessé ou faibli.

Quand un corps métallique est électrisé, mais qu'il n'est pas isolé, qu'il touche une masse conductrice considérable (celle-ci fût-elle isolée), il lui transmet ses vibrations à mesure qu'il les reçoit, et si la cause d'électricité cesse, il reprend son état habituel presque instantanément, rapidement du moins. Quand il est isolé, la transmission extérieure étant presque nulle, les oscillations se propagent plus avant dans son intérieur, et si la résistance de cet intérieur devient trop considérable pour l'effluve qui se produit, elles se communiquent rapidement à l'air ambiant; si l'effluve est plus forte encore, le conducteur peut être rompu, désagrégé.

Ne semble-t-il pas probable que le corps isolant fait, jusqu'à un certain point, l'office de réflecteur? Quand l'éther est mis en mouvement par des vibrations lumineuses ou calorifiques, ses ondes sont réfléchies par les corps polis; quand les ondes électriques arrivent à la matière isolante, ne sont-elles pas repoussées d'une manière analogue? S'il en est ainsi, ce jeu d'ondes n'exercerait-il pas quelque influence sur les alternatives d'attraction et de répulsion?

§ 403. — Il est des corps qui donnent lieu à un fort dégagement d'électricité quand ils se solidifient ou qu'ils entrent en fusion, et l'on ne voit pas ce qui peut y donner lieu; mais si l'on considère les choses comme nous le faisons, on s'en rend d'autant mieux raison qu'aucun phénomène de ce genre ne se passe sans vibrations moléculaires.

L'expérience apprend qu'il n'existe pas d'action chimique sans que l'électricité n'apparaisse. Ce résultat est une conséquence naturelle de nos vues; car dans toute action de ce genre, il y a vibration moléculaire. Nous dirions plus, c'est qu'il est à croire que, le plus souvent, les oscillations calorifiques ou lumineuses sont elles-mêmes modifiées dans ces circonstances : nos instruments et nos organes nous en donnent souvent la preuve; mais ordinairement ils sont trop imparfaits pour nous la faire percevoir.

§ 404. — Nous avons vu, en parlant des mortiers, que l'acide silicique, même en grains commensurables, peut soustraire la chaux à l'action dissolvante de l'eau, et former avec elle une combinaison décidée, dont le produit devient en moins d'un an un corps aussi dur que les pierres communes. Ce fait, mis en contact avec la théorie des vibrations, ne semble-t-il pas nous frayer un sentier dans le champ de l'agrégation? Développons notre idée.

Il n'existe de repos absolu nulle part, et toute matière oscille. Deux substances qui se touchent, ou sont rapprochées, ont chacune leur mouvement propre, puisque chacune a une agrégation propre. Ces mouvements réagissent l'un sur l'autre, soit immédiatement, quand les corps se touchent, soit médiatement et par leurs véhicules, quand ils sont à distance. La nature de leurs oscillations exige le plus souvent, pour qu'il y ait action, un rapprochement intime, comme parfois elle se contente de distances commensurables; d'autres fois elle a besoin d'aides qui viennent accroître ou diminuer les vibrations de l'un des corps ou de tous deux. Dans le genre d'expériences le plus usité, c'est presque toujours d'accroissement qu'on a besoin, et il est aisé de s'en rendre compte. Ce qu'on nomme calorique et électricité, sont d'ordinaire les aides employés; mais on conçoit que puisqu'il ne s'agit que de modifier des ondulations, une foule de matières peuvent servir, puisque toutes oscillent : il suffit que le caractère spécial de leurs vibrations soit celui qui convient à l'effet qu'on veut produire.

Dans l'état de choses ordinaire, l'eau agit sur la chaux et en dissout environ un cinq-centième de son poids. Or, si les ondulations de cette substance sont modifiées par la présence de l'acide silicique, on se représente sans peine l'impuissance de l'eau, bien que de toute part la chaux soit environnée par elle, et que l'acide silicique soit à distance appréciable de son rival. Il suffit que les oscillations siliciques puissent se transmettre immédiatement ou médiatement assez loin pour modifier celles de la chaux jusqu'à sa surface extérieure.

On ne conçoit pas moins aisément qu'avec le temps, et à l'aide des oscillations, les deux substances puissent se rapprocher et contracter un contact, une union plus intime *, comme on concevrait qu'il

* On a vu dans le cours de ce mémoire que les ciments

pût en être autrement. Ceci, comme on le pense bien, n'est pas une démonstration; c'est un simple exposé de la manière dont nous comprenons, dont nous suivons la combinaison. Quand à une démonstration, il n'y en a évidemment pas de possible; chaque espèce de matière a reçu un caractère, des propriétés à elle, et si l'on peut chercher à les reconnaître, à les étudier, ce serait folie que de songer à prouver qu'elles devaient être.

Il semble donc, quelque marche qu'on suive, qu'il faut toujours arriver aux affinités, et qu'on essaierait en vain de tout réunir en un seul royaume régi par l'électricité, fût-elle un fluide, en fût-elle deux. Les phénomènes de la lumière deviennent inexplicables, quelque systême qu'on adopte, si l'on n'admet que les molécules de l'éther ont de l'affinité, non seulement les unes pour les autres, mais encore pour la plupart des substances pondérables, et probablement pour toutes. Or, si l'affinité s'exerce, même dans une substance dont la matérialité échappe à l'imagination, quel motif de la supposer étrangère aux actions ordinaires? les régirait-elle moins bien que l'électricité? Sans doute

romains complétement solidifiés, et même déja vieux, absorbent, quand on les arrose, une grande quantité d'eau (nous n'en avons pas mesuré la proportion). Or, comme en se solidifiant ils conservent leur volume, ce qui précède nous fait voir que les molécules deviennent plus denses, mais laissent entre elles plus d'espace, et que par conséquent l'accroissement de dureté, bien qu'il soit joint à la permanence de volume, n'offre rien d'extraordinaire.

on aimerait mieux n'avoir affaire qu'à un chef, et qui fût une matière : ce serait plus commode, et l'on pourrait entrevoir un terme ; mais quand on jette sur notre monde un regard impassible, on ne peut méconnaître qu'il ne soit à son aurore, et que, quelque étude qu'on entreprenne, on ne se trouve arrêté au premier pas. Comment donc prononcer ce mot de *terme*, que des milliers de siècles n'atteindront pas sans doute ! Comment ne pas se résigner à voir chacun de nos progrès nous convaincre de plus en plus qu'aucune science physique n'a de limite. L'affinité, bien que compliquée et multiple, bien qu'insaisissable à sa base et dans son essence, nous semble donc devoir se jouer de tous les systêmes, et les surnager à jamais.

§ 405. — Les faits d'unipolarité sont de ceux qu'on n'explique pas dans la théorie adoptée ; ils nous semblent plus aisés à comprendre dans celle des oscillations. En effet, la manière dont les corps se conduisent dans les vibrations sonores, donne lieu de croire que leurs molécules sont susceptibles, suivant leur nature et leur mode d'agrégation, de présenter sous ce rapport des distinctions sensibles. Lors donc que le savon, par exemple, qui fait isolément l'office de conducteur pour une, quelconque, des électricités, se montre isolant, quand elles sont réunies, ne semble-t-il facile à concevoir que sa nature puisse ne pas lui permettre, ainsi qu'à d'autres corps, de subir simultanément deux modes de vibration distincts ?

Les faits inexpliqués, ou les plus difficiles à

concevoir, dans le système des fluides, nous semblent, comme le précédent, se présenter sous un jour plus simple avec les oscillations. Ainsi, quand un conducteur métallique, après avoir servi à décharger la pile pendant un certain temps, une heure, par exemple, conserve pendant plusieurs jours, même hors de la pile, un état de polarité qui résiste aux lavages, au frottement, aux actions mécaniques, n'est-il pas admissible que la durée d'un vif état oscillatoire lui ait permis de ne pas le perdre de suite, de le conserver quelque temps*? L'expérience de *van Béek*, que nous avons citée en parlant des mortiers, ne s'explique-t-elle pas de la même manière?

Un des faits qui, avec les deux fluides, nous semblent fatiguer le plus la raison, est la faculté inépuisable des appareils électro-moteurs. Mais, que les fluides cèdent la place aux vibrations, et le merveilleux disparaît.

L'isomérie et l'isomorphisme nous semblent également se présenter avec moins de désavantage, sous leur appui, sous leur patronage.

§ 406. — On conçoit qu'en rejetant un système pour un autre, il se peut que les difficultés de l'un deviennent les facilités de l'autre, et réciproquement; que par conséquent, il faudrait une ap-

* C'est, ce nous semble, un effet analogue à celui de la phosphorescence que crée l'action solaire, à celui de l'échauffement de la terre produit pendant l'été, et qui ne disparaît que peu à peu pendant les frimats.

plication plus spéciale, au moins aux faits principaux, pour mettre à même de décider. Mais sans statuer sur nos conjectures, qui sont d'ailleurs par trop générales sur ce point, on n'en conçoit pas moins, 1° que la cause déterminante soit un mode de vibration, à l'instar de celui qui a lieu pour la lumière, le son, les odeurs, et probablement pour le tact et le goût *; 2° que le fluide mis en jeu peut bien n'être que l'éther, puisqu'il se trouve partout; 3° que, du reste, d'autres corps, tels que les gaz répandus dans l'atmosphère, sont susceptibles à divers degrés, suivant leur nature et les circonstances, de servir de véhicules; 4° que, tout au moins, notre distinction spéciale, celle qui a pour objet de dire que la matière ne peut se faire connaître à la matière, se mettre en relation avec elle, agir sur elle que par des vibrations et des véhicules, est à peu près hors de cause dans toute espèce de système.

§ 407. — Nous avons dit que nous reviendrions sur la propriété des pointes. Expliquons donc comment nous concevons l'espèce d'indécision qui règne à leur sujet.

Un conducteur éprouve vivement les vibrations électriques, et on approche de lui, mais à distance, un autre conducteur, non électrisé, ou du moins

* L'odeur phosphorique que dégagent les pointes, ne semble-t-elle pas annoncer elle-même l'existence des vibrations? La lumière qui se produit dans le vide, n'est-elle pas également le fait des oscillations de la matière qui s'y trouve encore en abondance, voire même de l'éther?

pas assez pour qu'on puisse s'en apercevoir. Ce corps a son extrémité terminée en pointe; on demande ce qui doit se passer.

Le conducteur qui vibre transmet son mode d'action par l'éther, et aussi, quoique moins rapidement et peut-être à un moindre degré, par les fluides pondérables; celui qui éprouve à peine les oscillations électriques, mais qui, par sa nature, est susceptible de les ressentir à un haut degré, et qui se trouve dans son voisinage, est mis en action comme le sont en pareille circonstance certains corps sonores. Deux corps de pareille nature, tous deux très vibrants, sont donc en présence; chacun d'eux frappe vivement, et à l'opposé, les fluides répandus autour de lui dans l'atmosphère; un choc est donc inévitable quand le rapprochement est suffisant. Le corps pointu, précisément en raison de cette forme, envoie sur un même point, dans la direction de son axe et à l'entour, un plus grand nombre d'actions que le conducteur plat ou arrondi. Si la section perpendiculaire des deux corps est égale, celui qui oscille par influence possède évidemment à peine la même puissance que l'autre; mais en raison de sa forme, il la concentre sur un moindre espace, et rien n'a droit d'étonner dans sa supériorité. Entre la pointe et la sphère ou le plan, il n'y a donc de différence que du plus au moins, et dans chaque cas, avantage d'un côté, désavantage de l'autre: dans le premier, plus de pouvoir sur un petit espace, et moins sur un plus grand; dans le second et le troisième, absolument l'inverse.

§ 408. — La grande subtilité de l'éther, la prodigieuse vitesse dont ses oscillations sont susceptibles, annonce que les actions auxquelles il sert de véhicule, peuvent être transmises avec une grande rapidité, lors même qu'elles seraient de leur nature ténues ou lentes. Cependant on aurait tort de regarder la vélocité comme une propriété inséparable de son existence; on conçoit, et il est naturel d'admettre, que nombre de vibrations puissent l'avoir pour messager, et cependant se transmettre avec lenteur sans même que leur intensité en souffre. La longueur de ses ondes qui, avec la lumière est une fraction si faible du millimètre, peut-être d'un grand nombre de mètres pour certaines oscillations; et comme il n'y a rien en soi d'absolument utile ou nuisible, et que l'éther doit pouvoir propager aussi bien le mauvais que le bon, aussi bien des germes de mort que de vie, il nous semble naturel de croire que lui, comme les autres véhicules, sont susceptibles de transmettre des actions délétères et des miasmes putrides. Que les fluides pondérables contenus dans l'atmosphère soient susceptibles les uns ou les autres de porter telles ou telles émanations matérielles, tandis que l'éther ne serait véhicule que d'actions, c'est ce qui nous paraîtrait conforme à l'essence, à la nature de chacun.

Sans doute, un système général d'émanations est mieux en rapport avec nos idées, et nous plaît davantage; mais pour croire, on ne se règle pas sur ce qui plaît : la vérité est souvent messagère de ce qui ne plaît pas. Or, quand on voit croître dans un sens et décroître dans l'autre, par degrés imperceptibles, les diverses séries de la nature, on conçoit que l'émanation ne soit pas le dernier degré de l'une d'elles, et la raison se fait à l'existence des actions, dont l'émanation ne se trouve alors qu'un cas. La phosphorescence, l'odeur produite par les frottements, la lumière, le calorique, l'électricité, se peignent alors à nous sous de nouvelles couleurs, et, en se dégageant de leur voile, laissent apercevoir une carrière immense, où des générations d'observateurs peuvent se précipiter sans jamais voir de terme.

La lumière, le calorique, l'électricité, toutes les vibrations atomiques, seraient donc susceptibles de modifier une foule d'affinités; mais comme leur jeu est lui-même sous leur dépendance, ils ne seraient que ses agents, jamais ses causes premières.

De même qu'on admet aujourd'hui deux fluides pour l'électricité, un pour le calorique et un pour la lumière, qui se subdivise par le fait en une infinité d'autres (chaque rayon différemment coloré et diversement réfrangible), de même dans notre manière de voir on pourrait admettre plusieurs messagers; mais les fonctions que remplit l'air nous apprennent qu'un seul corps, même peu subtile, peut remplir un assez grand nombre de missions *;

* Que serait-ce si nous lui adjoignions en idée celles que nous pouvons concevoir, mais que nous ne connaissons pas, telles, par exemple, que la transmission à d'autres êtres de sons, d'odeurs que nous ne pouvons percevoir, ou d'au-

et nous ne voyons pas de nécessité à donner des auxiliaires à l'éther.

§ 409. — On ne se fait pas directement une idée de la manière dont il peut les diversifier; mais, par la comparaison avec l'air, on comprend qu'il en ait les moyens. Disons toutefois, que non seulement il a à sa disposition le mouvement de translation, ainsi que l'amplitude, la largeur et la forme des ondes, mais qu'il peut employer pour chaque molécule un mouvement de rotation autour de leur axe (notre terre et d'autres corps célestes en offrent l'exemple); que cet axe peut lui-même avoir un ou plusieurs mouvements propres, etc.; en deux mots, qu'il peut utiliser, soit isolément, soit en les combinant, un assez grand nombre de moyens, pour n'avoir pas moins de fécondité que l'air (l'explication des phénomènes de la lumière, exige déja des spéculations de cette nature).

§ 410. — Le lecteur ne se méprendra point sur notre langage. Depuis les expériences qui nous ont conduit à une théorie générale des odeurs, nous ne sommes plus spécialité, nous ne sommes qu'amateur et très faible amateur. Nos conjectures peuvent être sans fondement depuis un bout jusqu'à l'autre; mais à qui ne se fussent-elles présentées à la suite de nos essais? mais à qui ne les eût inculquées l'ensemble des réflexions que nous allons rappeler?

1° A l'aide du frottement, on peut produire lu-

tres propriétés de la matière, qui nous soient inconnues.

mière, calorique, électricité, odeur : or, qui dit frottement, dit vibration. La première chose que fasse le frottement, c'est de créer des oscillations, plus ou moins variées, plus ou moins vives ou profondes, suivant l'espèce des corps frottant et frottée, suivant la nature des circonstances où ils se trouvent. N'est-il pas naturel d'attribuer les phénomènes à l'effet immédiat de la cause? Sans doute, cet effet peut être l'agent direct qui met en jeu les molécules des divers fluides adoptés ; mais ici une autre réflexion se présente.

2° Il existe dans la nature un fluide répandu partout, d'une subtilité telle, que lancé par les vibrations des corps lumineux, il traverse presque instantanément les corps diaphanes. L'existence de ce fluide est démontrée, et son impondérabilité ne peut être invoquée contre elle ; car aucun moyen connu n'existe pour l'enfermer, le recueillir, le concentrer; il traverse tout. Rien donc ne prouve que dans la sphère d'activité de chaque corps céleste, il ne soit pas soumis à son attraction. Ce fluide existe évidemment dans l'intérieur de tous les corps, et probablement jusqu'au centre de la terre, comme à sa surface, comme dans l'univers. Lors donc que la matière subit quelque action, comment ne serait-il pas mis en jeu? Les sciences sont par trop dans l'enfance pour suivre ses allures, comme elles le font pour les gaz et les vapeurs ; mais la raison ne nous dit pas moins qu'elles existent; car quelle matière spéciale n'a des propriétés spéciales ? Jusqu'à ce jour on n'a fait intervenir l'éther que pour expliquer la lumière ; mais qui pourra croire qu'il n'ait été créé que pour elle ? L'étude de la nature n'apprend-elle pas que les fonctions d'un corps sont d'autant plus multipliées, d'autant plus nécessaires, qu'il est plus abondant, qu'il est plus subtil, qu'il est plus maître de s'insinuer partout. Or, s'il en est ainsi, quel corps doit remplir plus de fonctions que l'éther, et comment recourir à l'existence d'autres fluides pour l'explication des faits, avant d'avoir épuisé les ressources qu'il présente ?

3° La connaissance des phénomènes de la lumière, du calorique, de l'électricité, a précédé celle de l'éther ; et cette connaissance s'enrichissait chaque jour de nouveaux faits, qu'il était encore en problême. Rien donc de plus simple qu'on ne l'ait compris pour rien dans les actions étudiées ; ignorant qu'on était de lui, comment l'aurait-on pris pour appui ? Des théories étaient fondées, et lui sont étrangères. Il peut être sage d'en poursuivre le cours ; mais y aurait-il rien d'irrationel à croire qu'il soit capable de les démanteler isolément pour les réunir autour de lui, pour s'en faire le chef ? Qu'a fait l'oxigène des théories qui ont précédé sa découverte ?

4° Les faits se multiplient chaque jour, et chaque jour avec eux la difficulté de les lier. Ne faudra-t-il pas bientôt des tours de force pour réunir dans chaque théorie tout ce qui semble lui appartenir ? Cette circonstance seule ne suffirait-elle pas pour engager à chercher d'autres sentiers ?

5° Nos remarques sur les odeurs semblent appeler de nécessité l'assimilation de leur théorie à celle du son ? mais si on fait un pas dans cette voie, l'analogie ne conduit-elle pas à admettre une théorie pareille pour les phénomènes généraux, qui mettent la matière en rapport avec elle-même ? L'observateur prudent et sage ne juge et ne peut juger que par analogie ; quand il fait autrement, c'est par nécessité, et dès qu'une occasion se présente de rentrer dans l'analogie, il la saisit. Cette occasion, l'éther ne l'offre-t-il pas ?

6° Plusieurs manières, sans doute, se présentent de le mettre en cause avec plus ou moins de vraisemblance ; et celle que nous avons indiquée peut ne pas être la meilleure, mais nous ne l'avons ni cherchée ni choisie ; elle s'est glissée dans notre travail, pour ainsi dire, à notre insu, et quiconque eût fait nos observations sur les odeurs, l'eût accueillie comme nous.

Tous les corps sonores, toutes les matières odorantes, peuvent s'annoncer à nous sans que nous les voyons. Nous nous arrêtons peu à cette circonstance, parce qu'elle est de celles qui nous prennent long-temps avant que nous pensions. Mais si nous reconnaissons, ou croyons reconnaître que leur perception ne nous arrive que par un corps intermédiaire, nous concevons à l'instant que cet effet ne peut avoir lieu, sans qu'ils lui aient communiqué son mouvement, et nous sommes forcés d'admettre qu'ils vibrent ; car il n'y a pas de milieu, il y a de nécessité émanation ou véhicule.

Quand nous songeons en outre que les corps lumineux manifestent leur présence par des oscillations et par un corps qui les reçoit pour les transmettre, nous nous faisons.aux oscillations et aux messagers. Enfin, quand nous nous rappelons que si la nature varie ses procédés, elle ne le fait pas sans nécessité et sans avoir employé le même mode en mille circonstances, nous nous demandons si celui dont elle se sert pour le son, pour les odeurs, pour la lumière, ne serait pas employé par elle en nombre d'occasions; et quand ces réflexions nous conduisent à un systême qui a l'avantage d'embrasser la nature entière, qui s'adresse à l'insecte invisible vivant au milieu du bois, ou de la terre, comme à celui qui a besoin du grand jour, qui met en relation avec ce qui existe, non seulement la nature organique, mais encore celle inorganique, la pierre avec la terre, avec l'eau, avec l'air; nous nous demandons si c'est un motif pour le rejeter, ou si ce n'en serait pas un pour chercher à modeler sur lui les théories en mal d'enfant. Si le hasard eût offert à d'autres qu'à nous les observations qui nous ont guidé, en serait-il beaucoup qui l'eussent rejeté?

Envisager l'ensemble du monde sous le point de vue que nous venons d'offrir, faire concevoir que ce qu'on appelle matière inerte soit aussi en relation avec l'univers, ait aussi son moi, sa vie, est-ce donner à la philosophie naturelle un trop vaste, un trop bel empire? Nous ne pouvons le croire; nous le pouvons d'autant moins qu'il semble en résulter une espèce d'unité de lien, entre les systêmes épars des diverses branches de la science. Puissent ces aperçus n'être pas vains ! puisse quelqu'un de nos savants les trouver dignes de ses recherches, de son labeur ! puissent surtout ses efforts être couronnés du succès ! Peu d'hommes auront rendu aux sciences un plus brillant service; peu d'intelligences auront doté l'avenir d'une mine plus féconde.

Nota. Un moyen d'expérimenter plus simple que celui que nous avons fait connaître, en parlant des cuves en maçonnerie, s'étant offert à nous, nous croyons devoir l'indiquer.

La difficulté, comme nous l'avons annoncé, n'est pas de rendre la maçonnerie imperméable, mais d'éviter qu'elle soit détériorée par les liquides, et ceux-ci par elle. Il suffit donc de former avec le ciment de petits cylindres ayant, par exemple, trois à quatre centimètres de longueur, sur un centimètre de diamètre, de leur laisser acquérir pendant au moins un mois, dans un lieu humide, une dureté suffisante, puis de les enduire avec la substance choisie, et de les suspendre dans de petits flacons de verre blanc, remplis du liquide d'essai, tel que vin, bière, dissolutions acides ou alcalines, etc. On prendra de temps à autre, tous les mois, par exemple, quelques gouttes de liquide, et, en les traitant convenablement par les réactifs, on reconnaîtra s'il y a eu quelque action. La simple inspection du flacon, et au besoin le goût, seront d'ailleurs les guides ordinaires.

Une expérience de ce genre, qui n'a encore, il est vrai, que quinze jours, nous semble annoncer qu'un simple frottement avec la cire ordinaire pourra suffire au moins pour le vin, et les acides peu concentrés.

FIN DE L'APPENDICE ET DU MÉMOIRE.

TABLE ALPHABÉTIQUE

DES MATIÈRES.

Nota. Les numéros indiquent les pages.

FIN DE LA TABLE.

ERRATA.

Page 2, ligne 29, lisez *descotils* au lieu de descoties.
3, ligne 28 }
162, ligne 22 } lisez *Raucourt* au lieu de Rancourt.
222, ligne 25 }
9, ligne 29, lisez *M. Vallot.*
12, ligne 26, lisez *pratiques* au lieu de partiques.
25, ligne 24, lisez *nous devons* au lieu de je dois.
46, ligne 26, lisez *calcinée* au lieu de combinée.
100, ligne 19, lisez *pièces* au lieu de pierres.
124, ligne 1, lisez *comparaison* au lieu de composition.
166, ligne 7, lisez *peser* au lieu de poser.
168, ligne 14, lisez *probable* au lieu de propable.
169, ligne 2, lisez *Berzélius* au lieu de Berzelins.
184, ligne 16, lisez *persistance* au lieu de puissance.
194, lignes 14 et 16, lisez *ciments* au lieu de calcaires.
198, ligne 12, lisez *M. Minard* au lieu de Meinard.
213, ligne 11, lisez *n'avons eu que* au lieu de n'avons que.
215, ligne 8 }
217, ligne 3 }
243, lignes 6 et 12, } lisez *Berzélius.*
327, ligne 26 }
221, ligne 3, lisez *quel procédé* au lieu de quel corps.
223, ligne 3, lisez *régulatrice* au lieu de régulière.
259, ligne 16, lisez *un endroit* au lieu de un enduit.
275, ligne 22, lisez *de deux* au lieu de des deux.
300, ligne 16, lisez *et d'autant* au lieu de est d'autant.
343, ligne 28, lisez *sa réaction* au lieu de la réaction.
351, ligne 15, lisez *n'ont d'autre* au lieu de n'ont pas d'autre.
369, ligne 8, lisez *supérieure* au lieu de inférieure.

Tableaux

DES QUANTITÉS DE CHAUX DISSOUTES DANS L'IMMERSION DE DIVERS MORTIERS.

N° 1.

Nombre de jours écoulés entre les épreuves.	Nombre de centigrammes de chaux dissoute par cent grammes d'eau. Dans le mortier de chaux seule.	Dans le mortier de chaux et sable.
2	3c. 31	3c. 85
4	7 48	8 07
9	6 98	5 78
4	8 49	8 97
8	8 99	8 03
13	5 54	11 55
26	15 17	18 04
Totaux.	53 96	58 29
Moyennes.	7 08	8 33
Surface du m.	0m 0023	0m 0023
Hauteur du m.	0m 008	0m 010
Hauteur d'eau.	0m 046	0m 048

Nota. Si la saturation eût été complète, nous eussions dû trouver dans chaque essai environ vingt centigrammes.

N° 2.

Nombre de jours écoulés entre les épreuves.	Nombre de centigrammes de chaux dissoute par cinquante grammes d'eau. Dans le mortier de chaux seule.	Dans le mortier de chaux et sable.	Dans le mortier de chaux seule.	Dans le mortier de chaux et sable.	Dans le mortier de chaux seule.	Dans le mortier de chaux et sable.	Dans le mortier de chaux seule.
2	2c. 07	1c. 83	3c. 63	1c. 27	1c. 17	1c. 02	1c. 05
4	1 03	2 03	5 67	2 77	1 74	2 64	1 44
8	1 98	2 67	8 05	6 03	2 21	2 43	2 47
13	2 99	2 96	5 81	5 30	2 17	2 40	0 84
26	0 23	1 04	9 51	8 43	3 01	3 98	0 07
Totaux.	8 30	11 43	26 67	24 00	10 30	13 07	6 44
Moyennes.	1 67	2 29	5 33	4 80	2 06	2 61	1 29
Surface du m.	0m 00057	0m 00057	0m 00228	0m 00240	0m 00228	0m 00229	0m 00038
Hauteur du m.	0m 023	0m 032	0m 000	0m 008	0m 006	0m 009	0m 033
Hauteur d'eau.	0m 142	0m 138	0m 035	0m 033	0m 052	0m 048	0m 245

Nota. Si la saturation eût été complète, nous aurions dû trouver dans chaque essai environ dix centigrammes.

N° 3.

Nombre de jours écoulés entre les épreuves.	Nombre de centigrammes de chaux dissoute par cinquante grammes d'eau. Dans le mortier de chaux seule.	Dans le mortier de chaux et sable.	Dans le mortier de chaux seule.
2, 3	0c. 78	0c. 36	0c. 84
5	1 86	3 93	0 66
10	0 65	0 42	1 27
20	0 78	3 36	0 06
Totaux.	4 07	8 07	2 83
Moyennes.	1 02	2 02	0 71
Surface du m.	0m 0018	0m 0025	0m 0032
Hauteur du m.	0m 03	0m 11	0m 018
Hauteur d'eau.	0m 083	0m 106	0m 030

Nota. Si la saturation eût été complète, nous aurions dû trouver dans chaque essai environ dix centigrammes.

N° 4.

Nombre de jours écoulés entre les épreuves.	Nombre de centigrammes de chaux dissoute par cinquante grammes d'eau. Dans le mortier de chaux seule.	Dans le mortier de chaux et sable.	Dans le mortier de chaux seule.
4	9c. 15	9c. 27	8c. 06
10	10 11	10 02	7 13
20	8 22	8 28	7 87
Totaux.	27 48	27 57	21 06
Moyennes.	9 16	9 19	7 02
Surface du m.	0m 00636	0m 00608	0m 00303
Hauteur du m.	0m 028	0m 045	0m 054
Hauteur d'eau.	0m 024	0m 028	0m 054

Nota. Si la saturation eût été complète, nous aurions dû trouver dans chaque essai environ dix centigrammes.

Tableau

DE LA RÉSISTANCE A L'ÉCRASEMENT DE DIVERSES ESPÈCES DE PIERRES ET DE MORTIERS.

Indication de la pierre ou du mortier.	Poids par centimètre carré sous lequel l'écrasement s'est opéré.
Porphire	9000 k.
Grès très dur	800
Choquard	500
Marbre ordinaire	300
Calcaire de Tournus	200
Pierre de Couzon (Rhône)	180
Idem de Saillancourt	140
Idem de Tonnerre	130
Idem de Saint-Leu	35
Idem de Seyssel	36
Pierre ponce	40
Mortier antique	78
Mortier ordinaire durci à l'air	40
Plâtre	50
Plâtre avec lait de chaux	73
Ciment de Pouilly pur (âgé de huit mois)	153
Idem avec moitié de sable (*Idem*)	94
Idem avec égalité de sable (*Idem*)	71

Tableau

DES ENFONCEMENTS PRODUITS DANS LE LIT DE LA SAÔNE, PAR CENTIMÈTRE CARRÉ, SOUS DIVERSES PRESSIONS.

Pression par centimètre carré mesurée en kilogrammes.	Enfoncement produit exprimé en centimètres.	Pression moyenne par chaque centimètre d'enfoncement.
1° Sur le sable fin.		
0 kil. 04	0c.	0 kil. 18
0 70	5	
0 96	7	
1 83	15	
4 18	23	
5 48	27	
6 25	29	
2° Sur un gravier moyen.		
0 18	0	0 kil. 67
1 95	6	
4 24	9	
5 88	10	
8 20	12	
14 71	18	
18 44	25	
3° Sur le sable fin qui avait été recouvert d'une couche de terre de 1m 50.		
4 50	3	0 kil. 55
9 42	12	
11 22	20	
13 14	25	
13 50	33	
16 88	35	
18 48	36	
22 95	39	
4° Sur un gravier moyen qui avait été recouvert d'une couche de terre de 1m 50.		
15 00	2	3 kil. 29
24 58	5	
32 13	10	
41 83	13	
49 17	17	
59 51	22	
66 41	25	
74 41	27	
79 41	28	
93 08	30	
102 58	31	
109 08	37	
113 41	45	
124 25	47	
129 47	La tige a pénétré en entier dans le sable.	

BIBLIOTHÈQUE NATIONALE
R.F.
IMPRIMÉS.

1260

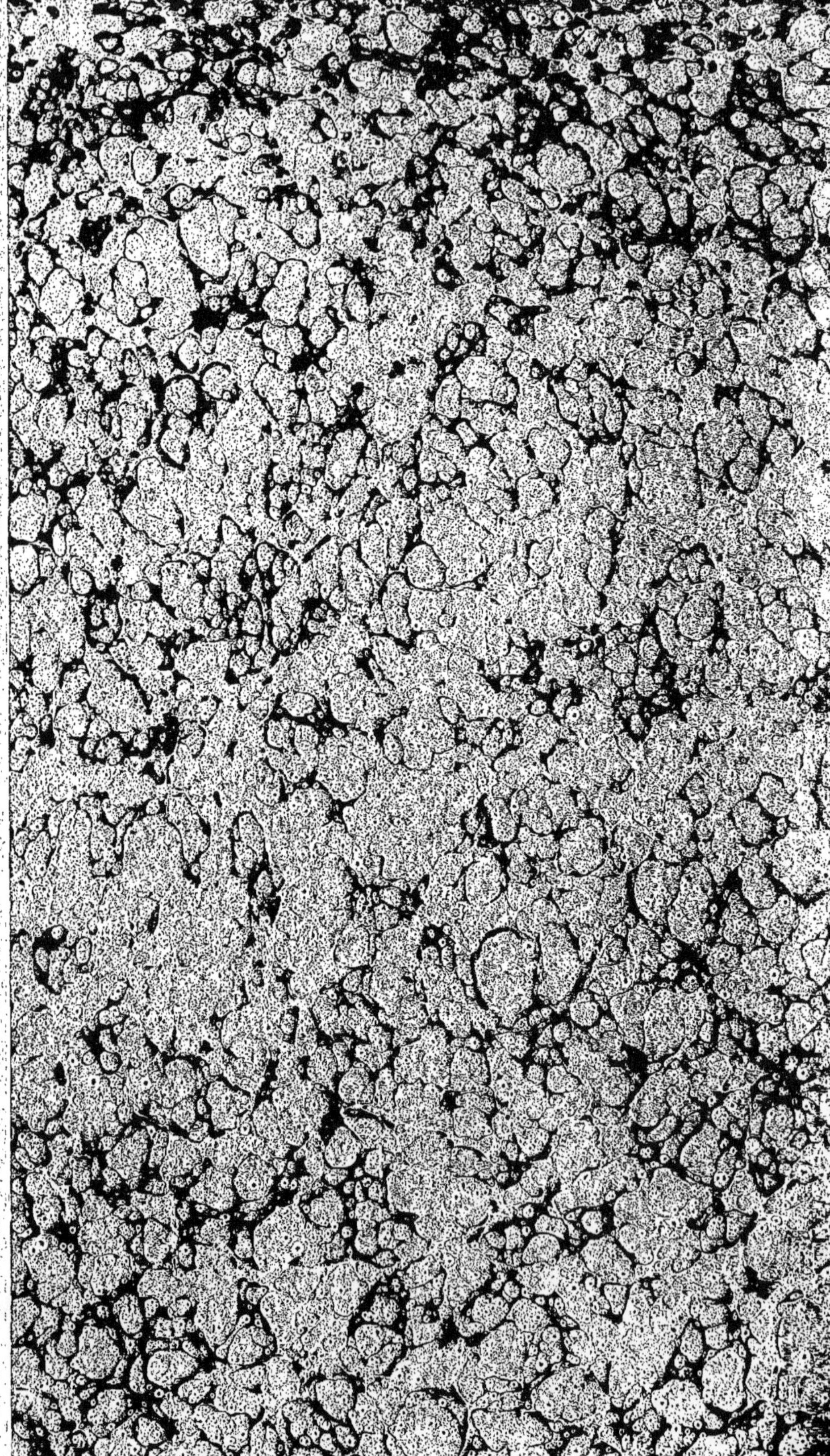

BIBLIOTHEQUE NATIONALE DE FRANCE
3 7531 04368309 4

www.ingramcontent.com/pod-product-compliance
Lightning Source LLC
Chambersburg PA
CBHW060912220326
41599CB00020B/2932

* 9 7 8 2 0 1 3 7 1 4 4 2 6 *